高等院校生命科学专业基础课教材

基因工程及其分子生物学基础

——分子生物学基础分册

（第2版）

静国忠　编著

图书在版编目(CIP)数据

基因工程及其分子生物学基础：分子生物学基础分册/静国忠编著. —2 版. —北京：北京大学出版社，2009.7

(高等院校生命科学专业基础课教材)

ISBN 978-7-301-15527-1

Ⅰ. 基… Ⅱ. 静… Ⅲ. ①基因—遗传工程—高等学校—教材②分子生物学—高等学校—教材 Ⅳ. Q7

中国版本图书馆 CIP 数据核字(2009)第 121159 号

书　　　名：**基因工程及其分子生物学基础——分子生物学基础分册(第 2 版)**

著作责任者：静国忠　编著

责 任 编 辑：黄　炜

封 面 设 计：张　虹

标 准 书 号：ISBN 978-7-301-15527-1/Q·0119

出 版 发 行：北京大学出版社

地　　　址：北京市海淀区成府路 205 号　100871

网　　　址：http://www.pup.cn　电子信箱：zpup@pup.pku.edu.cn

电　　　话：邮购部 62752015　发行部 62750672　编辑部 62752038　出版部 62754962

印　刷　者：北京大学印刷厂

经　销　者：新华书店

787 毫米×1092 毫米　16 开本　12.75 印张　310 千字

1999 年 8 月第 1 版

2009 年 7 月第 2 版　2009 年 7 月第 1 次印刷

定　　　价：22.00 元

第 2 版前言

作为生物学科的基础课,"基因工程"课程使学生既要了解什么是基因工程，又要了解什么是它的理论基础。写这本书的目的是希望给读者，尤其是想要了解此领域的大同行或小同行,提供一本较精炼的、基本概念清楚且有一定深度的分子生物学基础及基因工程的读本或教材。第 2 版在原版的基础上做了较大的补充和修改,并以分子生物学基础分册和基因工程分册的形式出版。

在分子生物学基础分册中,加强了对基因工程的分子生物学基础内容的介绍。对于原核和真核基因在复制、转录、翻译等水平的表达调控机制进行了较为系统的介绍,并对其在基因工程操作中的意义做了必要的提示。对蛋白质的折叠和错误折叠机制过程加以较精炼的介绍,还对蛋白质的剪接、蛋白质的结构及其测定方法,特别是对蛋白质溶液构象在研究蛋白质结构与功能中的应用,以及在基因工程中对蛋白质产物分析的意义进行了介绍。在上述基础上,对基因表达调控的其他方面,如转录衰减作用与基因表达调控、信号转导与基因表达调控以及 RNA 干涉的分子机制与基因沉默等方面作了概述。

在基因工程分册中,加强了对基因工程原理、外源基因在受体细胞内表达过程中所遇到的问题和解决办法以及相关的技术方法的论述:

(1) 对外源基因在宿主细胞中高效表达、分泌表达,以及基因的融合和融合蛋白的表达等内容进行了系统化和补充。

(2) 对实现重组蛋白正确折叠的方法和包涵体变性——复性的方法作了较为系统的介绍。

(3) 在"几种真核细胞表达系统" 和"分子杂交技术"的相关章节中分别加入了对转基因动、植物,DNA 疫苗和 DNA 微阵列——基因组芯片等内容的介绍。

(4) 在"聚合酶链反应及其应用"章节中加大了对常用 PCR 方法的原理及应用的论述。

(5) 将"噬菌体展示技术"一章改为"各种生物学展示技术"。内容包括噬菌体展示技术、细菌展示技术、酵母展示技术、核糖体展示技术和 mRNA 展示技术等基本原理及其应用。

(6)"在基因打靶技术及其应用"章节中,较系统地介绍了基因打靶技术的基本原理、组织特异性基因打靶、转座子和 RNA 干涉与基因敲除等内容;并对常用的细菌基因敲除方法进行了概述。

(7) 在"基因突变" 章节中补充了易错 PCR 和 DNA 改组的原理和应用。

(8) 蛋白质相互作用和蛋白质-核酸相互作用原理及其分析方法是分子生物学的重要内容之一,是研究基因表达调控的重要手段。由于这方面的内容,如酵母双杂交系统和细菌双杂交方法等,涉及应用基因工程方法的问题,因此,我们将其放在"基因工程分册"中第 15 章和第 16 章加以介绍。

本书共分 26 章,为了便于读者理解文字内容,第 2 版本共加入 321 个插图。文中的关键词后仍给出相对应的英文,以便读者进行网上查寻。

对书中可能出现的不当和疏漏之处切望科技同行指正。

在此,我要感谢我们实验室的同仁以及我的学生们对我的极大的鼓励、支持和关心。感激我家人的无微不至的关爱。感谢北京大学出版社黄炜老师辛勤、细致的工作,使第2版书以最快的速度同读者见面。

静国忠
于中国科学院生物物理研究所
生物大分子国家重点实验室

第1版前言

《基因工程及其分子生物学基础》是以我在中国科学院及中国科技大学研究生院授课的讲义为基础并结合实验室的工作写成的。作为研究生的基础课教材，应该是注重基础兼顾提高。为此，本书加大了关于基因工程的分子生物学基础的内容，尽量将近年来国内外在分子生物学研究中的新进展写入，并将蛋白质折叠、分子伴侣和折叠酶以及蛋白质剪接等分专门章节加以介绍，同时针对教学中发现的问题，加强了基本概念的论述。希望来自不同高等院校的学生，通过本书的学习，得到更好的基础训练，开阔思路，有所提高，有所前进。

关于基因工程章节的内容，本书有别于基因工程或DNA重组技术操作手册，重点介绍基因工程的原理，并对外源基因在宿主细胞中的表达、分泌、折叠等相关问题，进行了较系统的分析和综合归纳。考虑到国内多数大专院校对基因工程课的教授内容多偏于原核细胞，本书以专门章节，较系统地介绍了包括哺乳动物细胞、昆虫细胞以及整体动物等在内的真核细胞表达体系。为了较全面地将基因工程技术介绍给学生，本书除了对基因重组、基因突变、基因的化学合成、分子杂交、DNA序列分析以及聚合酶链反应(PCR)等相关技术的原理和应用进行介绍外，对近年来发展起来的粒子轰击和基因转移、噬菌体显示技术、基因打靶及基因剔除技术、反义核酸技术、DNA(或基因)疫苗等也作了必要的介绍和论述，以期给学生一个较为全面的训练。

基因工程是一个包括上游工程和下游后处理工艺在一起的现代生物技术。基因工程的下游后处理工艺已发展成为生物工程技术的专门领域，本书只限于介绍基因工程的上游技术。众所周知，分子生物学及以其为基础的基因工程学是现今发展最快的学科之一，在编写本书时我们虽然尽量注意到将新的进展写入本书，但由于本学科的飞速发展和作者能力之所限，在此书完成之际，实有挂一漏万之感。书中出现的不当甚至错误之处，切望科技同行指正，便于在教学中及时修正，以免以讹传讹。

在本书写作过程中得到科技同仁的多方帮助。中国科学院生物物理研究所的周波同志、李昭洁同志从头至尾地通读了几乎整个教材，并提出了不少中肯的意见；北京大学出版社的周月梅老师在本书尚未完成之时，就欣然答应编辑出版此书；北京大学生命科学学院吴鹤龄老师在百忙中对本书进行了审阅，给了我很大的支持。这里需要特别提及的是中国科学院上海生物化学研究所的吴祥甫教授，他是从事昆虫-杆状病毒基因表达体系研究的专家，在本书写作过程中慨然提供给我有关这方面的研究成果和资料，加速了我的写作过程，也为本书增色匪浅。在本书出版之际，在此深表谢意。

静国忠

于中国科学院生物物理所

生物大分子国家重点实验室

目　录

1 遗传信息的传递和分子生物学的中心法则

基因工程(genetic engineering)或称重组 DNA 技术(recombinant DNA technology)是 20 世纪 70 年代发展起来的一门全新的学科,是分子生物学研究理论和实践的结晶。因此,系统地掌握分子生物学的基本原理,特别是基因表达及其调控的分子机制,对于学习、领会和贯通基因工程学是十分重要的,是一个知其然也知其所以然的必经之路。

1.1 DNA 是遗传信息的主要载体

在生物进化的长河中,绝大多数生物选择了将 DNA 作为它们的遗传信息载体。绝大多数生物的基因组 DNA 为双链,而一些病毒(如细菌噬菌体 ϕX174, M13)则以单链 DNA 作为其基因组。在后面的章节中我们会看到,无论是(+)单链 DNA(ss DNA(+)),还是(−)单链 DNA(ss DNA(−)),其复制的中间体(复制型)都是双链 DNA。值得指出的是,人们对什么是遗传物质的认识经历了从蛋白质到 DNA 的认识过程。如果从 Friedrich Miescher 在 1869 年发现 DNA 算起,到 DNA 最终被证明为遗传物质为止,用了 80 多年的时间。DNA 之所以能成为生物体遗传信息的载体,是由其独特的结构特性所决定的。正是这些独特的结构特性使得 DNA 分子能够更稳定地储存遗传信息,精确地传递遗传信息,通过突变、遗传和自然选择使生物体得以进化。与其说生物体选择了 DNA 作为其遗传信息载体,不如说是生物体的进化造就了 DNA。

1.2 RNA 是某些噬菌体和病毒的遗传信息载体

虽然绝大多数生物体以 DNA 作为它们的遗传信息载体,可是一些噬菌体(如 *E. coli* 的 MS2 噬菌体)和动、植物病毒以 RNA 作为其遗传信息载体。根据 RNA 病毒基因组复制的特点,可将 RNA 病毒分为两大类:一类是在其复制过程中不存在 DNA 阶段(DNA phase),另一类是在其复制时需要首先将它们的 RNA 基因组反转录成 DNA。前者就是我们平时说的 RNA 病毒,而后者就是反转录病毒(retroviruses)。进而,根据 RNA 病毒基因组的有义性或极性,将 RNA 病毒分为如下三类:正单链 RNA 病毒(positive-sense ss RNA viruses),如甲、丙、戊型肝炎病毒,SARS 病毒以及烟草花叶病毒等;负单链 RNA 病毒(negative-sense ss RNA viruses),如流感病毒、麻疹病毒、狂犬病病毒等;双链 RNA 病毒(double stranded RNA viruses),如轮状病毒。正链 RNA 基因组可直接作为 mRNA,通过翻译产生蛋白质,而负链 RNA 基因组必须经 RNA 聚合酶"转录"成正链 RNA,才能进行蛋白质合成。双链 RNA 病毒基因组也必须经 RNA 聚合酶"转录"后产生有功能的 mRNA。无论是单链 RNA 病毒基因组还是双链 RNA 病毒基因组的复制都是由病毒自身的 RNA 聚合酶或 RNA 复制酶(RNA replicase)来完成的。就是说,这些RNA病毒基因组具有自我复制的能力。图1-1以RNA噬菌体MS2为例,给出正单链RNA病毒在增殖过程中所发生的一系列事件。

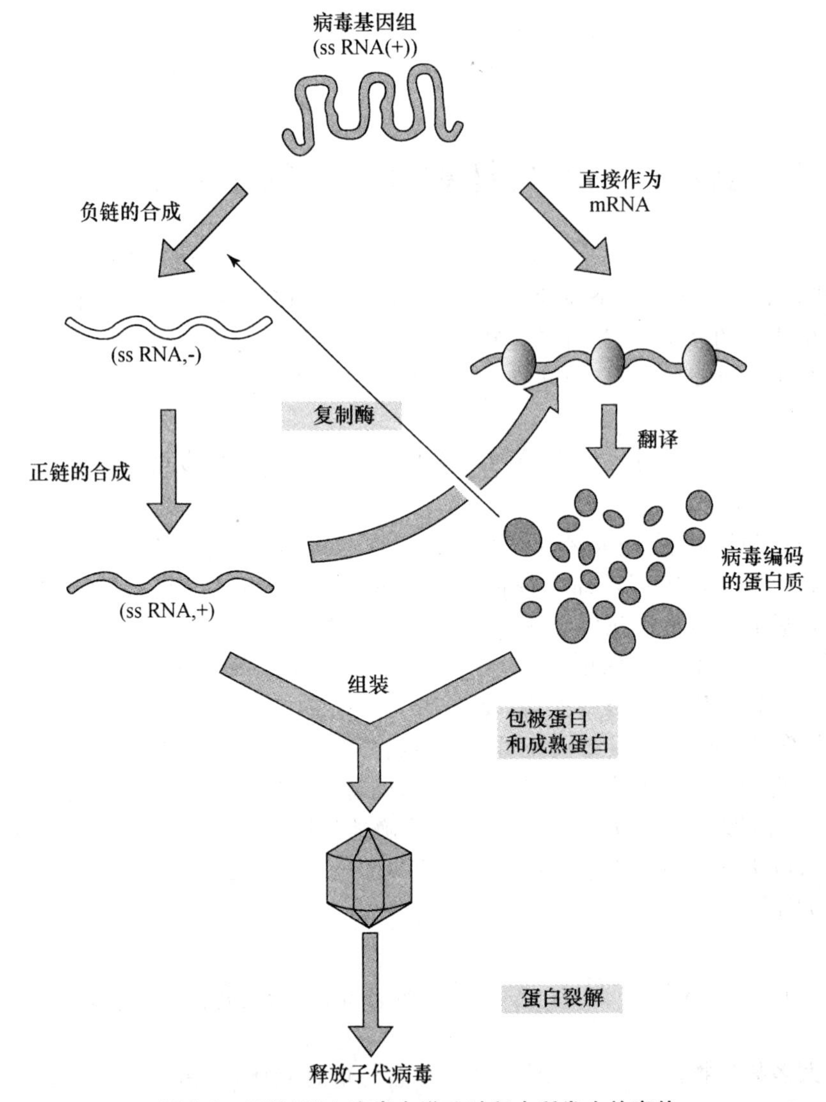

图1-1 正链RNA病毒在增殖过程中所发生的事件

图中表明ss RNA(+)可直接作为mRNA进行蛋白质合成。其翻译产物中的RNA复制酶将ss RNA(+)"转录"成ss RNA(−),进而以此为模板合成ss RNA(+),而成熟蛋白和包被蛋白与ss RNA(+)基因组一起组装成新的病毒颗粒。(Murray P, et al, 1998)

值得指出的是,所有RNA病毒都有着很高的突变速率,这是因为它们缺少像DNA聚合酶那样能够发现和修复错误的RNA聚合酶,所以不能对受损的遗传物质进行修复。这也说明为什么在长期的进化过程中,绝大多数生物体选择DNA作为其遗传信息载体的原因。

1.3 RNA反转录酶的发现改变了对遗传信息单向传递的认识

1956年Crick提出遗传信息传递的中心法则,也称分子生物学中心法则(central dogma):

DNA ⟶ RNA ⟶ 蛋白质

按照这个法则,DNA 分子以自身为模板进行复制,并通过 RNA 分子将遗传信息传递给蛋白质分子。DNA 分子以自身为模板进行自我拷贝的过程叫做复制(replication);利用 DNA 分子为模板合成 RNA 分子的过程叫转录(transcription);以 RNA 分子为模板合成蛋白质分子的过程叫翻译(translation)。复制、转录、翻译作为分子生物学中心法则中的三个关键步骤,一直是分子生物学研究的核心问题。

遗传信息的这种单向不可逆传递的方式,由于 RNA 反转录酶(reverse transcriptase)的发现而发生改变。1970 年 Temin 和 Baltimore 在 RNA 肿瘤病毒中发现 RNA 反转录酶。这类 RNA 病毒就是 1.2 中提到的反转录病毒。与其他单链 RNA 病毒不同,当它侵染细胞时,病毒 RNA 分子通过其编码的反转录酶将病毒 RNA 分子转换成与之互补的 DNA 链,进而拷贝成双链的病毒 DNA 分子并整合到细胞染色体 DNA 中,这样,病毒 DNA 可随细胞染色体 DNA 的复制一代代地遗传下去。储存在这个 DNA 中的信息指导产生新一代的反转录病毒(图 1-2)。这种以 RNA 为模板在反转录酶作用下合成互补 DNA 分子的过程叫做反转录(reverse transcription)。RNA 反转录酶又叫做依赖于 RNA 的 DNA 聚合酶(RNA-dependent DNA polymerase),它可以 RNA 为模板将储存在 RNA 病毒中的遗传信息传给 DNA 分子。为此,Crick 于 1971 年对他所提出的遗传信息单向不可逆传递方式的中心法则作了补充,提出了中心法则的三角形表示法(图 1-3)。中心法则的三角形表示法进一步完善了生物体遗传信息传递方向的描述,它不但包括了反转录,而且对以 RNA 作为遗传信息载体的复制过程(1.2)也

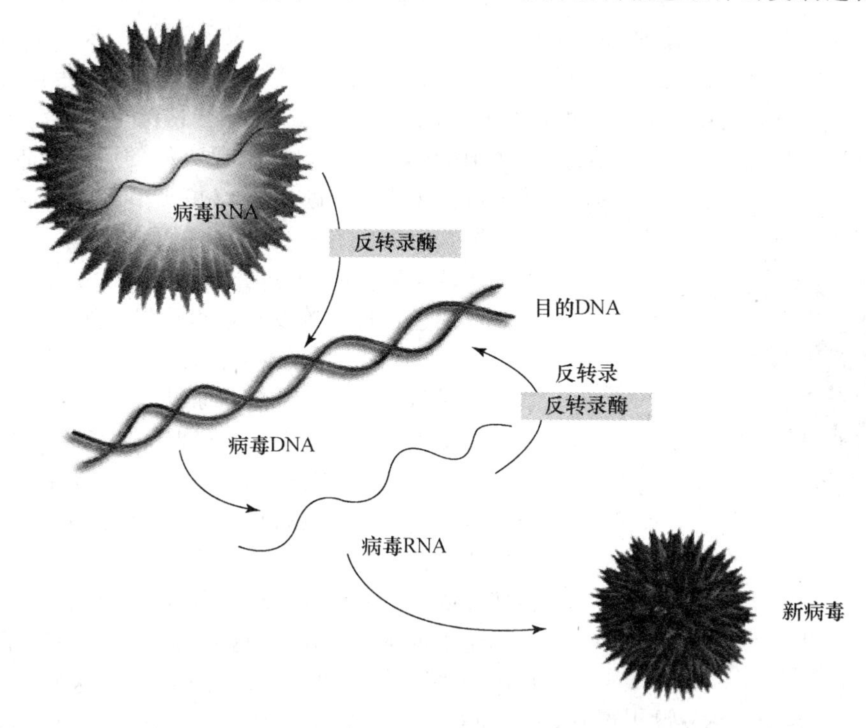

图 1-2 示反转录病毒和反转录酶的作用

http://www.molecularstation.com/molecular-biology-images/506-molecular-biology-pictures/

在图中标出。应该指出的是，这种表示法是从蛋白质表达的角度来考虑的。从这点出发，在生物有机体中从 DNA → RNA → 蛋白质是遗传信息传递的主要方向。这也正是基因工程得以进行的基本依据。

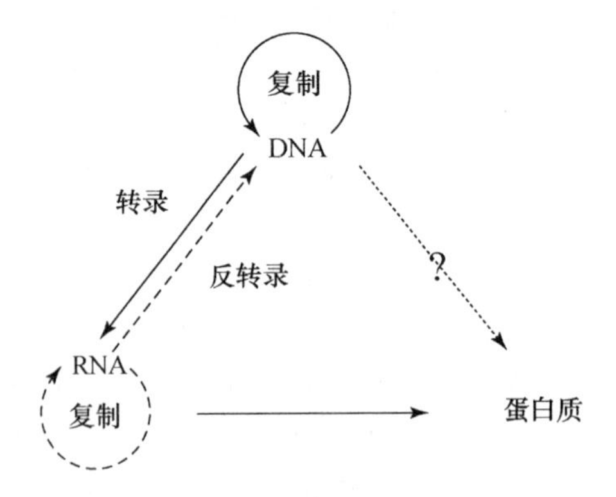

图 1-3 中心法则的三角形表示法

细胞中正常条件下进行的过程用实线表示；仅在 RNA 病毒侵染时才发生的过程用虚线表示；从 DNA ⟶ 蛋白质并未发现确切证据。

1.4 在高等生物中 RNA 作为信息的载体可从亲代传给子代

在 1.2 中我们讲到细菌和动、植物的某些病毒以 RNA 作为其遗传信息的载体，在宿主细胞内可以自我复制并以 RNA(+)链为模板进行蛋白质的合成。那么，在高等生物中是否存在着 RNA 作为“遗传物质”传递的现象呢？这种可传递的 RNA 又是通过什么样的机制起作用的呢？近年来的研究结果表明，RNA 分子并不仅仅是将储存在 DNA 中的遗传信息被动地传给蛋白质的中间体，它还是细胞各种过程的活跃的调节者。在某些情况下，RNA 可作为信息载体从一代传到下一代。2006 年，来自法国的 Rassoulzadegan 研究组的研究报告指出，小鼠精子可携带 RNA 进入卵子并使小鼠的性状发生改变：在小鼠基因组中有一个 *Kit* 基因，这个基因的突变破坏了 *Kit* 酪氨酸激酶受体的合成，从而导致生殖细胞分化、造血及黑色素形成等发育过程受损。如果突变的 *Kit* 基因(Kit^{tm1Alf})是纯合子时，小鼠出生不久即死亡；如果是杂合子时(即一个基因是正常 *Kit* 基因，一个是突变基因)，小鼠可以成活，但尾尖和脚是白色而不是正常的灰色。稀奇的是，当将这些杂合子小鼠交配后，在遗传有两个正常 *Kit* 基因的后代中，绝大多数也具有白色尾尖，虽然这些小鼠的基因组中已不存在突变基因。如何解释这种现象呢？Rassoulzadegan 认为，突变的 *Kit* 基因制造出不正常的 RNA 分子，这些分子积累在精子中并随受精作用进入受精卵。在发育过程中，这些突变的 RNA 分子使子代的正常的 *Kit* 基因沉默，也就是说改变了正常 *Kit* 基因的表达。她的这一看法被以下实验所证实：当将这些突变的 RNA 注射到处在一个细胞期的正常小鼠胚胎后，50%的小鼠后代也具有白脚和白尾尖的表型(图 1-4)。这一发现至少指出：携带有特定“遗传信息”的

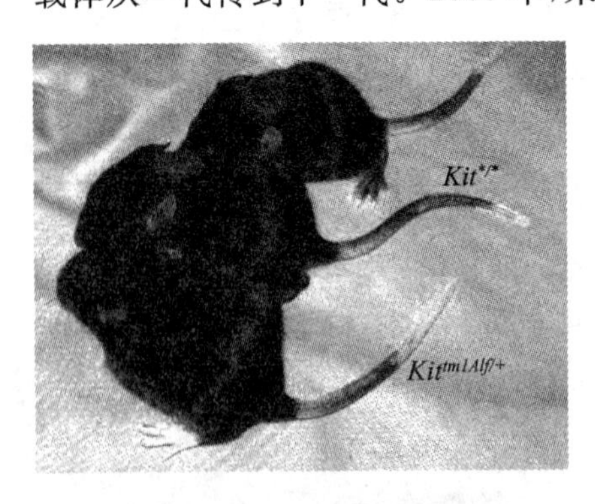

图 1-4 RNA 分子介导的表观遗传性状的改变

示白脚、白尾类小鼠的产生。

(Rassoulzadegan M, et al, 2006)

RNA也可以在高等生物中传代;从目前的研究结果看,这类RNA参与了特定基因的表达调控。这些研究结果为进一步了解RNA在表观遗传(epigenetic inheritance)中所起的重要作用开辟了一条新路。所谓表观遗传,是指DNA序列不发生变化但基因表达却发生了可遗传的改变。这种改变是细胞内DNA序列以外的其他遗传物质发生的改变,且在发育和细胞增殖过程中通过减数分裂能稳定传递。应该说,这也提示我们应给予在真核染色质中存在的RNA成分的功能研究以足够的重视。

1.5　多肽链如何折叠成为功能蛋白质仍然是一个没有解决的问题

中心法则告诉我们,一个蛋白质分子中的氨基酸序列是由为其编码的核苷酸序列(遗传密码)所决定,通过翻译过程,只是将储存在mRNA中的遗传信息转换成由特定氨基酸序列所组成的多肽链,并没有涉及多肽链如何折叠成为具有特定三维结构的功能蛋白质的问题。然而,蛋白质的正确三维结构的形成是产生具有完全生物活性的蛋白质所必需的。20世纪60～70年代,Anfinsen根据他对核糖核酸酶在变性和还原后可以自发地氧化折叠恢复天然结构和全部生物活性的实验结果,提出蛋白质中一定的氨基酸序列决定其一定的空间结构,即蛋白质的一级结构决定其三级结构的假说。这一假说虽然已被科学界广泛接受,但蛋白质的一级结构(即多肽链中的氨基酸序列)如何决定蛋白质的三维空间结构的问题仍然是分子生物学研究中的大难题。20世纪80年代中期,有一些科学家提出关于存在所谓折叠密码的假设,认为折叠密码决定了存在于多肽链氨基酸序列中的一级结构信息向蛋白质特定的三维空间结构的转变。然而现在看来,“折叠密码”应是相当复杂,绝不会像遗传密码那样用一种简单的关系,即三个核苷酸决定一个氨基酸所能概括。现在的研究指出,一个新合成的多肽链转化成完全折叠的蛋白质的方式既依赖于氨基酸序列内在的特性,又依赖于来自拥挤细胞环境的多种因素(如分子伴侣、折叠酶、各种蛋白因子和膜结构等)的作用,是一个非常复杂的过程。在细胞内蛋白质的折叠和去折叠是调控其生物活性和蛋白质定位于不同的细胞部位的关键途径。可以预见,对蛋白质折叠机制研究的突破,必然对蛋白质的结构形成和功能表达、全新功能蛋白质的设计和合成,以及重组蛋白质的复性和正确折叠等理论和实际应用的研究带来革命性的变化。所以,一个完整的分子生物学中心法则应该包括从多肽链到蛋白质的折叠这一步(图1-5)。

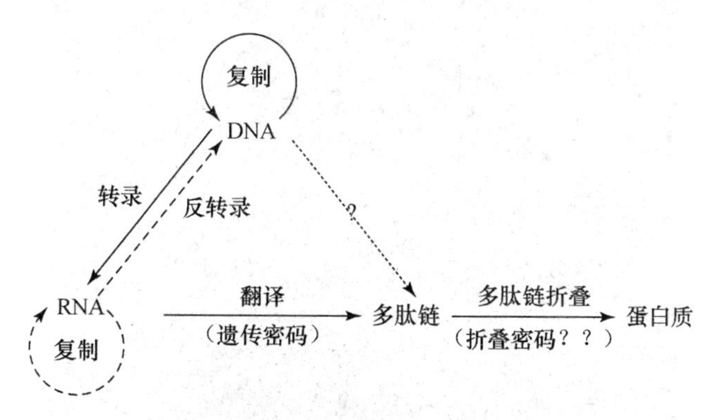

图1-5　中心法则的另一种表述形式

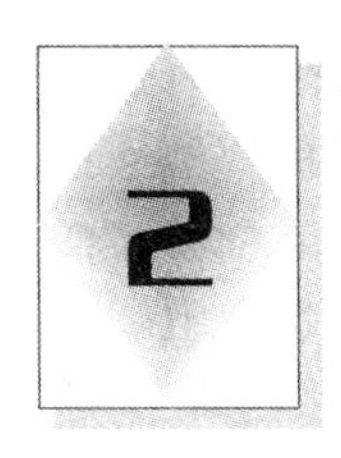

2 DNA的复制

如前所述，DNA是生物体遗传信息的主要载体，它包含了生物有机体生长发育、繁殖遗传所需的全部信息。DNA在生命活动过程中准确有序的复制是生物体得以稳定延续的分子基础。

2.1 DNA结构的特征

2.1.1 DNA是四种脱氧核糖核苷酸的多聚体

DNA分子由四种脱氧核糖核苷酸聚合而成，每个核苷酸由一个含氮的碱基、脱氧核糖和一个磷酸基团组成。这四种脱氧核苷酸是：脱氧腺嘌呤核苷5′-单磷酸（deoxy adenosine 5′-monophosphate，dAMP），脱氧鸟嘌呤核苷5′-单磷酸（deoxy guanosine 5′-monophosphate，dGMP），脱氧胞嘧啶核苷5′-单磷酸（deoxy cytidine 5′-monophosphate，dCMP）和脱氧胸腺嘧啶核苷5′-单磷酸（deoxy thymidine 5′-monophosphate，dTMP）。脱氧核糖的C-1分别与嘌呤碱基的N-9和嘧啶碱基的N-1相连，而磷酸基团与脱氧核糖的C-5相连。成千上万个脱氧核苷酸单体通过3′,5′-磷酸二酯键相连形成一个线性的高分子聚合物，如*E. coli*的基因组DNA（一条链）就由4.6×10^6个脱氧核糖核苷酸组成。DNA的初级结构是由交替的糖-磷酸基团构成的骨架组成，而嘌呤和嘧啶碱基形成侧链。图2-1示出由dCMP-dGMP-dAMP-dAMP-

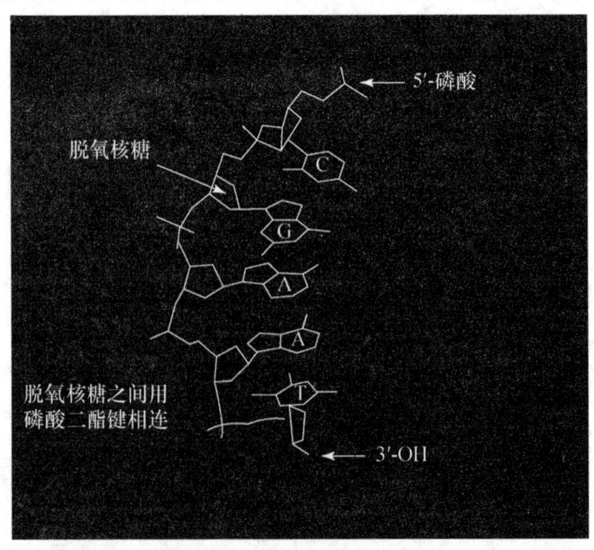

图2-1 5′-d(CGAAT)五核苷酸形成的DNA主链骨架的示意图

dTMP五个核苷酸组成的五核苷酸主链。从图中可以看出：交替的脱氧核糖和磷酸二酯基团形成骨架主链；核苷酸链的方向从上到下是以 5′→3′方向表示，写成 5′-P-dCGAAT-OH-3′或简写为 5′-d(CGAAT)，即 5′-P 末端写在左边，3′-OH 写在右边；磷酸的氧原子带负电荷；A、G、C、T 碱基伸出链外，通过疏水相互作用彼此堆积。

2.1.2 双螺旋是 DNA 的基本结构

除了少数病毒 DNA 外，绝大多数生物有机体的 DNA 是以双链形式存在。即使单链的病毒 DNA，其复制型(replication form)也是双链 DNA。两条 DNA 链围绕着分子主轴相互盘绕形成一个双螺旋结构(double stranded helix)，双螺旋结构作为 DNA 的二级结构有如下特性：

(1) 组成 DNA 双螺旋的两条链通过腺嘌呤(A)与胸腺嘧啶(T)之间和鸟嘌呤(G)与胞嘧啶(C)碱基之间的氢键和碱基间的堆积力(base stacking interactions)来维系。DNA 两条链之间的这种非共价键结合便于 DNA 复制和转录过程中两条链的分开。

(2) DNA 双螺旋两条链的碱基严格配对，即一条链上的 A 总是与另一条链上的 T 配对，而 G 总是与 C 相配对，这就是 Watson-Crick 配对规则。A-T 和 G-C 之间的碱基配对是由它们自身的立体形状和氢键的互补性(steric and hydrogen bonding factors)所决定的。这样的配对使得 A-T 之间形成两个氢键，而 G-C 之间形成三个氢键(图 2-2)。碱基配对是 DNA 结构的最重要特性之一，它保证了 DNA 两条链的碱基序列完全互补，赋予 DNA 具有自我编码的特性。DNA 双链的彼此互补为 DNA 自我复制的机制提供了结构基础。值得指出的是，DNA 链之间的碱基互补使双链 DNA 中 A 的数目总是等于 T，而 G 的数目总是等于 C。然而，对于不同来源的 DNA，其碱基组成是不同的，通常用含 G+C 的百分数，即((G+C)/全部碱基数)×100%来表示。由于 G-C 之间是三个氢键，所以 G+C 含量高的 DNA 其热稳定性就高。

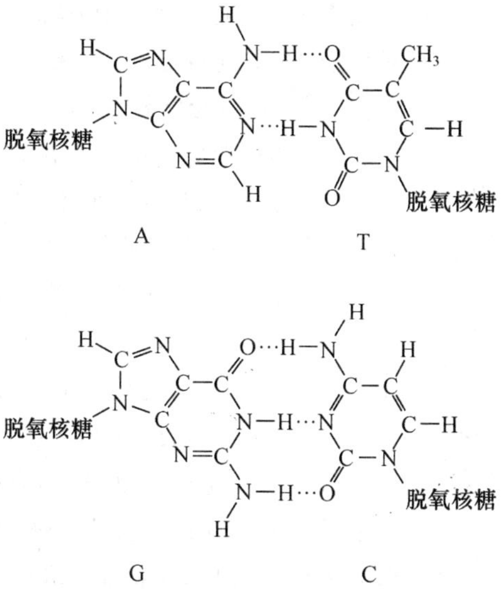

图 2-2 A-T 和 G-C 碱基配对及碱基间的氢键

图示 A-T 之间为两个氢键，G-C 之间为三个氢键(氢键用点线表示)。

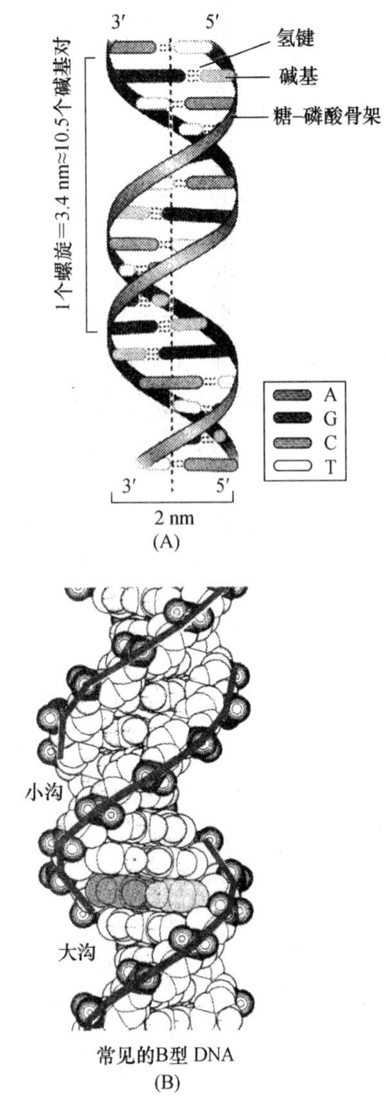

图 2-3 DNA 的双螺旋结构

(A) DNA 双螺旋结构的示意图,示 DNA 双链的反平行走向。(B) B 型 DNA 的空间填充模型。B 型 DNA 是细胞中 DNA 常见的结构形式。图中显示每条 DNA 链中的糖和磷酸基团形成 DNA 双螺旋骨架(用深色球和曲线标出)并成螺旋缠绕。碱基朝向双螺旋内部,处于大沟和小沟处的碱基可与细胞内其他分子(如蛋白质等)相接触并产生相互作用。

(引自 Watson J, et al, 2004; Lodish H, et al, 2000)

(3) 形成 DNA 双螺旋的两条互补链的走向正好相反。这是由于 DNA 一条链上 5′端的碱基总是与其互补链上 3′端的碱基配对,这种碱基间互相配对的立体化学结果使得 DNA 的两条链呈反平行(antiparallel)的走向。DNA 互补链的反平行走向使得一条链是 5′→3′,而另一条链则是 3′→5′(图 2-3)。牢记住 DNA 的这一特点对后面我们要讲到的 DNA 复制、转录机制以及引物(primers)设计都是很重要的。

(4) 在 DNA 双螺旋结构中,糖-磷酸主链沿着分子的外侧形成一个螺旋,碱基在分子的内部形成一个螺旋。一般而言,每个碱基对的两个碱基处在同一个平面上且与螺旋主轴垂直。碱基对平面之间的距离为 0.34 nm,两个相邻碱基对间的夹角约为 36°,双螺旋的直径约为2.0 nm。这样,螺旋的每一圈含有 10 个碱基对,一个螺旋的长度为 3.4 nm(图 2-3)。在生物有机体中的 DNA 螺旋通常是右手螺旋,也即双螺旋的两条链以右手螺旋的方式互相缠绕。值得指出的是,碱基处于分子内部使其受到外界损伤的机会减小,这正是 DNA 作为稳定的遗传信息载体所需要的。与碱基不同,围绕在分子外围的糖-磷酸主链,由于磷酸基团的存在而带负电荷。

(5) DNA 双螺旋所具有的大沟和小沟为其同蛋白质的相互作用提供了可及的位点。由于碱基对的空间几何结构使得 DNA 螺旋的主链在螺旋的一侧比在另一侧靠得更近些,这样在主链靠得近的一侧就形成小沟(minor groove),而在其对侧,主链分开较远的一侧就形成大沟(major groove)。由于在 DNA 双螺旋的外部出现了大沟和小沟,使每个碱基对的边缘在这些螺旋沟处暴露出来,可允许蛋白质分子在无需解开继而破坏双螺旋结构的情况下,识别碱基序列并参与 DNA 复制或转录的调控。绝大多数研究结果表明,DNA 结合蛋白与 DNA 分子内部碱基的相互作用发生在大沟侧,但也不排除位于大沟的蛋白质与小沟的特定碱基产生相互作用的可能。值得指出的是,蛋白质(或酶)与 DNA 的相互作用不仅仅可在螺旋沟处进行,有时 DNA 中的单个碱基通过与酶蛋白的相互作用会从双螺旋中翻转出来,人们将这种现象叫做碱基翻出(base flipping)。一些酶蛋白就是通过这种机制对碱基进行修饰或对受损碱基进行修复。图 2-4 显示甲基化酶将胞嘧啶碱基从螺旋中完全翻出,使其进入酶的活性口袋而被甲基化;然后,这个碱基又回到螺旋中的正常位置。整个过程并不需要外来能源。

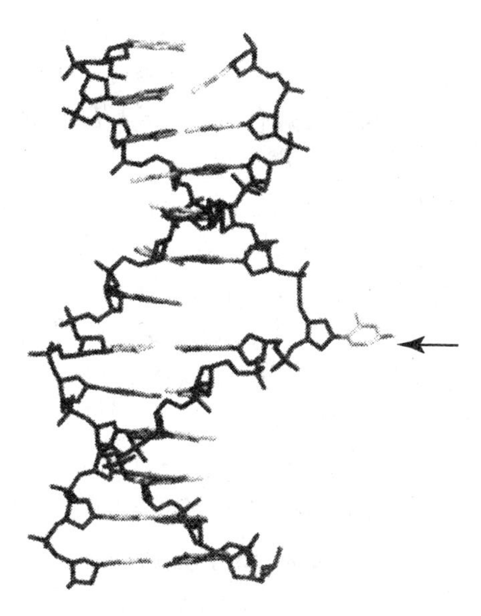

图 2-4 胞嘧啶碱基从 DNA 螺旋中翻出(箭头)以及给邻近碱基对造成的轻微变形

(引自 Klimasauskas S, et al, 1994)

(6) DNA 双螺旋存在着不同的结构形式。在进行 DNA 结构分析时发现,由于 DNA 的碱基组成和晶体制备时的离子强度及水合条件的不同,DNA 双螺旋存在着不同的构象形式: B 型

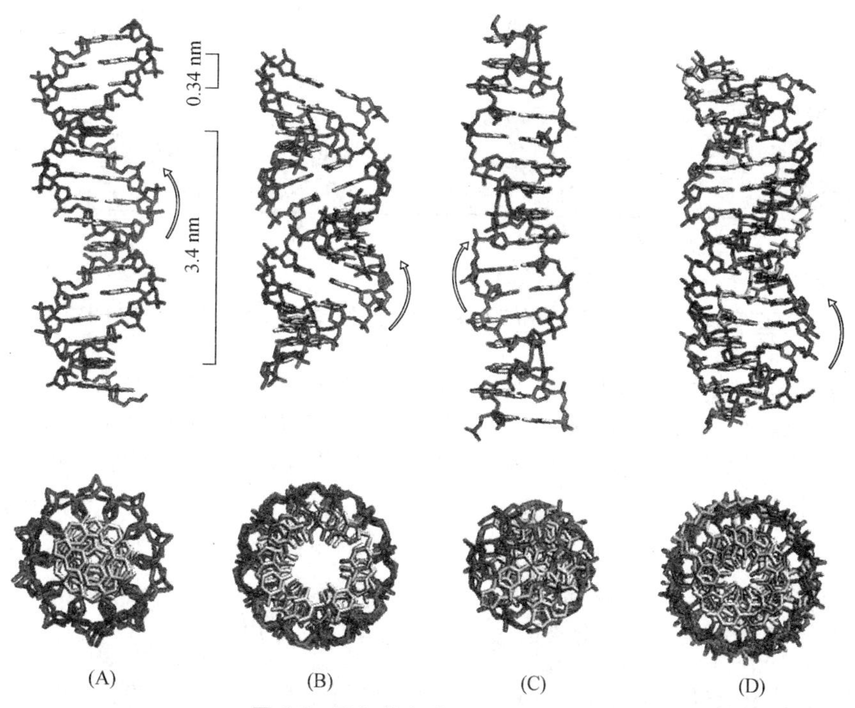

图 2-5 已知的各种 DNA 结构的模型

(A) B 型 DNA,接近生理状态的 DNA 结构;(B) A 型 DNA,更紧凑的 DNA 双螺旋结构,相对于分子主轴碱基对有较大倾角;(C) Z 型 DNA,左手螺旋的 DNA;(D) 三链 DNA 螺旋结构,此三链螺旋由 poly(A+G)-poly(C+T)-poly(C+T)组成。上部为侧面图,下部为横切面图。(引自 Lodish H, et al, 2000)

DNA 是在低离子强度和高水合的条件下测得的结构,其每圈螺旋含有 10 个碱基对,具有宽的大沟和窄的小沟,是最接近生理条件下 DNA 的一般结构。在溶液中的 DNA 分子要比 B 型 DNA 分子的螺旋程度更高,平均每圈螺旋含有 10.5 个碱基对,且其构象也不像 B 型 DNA 那样均一。A 型 DNA 是在较低温度条件下观察到的结构。与 B 型相比,A 型结构更为紧凑,每个螺旋含有 11 个碱基对,大沟窄且深,小沟宽且浅。细胞中绝大部分 DNA 接近 B 型 DNA 构象,但在某些 DNA -蛋白质复合体中 DNA 也可以 A 型构象存在。无论是 B 型还是 A 型 DNA 都是右手双螺旋。在富含 $_pC_pG$ 二核苷酸的螺旋区段可存在左手双螺旋的 DNA 构象形式,即所说的 Z 型 DNA(图 2-5)。Z 型 DNA 每圈螺旋含有 12 个碱基对,每个螺旋的长度是 4.56 nm,而不是 B 型 DNA 的 3.4 nm,所以 Z 型 DNA 看起来比 B 型 DNA 更细更长。表 2-1 列出了 B 型、A 型和 Z 型 DNA 的主要结构参数。DNA 是一个十分巨大的生物大分子,各种构象可能共存于一个 DNA 分子中。利用 Z 型 DNA 抗体可以检测到 Z 型 DNA 的确存在于细胞 DNA 中,而研究指出基因附近的 Z 型 DNA 区会影响基因的表达。

表 2-1　主要 DNA 双螺旋的参数*

参　数	A 型	B 型	Z 型
螺旋旋转的方向	右手	右手	左手
每圈的碱基对数	～11	～10.4	12
每碱基对旋转角度	～33°	～36°	－30°
相对螺旋主轴的碱基对倾斜角度	＋19°	－1.2°	－9°
大沟结构特点	狭而深	宽,中等深度	平坦
小沟结构特点	宽而浅	狭,中等深度	狭而深
糖苷键走向	反式	反式	嘧啶反式 嘌呤顺式
备注	接近于 DNA-RNA 和 RNA-RNA 所形成的螺旋结构	最接近细胞内 DNA 的构象,水溶液中每圈碱基对数为 10.5 个	发生在嘌呤、嘧啶碱基对交替出现的 DNA 序列中

* 来自 http://www.indstate.edu.

2.1.3　三链乃至四链 DNA 螺旋也可作为 DNA 结构的一种存在形式

虽然绝大多数生物有机体的 DNA 是以双螺旋的形式存在,而只有少数病毒基因组是单链 DNA,然而三链乃至四链 DNA 螺旋也可作为 DNA 存在的一种结构形式。三链 DNA 结构至少可在试管中形成,也可能存在于 DNA 重组和损伤修复过程中。例如,由 poly(A＋G)和 poly(C＋T)组成的双链 DNA,可以容纳第三条由 poly(C＋T)组成的多核苷酸链,形成三链 DNA 螺旋(图 2-5(D))。在细胞内的确观察到四链 DNA 螺旋的存在。四链螺旋发生在富含鸟嘌呤碱基的 DNA 区段,经常出现在染色体末端的端粒(telomere)中。由此推测,这些四链螺旋结构可能在细胞染色体减数分裂的过程中起着重要的作用。

2.1.4　DNA 的超螺旋结构

如上所述,DNA 的一级结构是包括糖-磷酸结构和碱基(或核苷酸)序列在内的共价主链结构(图 2-1);二级结构是被碱基对间的氢键和碱基堆积力所稳定的 DNA 双螺旋结构(图 2-3)。然而,在绝大多数生物有机体中,DNA 是以超螺旋的形式存在的,超螺旋(superhelicity)有时称为

DNA的三级结构。DNA的超螺旋是从最小的病毒到最复杂的真核生物染色体的一个重要的特性,借助形成超螺旋将长的DNA分子包装进染色体。

1. 正、负超螺旋(positive, negative supercoiling)

超螺旋从字面上讲就是DNA双螺旋在三维空间的再缠绕,从而形成更紧凑的结构(图2-6)。为叙述方便起见,我们以一个闭合环状双链DNA为模型来说明DNA双螺旋结构是如何转换成超螺旋结构的(图2-7)。一个没有任何超螺旋结构的环状DNA称为松弛型DNA(图2-7(B))。当将此DNA分子沿着与双螺旋中两条链盘绕相同的方向(即沿右手螺旋的方向)旋绕时(即上劲儿),则每圈螺旋的碱基对减少,相邻碱基对间的旋转角增大,从而产生扭转张力(torsional tension)。这种扭转张力使这个闭合环状DNA形成左手超螺旋,从而维持DNA的B型构象。左手超螺旋DNA称为正超螺旋。相反,当将闭合环状DNA沿与右手螺旋相反方向(即向左)旋绕时(即松劲儿),使得每圈螺旋的碱基对增多,相邻碱基对间的旋转角减小,由此而产生扭转张力使之形成右手超螺旋,也称为负超螺旋。维系负超螺旋的这种张力可通过局部碱基对间氢键断裂,双链分开而释放。所以,负超螺旋的形成有利于DNA双链的分开。

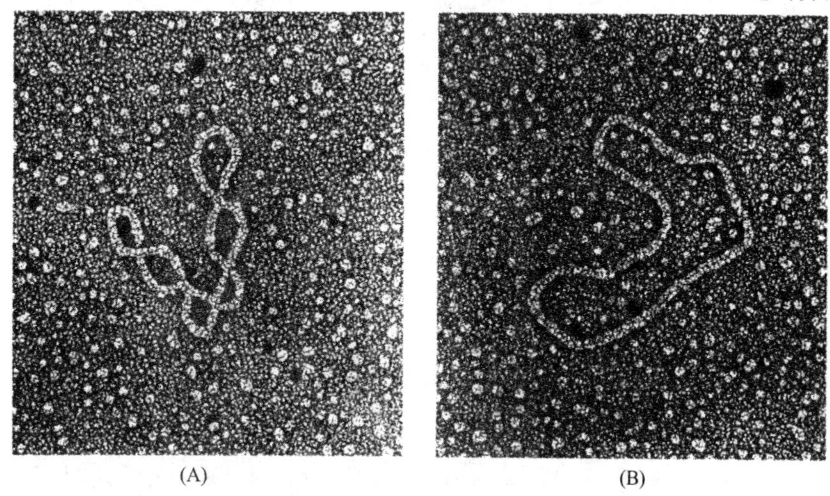

图 2-6 DNA分子的超螺旋构型及松弛型的电子显微镜图

示SV40 DNA的超螺旋构型(A)和松弛型(B)(引自Lodish H, et al, 2000)

2. 超螺旋结构的生物学意义

超螺旋是DNA三级结构的一个重要存在形式。绝大多数生物有机体的双链DNA都是负超螺旋。不但细菌和病毒的环状双链DNA是负超螺旋,与核蛋白结合的真核DNA在染色体中也具有负超螺旋的构象。由于超螺旋使DNA的结构更加紧凑,负超螺旋便于将长的DNA分子包装进细胞染色体和病毒颗粒的有限空间中。例如,人类染色体DNA的长度是在厘米数量级,而压缩的染色体只有几纳米长,如果DNA是一个线性分子就不可能装进细胞核中。因此,超螺旋对于将DNA有效地包装是很重要的。另一个生物学意义是,由于负超螺旋含有自由能,可以为打开双链提供能量,使DNA复制、转录、重组这些需要解开DNA双链的过程得以顺利完成。

正超螺旋同样可将DNA压缩,但与负超螺旋相比要使DNA双链分开会遇到很大的困难,这就是为什么绝大多数生物体的染色体选择负超螺旋的原因。然而,某些生活在极端高温或低pH下的嗜热微生物及其病毒,如生长在高温低pH下的一种古菌(*Sulfolobus*)中的噬菌体的染色体 DNA 就是正超螺旋。正超螺旋可以防止 DNA 在高温和酸存在下发生变性。

在每个细胞中,DNA 超螺旋的状态都受到精确的调控,而这种调控影响到 DNA 代谢的很多方面。DNA 正常生物功能的执行与其所处的适当的拓扑学状态密切相关。

3. DNA 超螺旋的拓扑学(superhelix topology)

拓扑学概念的引入使我们能更好地理解 DNA 的构象特征。在此我们仍用环状双螺旋 DNA 作为模型。一个闭合双链的 DNA 的螺旋数是不变的,除非至少在一条链上有共价键断开。也就是说,这两条链在拓扑学上彼此结合到一起。从拓扑学的角度看,环状双链 DNA 的构象可用三个参数来表征:

(1) 连环数(linking number, *Lk*)是指在三维空间上 DNA 一条链与另一条链相互交叉或缠绕的次数。*Lk* 数是 DNA 分子的拓扑学特性,对于一个完整的共价闭合双链的 DNA 分子,除非其中至少一条链的磷酸二酯键断开和重新形成,这个 DNA 分子的 *Lk* 数是不变的,且一定是整数。碱基序列完全相同的共价闭合双链 DNA 分子,可有不同的 *Lk* 数(图 2-7)。这一不同反映出它们之间的超螺旋程度不同,人们将这些 DNA 形式称为拓扑异构体(topological isomers)。对右手螺旋来说,*Lk* 数为正数;而对左手螺旋而言,*Lk* 数为负数。

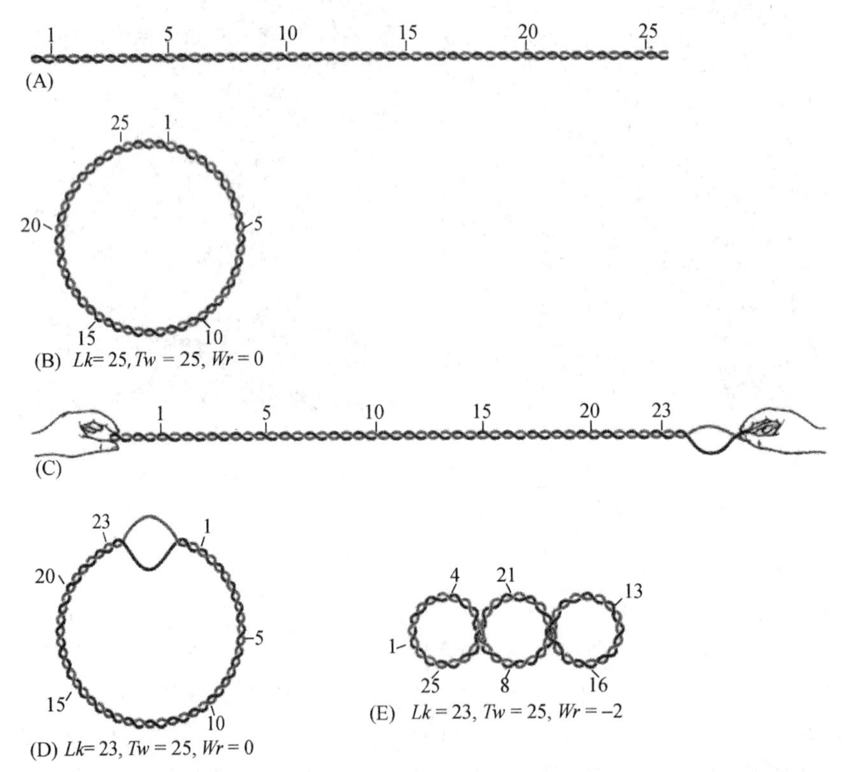

图 2-7 闭合环状双链 DNA 拓扑异构体的形成及 *Lk*,*Tw* 和 *Wr* 三个参数间的关系

(A) 一个由 260 bp 组成的 B 型双链 DNA,按每个螺旋的碱基对(bp)为 10.4 计,此线性 DNA 共有 260/10.4=25 个螺旋。(B) 上述线性 DNA 环化后,形成闭合环状双螺旋 DNA。此 DNA 分子中无超螺旋,为松弛 B 型 DNA。按 *Tw* 计算方法:$Tw=260/10.4=25$,$Wr=0$,$Lk=Tw+Wr=25+0=25$。(C) 示在 DNA 环化前先打开两个右手螺旋。(D) 将(C)环化后,产生具环形泡(loop)的 DNA 分子。此时 $Tw=23$,$Wr=0$,所以 $Lk=23+0=23$。(E) 在拓扑异构酶作用下,松弛型 DNA 转变为负超螺旋 DNA。由于产生两圈的右手负超螺旋,所以此时 $Wr=-2$,$Tw=25$,$Lk=25+(-2)=23$。(D)和(E)具有相同的 *Lk* 数,在拓扑学上相同,然几何学上是不同的。(引自 Berg JM, et al, 2002)

(2) 扭转数(twisting number, Tw)是 DNA 双螺旋结构本身的特性,是一条链绕双螺旋轴的总圈数。在一个特定的构象中,对右手螺旋而言,Tw 是正数。溶液中 B 型 DNA 分子的 Tw 就等于此 DNA 分子中碱基对的总数与每个螺旋中的碱基对数(10.4)之比。如一个双链 DNA 中有 260 个碱基对,那么 $Tw=260/10.4=25$。

(3) 缠绕数(writhing number, Wr)用以描述 DNA 螺旋在三维空间的超缠绕,是超螺旋的一个直观概念。在一个特定的构象中,表示双螺旋轴绕着超螺旋轴的圈数。Wr 可以是正数或负数。

Lk, Tw, Wr 三个参数之间的关系用下列等式表示:

$$Lk = Tw + Wr \tag{1}$$

或

$$\Delta Lk = \Delta Tw + \Delta Wr \tag{2}$$

当一个 DNA 分子是不含超螺旋的松弛构象时,$Wr=0$,于是 $Lk=Tw$。我们将一个松弛型 DNA 分子的"Lk"用"Lk^0"来表示,而它的超螺旋异构体用"Lk"表示。由于负的超螺旋使 Lk 数减少,所以与只有松弛构象的 DNA 分子相比,它的负超螺旋的拓扑异构体的 Lk 数就小于 Lk^0(即 $Lk<Lk^0$)。对于正超螺旋而言,由于过旋(overwound)使其 $Lk>Lk^0$。它们二者之差用"ΔLk"(即 $\Delta Lk=Lk-Lk^0$)表示。由此可见,对正超螺旋而言,$\Delta Lk>0$,为正值;而负超螺旋的 $\Delta Lk<0$,为负值。因为 ΔLk 和 Lk^0 取决于每个 DNA 分子的长度,为了描述任何 DNA 分子超螺旋的状态,于是人们引入了"比连环数差"这一概念(specific linking difference):

$$\sigma = \Delta Lk/Lk^0 \tag{3}$$

如果所有连环数的变化(ΔLk)都是由于缠绕数变化(ΔWr)所引起的,按等式(2),此时 $\Delta Tw=0$,那么比连环数差(σ)就等于 DNA 分子的超缠绕密度(supercoiling density)。实际上,只要 DNA 分子的双螺旋结构本身不变,$\sigma=\Delta Lk/Lk^0$ 就可被认为是 DNA 分子的超螺旋密度(superhelix density)。细菌和真核来源的环状 DNA 分子的 σ 值在 -0.06 左右,表明它们的构象都是负超螺旋。

值得指出的是,在教学演示的用闭合环状双螺旋 DNA(或将其两端用手捏住的线性双螺旋 DNA)作为模型,通过扭转形成正、负超螺旋的实验中,由于每个螺旋中碱基对之间的旋转角的变化所产生的扭转张力是超螺旋形成的动因,而在细胞内超螺旋的形成和解开则是由一组称为拓扑异构酶的酶蛋白所控制的。对酶催化机制的研究依然是一个很活跃的研究领域。超螺旋 DNA 在结构上比松弛型 DNA 分子更紧凑,所以通过琼脂糖凝胶电泳或密度梯度离心技术可以将不同构象的 DNA 分子区分开,从而观察到超螺旋 DNA 的存在,在琼脂糖电泳和梯度离心时,超螺旋 DNA 在电场和重力场中移动速度要快(图 2-8)。

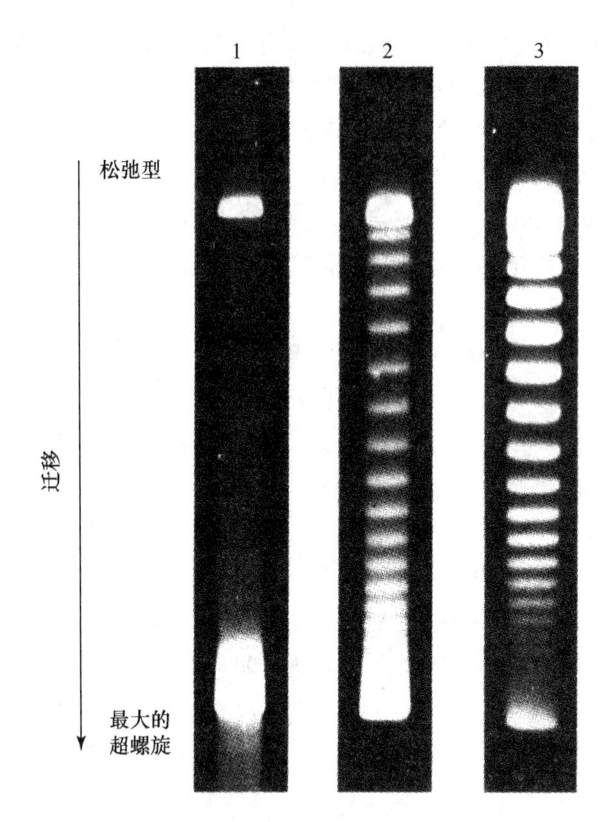

图 2-8 用琼脂糖电泳分离含有不同超螺旋数目的 SV40 DNA 的拓扑异构体

从松弛型 SV40 DNA(上部)到最大的超螺旋 SV40 DNA(下部)

(引自 Lodish H, et al, 2000)

2.1.5 DNA 拓扑异构酶(DNA topoisomerase)

在细胞中 DNA 的超螺旋是受到严格调控的,DNA 只有处于合适的拓扑状态才能执行其正常的生物学功能。DNA 拓扑异构酶是控制 DNA 超螺旋的主要酶类。为什么将这类酶叫做拓扑异构酶呢? 这是因为这类酶只改变闭合环状双螺旋 DNA 的拓扑学状态(连环数,*Lk*),而不改变其共价结构。拓扑异构酶在 DNA 复制和 DNA 包装、转录、重组以及染色质重构中起着重要的作用,它解决了在这些过程中所遇到的拓扑学的难题。此外,这类酶还对 DNA 的超螺旋结构的稳态水平(steady-state level of DNA supercoiling)进行微调,促进蛋白质与 DNA 的相互作用,防止 DNA 产生有害的过超螺旋。正因为这类酶的重要性,我们在此单列一节来介绍。

1. 拓扑异构酶的种类和功能

拓扑异构酶有两个基本类型,即拓扑异构酶Ⅰ和拓扑异构酶Ⅱ。拓扑异构酶Ⅰ通常称为 nicking-closing 酶,即它使 DNA 暂时产生单链切口,而未被切割的另一条单链在切口闭合之前穿过这一切口,每次使得 DNA 分子的连环数(*Lk*)增加 1(图 2-9)。拓扑异构酶Ⅰ广泛存在于原核和真核细胞中,通常是一个单体蛋白,相对分子质量约为 100 000。拓扑异构酶Ⅰ在无外来能源 ATP 的条件下催化 DNA 中负超螺旋松弛。当负超螺旋的 DNA 与拓扑异构酶Ⅰ共同保温,酶蛋白通过使 DNA 的连环数不断增加,最终使超螺旋构象变成完全松弛型构象。根据其反应机制，又将拓扑异构酶Ⅰ分为ⅠA和ⅠB两个亚家族。拓扑异构酶Ⅱ通过两步改变DNA的连环数。它们在DNA上产生一瞬时的四碱基或两碱基交错的双链切口，并在切口闭合之前使来自同一分子或不同分子的一段未被切割的双链DNA穿过这一切口，每次使DNA的连环数增加2。通常拓扑异构酶Ⅱ依赖ATP水解提供的能量来催化这一反应。拓扑异构酶Ⅱ常为二聚体或四聚体，根据其结构不同也分为ⅡA和ⅡB两个亚家族。

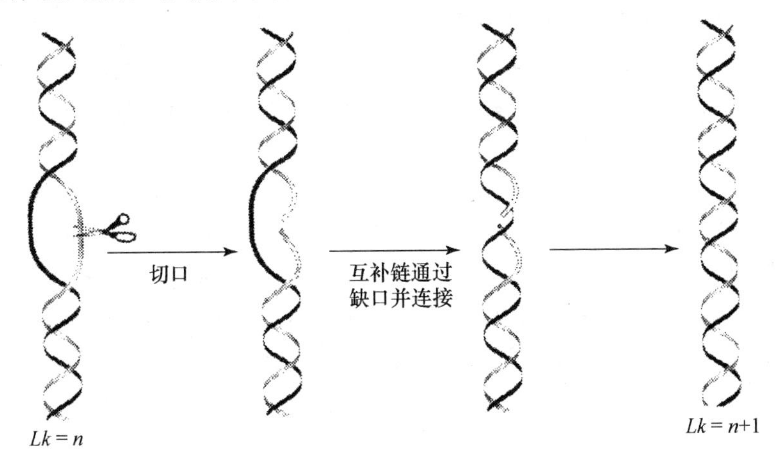

图2-9 拓扑异构酶Ⅰ作用机制示意图

拓扑异构酶Ⅰ切开DNA双链中的一条链，没有被切的互补链则穿过切口后，切口被重新连接。此过程使DNA分子的连环数增加1。(引自Watson J, et al, 2004)

在原核细胞(如*E. coli*)中有两种拓扑异构酶Ⅱ，分别称为促旋酶(gyrase)和拓扑异构酶Ⅳ。促旋酶的主要功能是通过水解ATP催化负超螺旋的形成。促旋酶是至今发现的唯一催化负超螺旋形成的拓扑异构酶。它也可以松弛DNA中由于转录、复制和链接(catenate)过程产生的正超螺旋。在没有ATP的条件下，促旋酶也能松弛DNA负超螺旋，只是速率相对较低。属于拓扑异构酶Ⅱ的*E. coli*拓扑异构酶Ⅳ除了能使环状DNA分子在复制过程中产生的环状链接分子解开外，也能松弛细胞中的负超螺旋DNA。拓扑异构酶Ⅳ(Ⅱ型)与拓扑异构酶Ⅰ协同，防止由于促旋酶活性所导致的过度负超螺旋的产生。由此我们可以说，拓扑异构酶Ⅰ，Ⅳ和促旋酶一起确立了负超螺旋的稳态水平；而DNA所具有的适当的稳态水平对于DNA复制的起始和转录(至少对某些启动子而言)是必需的。转录过程本身在RNA聚合酶转位前和转位后产生的正超螺旋和负超螺旋很快分别被DNA促旋酶和拓扑异构酶Ⅰ所消除。

真核DNA拓扑异构酶Ⅱ只催化超螺旋的松弛。它们既不产生超螺旋也不水解ATP。在真核细胞中超螺旋的形成与原核不同，如在有丝分裂过程中染色体的凝缩是通过属于染色体结构保持(structural maintenance of chromosomes, SMC)家族的一些蛋白质的参与而形成右手螺线管超螺旋。

在DNA复制、重组过程中所产生的链接(链环)、线性超螺旋以及打结的现象也可被DNA拓扑异构酶Ⅱ所去除。

2. 拓扑异构酶的作用机制

如上所述，拓扑异构酶Ⅰ使DNA暂时产生单链切口，而未被切割的另一条单链环在切口闭合之前穿过这一切口，从而每次使DNA的连环数增加1(图2-8)。在实验中，当将原核的拓扑异构酶Ⅰ与单链环状DNA一同保温后将其变性，人们发现所产生的线性DNA的5′-磷酸基团通过形成磷酸-酪氨酸连接(phosphotyrosine linkage)与酶蛋白相连。由此人们提出了拓扑异构酶Ⅰ的作用机制：当拓扑异构酶Ⅰ活性部位的酪氨酸残基攻击靶DNA骨架上的磷酸二酯键时，使DNA断裂产生切口，拓扑异构酶Ⅰ则通过磷酸-酪氨酸连接与DNA的5′-磷酸相连，而DNA的另一端则带有一个游离的3′-OH。由于磷酸-酪氨酸连接保存了被裂解的磷酸二酯键的能量，只要逆转原来的断裂反应，DNA就可以重新闭合。也就是说，来自断裂DNA的3′端游离羟基攻击磷酸-酪氨酸连接处，最终重新形成磷酸二酯键，释放出拓扑异构酶Ⅰ进入下一个反应。由于磷酸-酪氨酸连接保存了原来磷酸二酯键的能量，所以由拓扑异构酶Ⅰ催化的这个反应不需ATP提供能量。

真核拓扑异构酶Ⅰ的作用机制与原核的相似。唯一不同是真核拓扑异构酶Ⅰ活性部位的酪氨酸残基攻击靶DNA骨架上的磷酸二酯键时，产生3′-磷酸和5′-OH，酪氨酸残基与3′-磷酸形成磷酸-酪氨酸连接，而切口的5′端则是游离的—OH。根据拓扑异构酶Ⅰ活性部位的酪氨酸残基是与5′-磷酸还是3′-磷酸形成磷酸-酪氨酸连接，将拓扑异构酶又细分为ⅠA和ⅠB两个亚家族。图2-10给出*E. coli* DNA拓扑异构酶Ⅰ的作用模式。

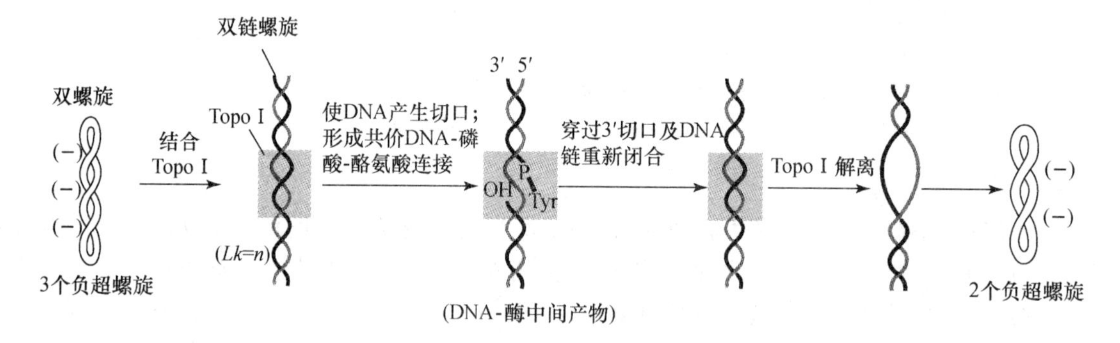

图2-10　*E. coli* DNA拓扑异构酶Ⅰ的作用模式

当拓扑异构酶Ⅰ(Topo Ⅰ)活性部位的酪氨酸残基(Tyr)攻击靶DNA骨架上的磷酸二酯键时，使DNA产生单链切口，Topo Ⅰ则通过磷酸-酪氨酸连接(P-Tyr)与DNA 5′-磷酸相连，而另一端则带有一个游离的3′-OH。未被切开的互补链则穿过3′端切口并使DNA链重新闭合(reseal DNA)。此图还示，Topo Ⅰ作用于DNA的负超螺旋。此过程使DNA的负超螺旋从3个变为2个，即去除一个负超螺旋。

值得指出的是，*E. coli*的拓扑异构酶Ⅰ只作用于负超螺旋，而不作用于正超螺旋。而真核拓扑异构酶Ⅰ既能去除DNA分子中的正超螺旋，也能去除负超螺旋。

拓扑异构酶Ⅱ的作用机制与拓扑异构酶Ⅰ类似，所不同的是拓扑异构酶Ⅱ需要ATP水解释放的能量，但这些能量主要用于拓扑异构酶-DNA复合物的分子构象的改变，而并不是用于裂解DNA链或使它们重新连接。在此我们以*E. coli* DNA促旋酶为例来说明拓扑异构酶Ⅱ的作用机制。*E. coli*的DNA促旋酶是由两个A亚基(875个氨基酸残基)和两个B亚基(804个氨基酸残基)组成的异源四聚体。催化反应是以大约200个碱基对的DNA序列将酶缠绕开始，然后通过结合ATP触发DNA双链的切割。在两条DNA链中，在一条链上的切割位点与另一条链的切割位点彼此错开四个碱基，两个切口各自产生3′-OH和5′-磷酸末端，且每条链切口的5′-磷酸末端与A亚基上的特定酪氨酸残基相连接(图2-11)。被切割的DNA两端由酶蛋白牢牢锚定，以防止由于DNA链的自由转动而失去超螺旋。然后没有断裂的双链 DNA 片段穿过由酶蛋白锚定的切口。DNA 促旋酶只允许所通过的 DNA 片段按有利于形成负超螺旋的方向移动。最后，在切口处重新形成磷酸二酯键，并通过水解结合的 ATP 使拓扑异构酶Ⅱ的构象发生变化而释放出 DNA。在此催化过程中，DNA 促旋酶使 DNA 的连环数减少 2，有两个负超螺旋引入 DNA 分子中(图 2-11)。这是因为有 ATP 存在的条件下，*E. coli* 促旋酶是催化负超螺旋的形成，而不是像真核拓扑异构酶Ⅱ那样使负超螺旋松弛，所以 DNA 促旋酶是使连环数减少 2 而不是增加 2。

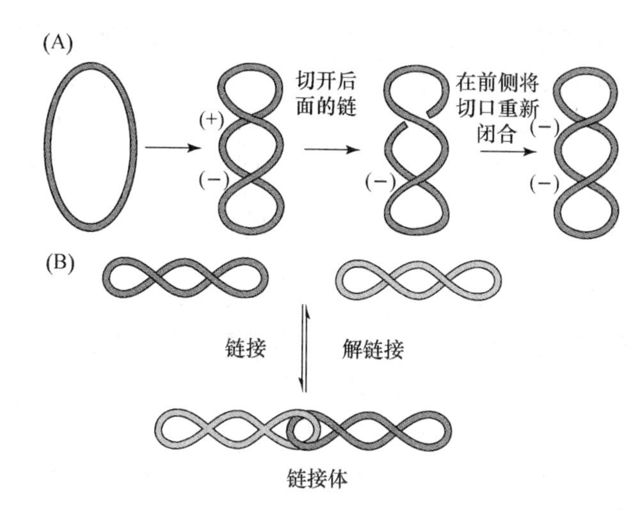

图 2-11 *E. coli* DNA 拓扑异构酶Ⅱ(促旋酶，*E. coli* DNA gyrase)的作用模式

(A) 示 DNA 拓扑异构酶Ⅱ(*E. coli* DNA gyrase)将后面的链切开，而在前侧将切口重新闭合(reseal)，从而使 DNA 分子引入两个负超螺旋。(B) 示两个不同 DNA 双链的链接(catenation)和解链接(decatenation)，无论是原核还是真核的拓扑异构酶Ⅱ(Topo Ⅱ)都催化这一反应。(引自 Lodish H, et al, 2000)

3. DNA 超螺旋与基因表达

DNA 的构象，特别是它的超螺旋水平对于基因表达可能是十分重要的。目前所知，细菌 DNA 的超螺旋水平对于其复制起始是至关重要的。细菌 DNA 超螺旋的程度是由 DNA 促旋酶和拓扑异构酶Ⅰ的相反作用所决定的。DNA 促旋酶产生负超螺旋，而拓扑异构酶Ⅰ去除超螺旋。细胞通过某种机制精确地调控这两种酶的含量以使 DNA 的负超螺旋保持在一个适当的水平。例如，在细菌染色体超螺旋水平低时，DNA 促旋酶转录开启；相反，当染色体超螺旋水平太高时，其转录关闭，而此时拓扑异构酶Ⅰ的转录则开启。显然，这两种酶的转录是受染色体 DNA 的超螺旋水平调控。正是这种精确的调控保证了细胞内 DNA 的超螺旋水平处在一个其功能表达所需的合适水平。不同基因转录的启动子(promoter)的强弱程度(即功能性)的差别可能也是由它们所在区域的超螺旋程度的差别所决定的。

DNA 超螺旋水平与基因表达密切相关的另一例子来自于对 DNA 促旋酶抑制剂的研究。新生霉素(novobiocin)和萘四酮酸(oxolinic acid)是细菌 DNA 促旋酶的抑制剂，而这两种抑制剂极强地抑制细菌 DNA 的复制和 RNA 的转录。这一结果指出，在 DNA 复制和 RNA 转录过程中适当的 DNA 超螺旋水平是多么的重要。

最后，我们还需要指出的是，DNA 拓扑学的改变除了 DNA 拓扑异构酶的作用外，DNA

酶Ⅰ(DNase Ⅰ)在DNA分子上产生单链切口(通过DNA连接酶修复)、限制性内切酶(restriction endonuclease)在DNA分子上产生各种黏性末端的双链切口(通过DNA连接酶修复)也可使DNA的拓扑学构象发生改变。

2.1.6 DNA变性和复性

如上所述,DNA双螺旋结构被互补链碱基之间的氢键和碱基堆积力所稳定,这两种作用力的协同作用使DNA形成稳定的双螺旋结构。将DNA溶液加热时,热能增加了DNA分子的运动,最终使维系双螺旋的氢键和碱基堆积作用力破坏而导致DNA双链分开成为单链DNA。人们将这一过程叫做DNA变性(denaturation)或熔解(melting)。必须记住的是,DNA变性只是氢键和碱基堆积相互作用力破坏,而DNA中的所有共价键,包括磷酸二酯键都完好如初。

1. DNA热变性和碱变性

利用加热使溶液中DNA双链完全分开的过程叫做热变性。由于核酸(DNA和RNA)的碱基在260 nm处有很高的紫外吸收,一个给定数目的碱基的紫外吸收值(A_{260})的大小是由碱基间接近程度决定的,碱基堆积程度越高,其吸收值越低,因此DNA变性破坏了DNA分子内碱基对间的规则堆积,而使A_{260}增加,这就是所说的增色性(hyperchromicity)。天然双链DNA的紫外吸收大约只是等量单链DNA的一半。这样,我们就可以用DNA在260 nm处紫外吸收值的变化来监测其变性过程。图2-12给出DNA热变性过程中温度、光吸收及碱基组成的关系。从图中可以看出:① 即使温度大大超过自然界绝大多数活细胞内温度(>75℃),A_{260}仍然保持不变,说明DNA双螺旋结构具有高度热稳定性。② DNA变性发生在一个很窄的温度范围(约为6~8℃)内。③ 使一个DNA样品中一半碱基对变性分开时的温度称为该DNA样品的熔解温度(melting temperature),用T_m来表示。记住T_m这一概念,在以后有关DNA复性、杂交、引物设计等方面都要用到。④ T_m是DNA中G-C含量的函数,DNA样品

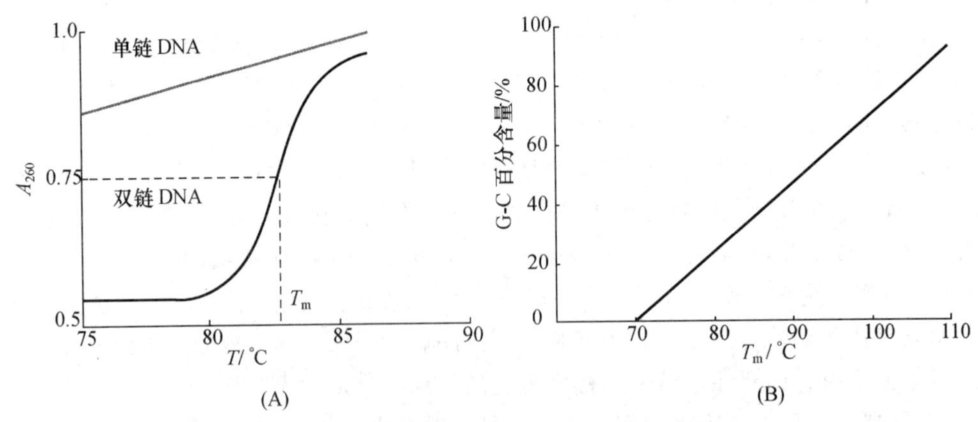

图2-12 DNA热变性过程中温度与紫外吸收关系,
T_m与DNA样品中G-C百分含量之间的关系

(A) 示DNA热变性过程中温度与紫外吸收的关系。双链DNA的熔解可用A_{260}来监测,当达到变性温度时,A_{260}急剧增加。(B) 示T_m与DNA样品中G-C百分含量之间的关系。(引自Lodish H, et al, 2000)

中G-C百分含量越高其T_m值就越大。这是因为G-C碱基对有三个氢键，而A-T之间只有两个氢键，所以要使G-C碱基对分开就需更多能量。DNA样品中G-C的含量也是DNA分子性质的一个表征。⑤ 当温度升高时，单链DNA的A_{260}的变化大大小于双链DNA，但在非变性温度下，单链DNA的A_{260}大大高于双链DNA。值得指出的是，单链DNA在温度升高时，A_{260}的变化说明单链DNA分子中仍可存在由于分子链内的碱基配对所形成的局部双链或二级结构。

要指出的是，低离子浓度的溶液也能使双螺旋变得不稳定，以致在较低温度引起双链DNA熔解。这是因为DNA骨架由于磷酸基团的存在而带负电荷，使DNA分子存在着排斥力，这种力通常由于溶液中的阳离子（如Na^+、Mg^{2+}）将DNA骨架上的负电荷所中和而消除。这就是为什么在蒸馏水中DNA容易变性的原因，这也说明溶液中DNA热变性的T_m不仅与DNA样品中G-C百分含量有关，也与实验条件相关。

当DNA受到碱溶液（pH>11.3）作用时，所有的氢键都被去除而引起变性。碱变性（通常用0.5 mol/L的NaOH）是实验中常用的变性方法，这是因为DNA骨架在碱性条件下稳定，而高温可加快DNA骨架的磷酸二酯键的断裂。除了碱（经常用NaOH）外，高浓度的尿素和甲酰胺也可引起DNA变性。后面我们会讲到用于DNA测序的变性聚丙烯酰胺凝胶就含有尿素（约8 mol/L）。

2. DNA的复性

双螺旋DNA热变性后（通常加热到100℃）马上放到冰水中降温，这时因变性而分开的两条互补的单链DNA保持在分离状态。然而，在热变性后，慢慢降低变性DNA溶液的温度或增加溶液的离子浓度，两条互补的单链DNA会按碱基配对的方式重新结合形成完美无缺的双螺旋DNA，这一过程称为DNA的复性（renaturation）或称为重新退火（reannealing）。图2-13给出了双螺旋DNA分子变性和复性的示意图。虽然DNA变性是个可逆过程，然而DNA复性的程度与复性的时间、DNA的浓度以及溶液中离子成分有关。在实际操作中至少要满足如下两个条件：① 复性溶液中盐浓度要足够高，使金属阳离子与糖-磷酸骨架上的负电荷结合，有效地去除两条互补链间的静电排斥力。通常使复性溶液中NaCl的浓度在0.15～0.5 mol/L之间。② 复性温度要适当，一般控制在比T_m低20～25 ℃。太低不能去除单链DNA分子内氢键，太高则影响互补链间碱基对之间氢键的有效形成。值得指出的是，在序列上不相关的两条DNA链仍将保持变性后随机卷曲的构象，相互之间并不“复性”，特别重要的是序列不相关的DNA链并不特别大地抑制互补DNA链彼此找到对方进行复性。记住这一点对于后面理解利用DNA变性和复性来研究基因组的复杂性以及核酸分子杂交的应用是非常重要的。DNA变性和复性是核酸分子杂交（hybridization）的基础，而核酸分子杂交是研究两种DNA样品的同源性，从含有大量不同的DNA序列中鉴定和分离特异性DNA分子的强有力的技术方法。

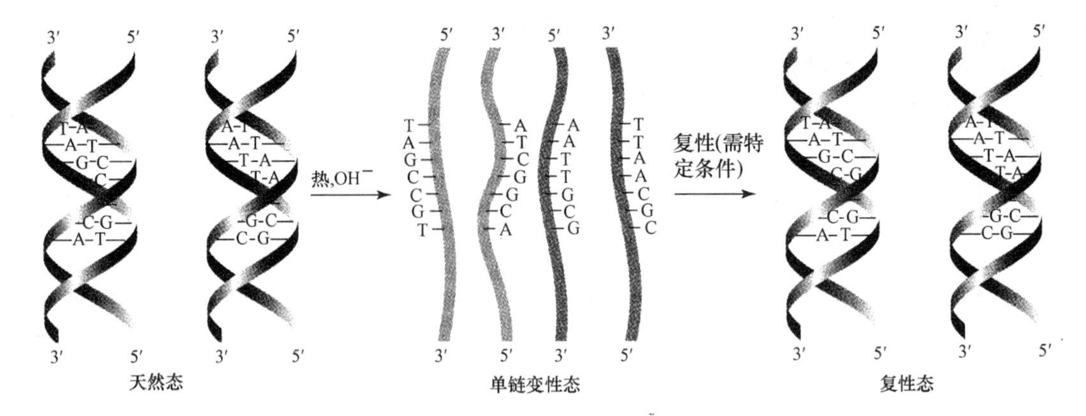

图 2-13 双螺旋 DNA 分子变性、复性示意图

图中所用的变性条件是热或碱处理,而复性需特定条件。

(引自 Lodish H, et al, 2000)

2.2 DNA 复制的一般特点

对 DNA 基本结构的了解为阐明 DNA 复制的机制提供了结构基础。DNA 的双螺旋结构使人们很容易想到遗传物质是如何一代代地进行复制的。然而,DNA 复制是一个非常复杂的生物化学和遗传学过程,很多的细节仍然在研究之中。下面将介绍:DNA 复制是如何开始的?复制如何沿着染色体进行延伸?是什么机制保证了每次细胞分裂之前 DNA 只精确地复制一次?哪些酶和蛋白质参与 DNA 复制,其功能是什么?什么机制保证了 DNA 复制的准确性?在介绍原核和真核细胞 DNA 复制之前,我们首先介绍 DNA 复制的一般特点。

2.2.1 DNA 复制是从特定的位点开始并按特定的方向进行

一般而言,DNA 复制并不是随机起始,而是从染色体的特定的一段碱基对(核苷酸)序列开始。这个特定的碱基对序列就叫做复制起始点(replication origin)。复制起始点通常用"*ori*"表示。"复制起始点"是染色体上的一段特定的碱基对序列,而不是一个"点"。如 *E. coli* 的复制起始点 *ori C* 由大约 240 个碱基对组成。含有复制起始点 *ori C* 的质粒 DNA (plasmids)或其他环状 DNA 能够在 *E. coli* 中独立、可控地进行复制。记住复制起始点(*ori*)这一重要的 DNA 结构元件,对于后面了解基因克隆和表达载体的构建十分重要。从 *E. coli* 到与其亲缘关系很远的海洋细菌(如 *Vibrio barveyi*),它们的 *ori C* 序列都含有 4 个由 9 个碱基对和 3 个由 13 个富含 A-T 的碱基对组成的重复序列,分别称为 9 mers 和 13 mers(图2-14)。后面我们将介绍 *ori C* 如何通过 9 mers 重复序列与参与 *E. coli* DNA 复制起始的蛋白 DnaA 相结合(故 9 mers 序列又称 DnaA 盒,*dnaA* box)。此外,在 *E. coli* 基因组中靠近 *ori C* 序列附近还有一段富含 A-T 碱基对的序列,这一序列似乎对促进 DNA 双螺旋的局部熔解,进而在暴露出的单链 DNA 区段组装 DNA 复制机器(DNA replication machinery)是重要的。值得指出的是,原核细胞基因组中通常只有一个复制起始序列。

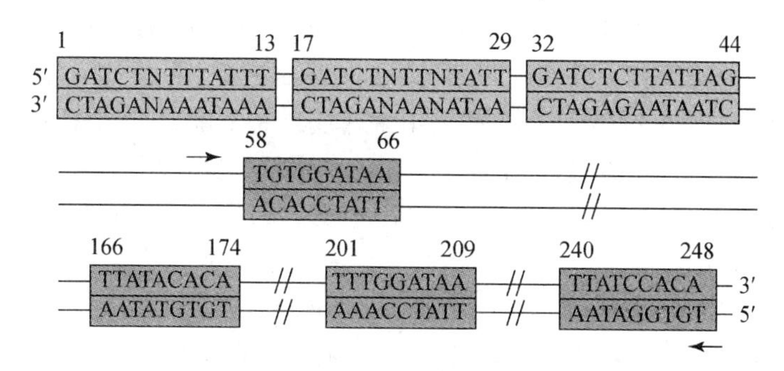

图 2-14 最小的细菌 DNA 复制起始点的共有序列

此序列是基于对 6 种细菌基因组的分析而确定的。图中可见 9 mers 和 13 mers 的重复序列，整个序列的碱基对位数是人为设定的。处于左上方和右下方的 9 mer 碱基对序列的方向正好相反(箭头)。(引自 Zyskind J, et al, 1983)

真核细胞 DNA 复制起始序列中了解得最清楚的是酵母的自主复制序列(yeast autonomously replicating sequences, ARS)。ARS 的复制起始功能是在酵母转化的研究中发现的。在酵母中发现一个亮氨酸营养缺陷株，此种酵母在不含亮氨酸的培养基上是不能生长的，说明其细胞内缺少合成亮氨酸的酶。当将亮氨酸合成酶基因和一段由大约 100 个碱基对组成的 ARS 所构成的质粒 DNA 转化营养缺陷株时，可以高效率地获得可在无亮氨酸培养基上生长的转化体，于是人们认定酵母的 ARS 是酵母细胞 DNA 的复制起始序列。对一个叫做 ARS1 的自主复制序列的突变进行分析后发现，在大约由 180 个碱基对组成的 ARS1 序列中，只有一个由 15 个碱基对组成的元件是至关重要的，人们将这个元件叫做元件 A(element A)，其定位于 180 个碱基对中的 114～128 位。此外还有三个短的序列，即元件 B_1，B_2，B_3，其作用是提高 ARS1 的起始功能。接着人们对不同的 ARS 序列进行比对分析，获得由 11 个碱基对组成的共有序列(ARS consensus sequence, ACS)：

5′-A/T T T T A T A/G T T T A/T-3′

在 ARS1 的元件 A 序列中有 10 个位置与此共有序列相同，元件 B_2 有 9 个位置与此共有序列相同。与原核细胞 DNA 复制起始序列同复制起始蛋白 DnaA 结合相一致，在酵母中含有六个亚基组成的复制起始识别复合物(origin-recognition complex, ORC)，在存在 ATP 的条件下，能特异性地与 ARS1 上的元件 A 结合。后来发现 ORC 也特异性地与其他 ARS 结合。在整个细胞分裂周期，ORC 一直与 ARS 结合；而在 DNA 复制过程中，ORC 通过与其他蛋白质结合触发 DNA 合成的起始。突变和缺失实验指示，所有的 ORC 组成成分对于复制起始都是必需的。由于在所有真核细胞中都能找到 ORC 的同源蛋白，表明 ORC 蛋白在 DNA 复制起始中的重要性。真核细胞 DNA 复制起始的机制将在后面介绍。

值得指出的是，ARS 作为 DNA 复制起始序列可使转化到细胞中的环状质粒在酵母细胞核内进行复制，这进一步说明 ARS 序列所具有的复制功能。与原核细胞基因组只有一个复制起始序列不同，真核细胞基因组的复制起始区(序列)有多个，如在 *S. cerevisiae* 酵母的 17 个染色体上共有大约 400 个复制起始点，而在果蝇基因组中则含有大约 5000 个复制起始点。

猿猴病毒 40(simian virus 40, SV40)的 DNA 复制起始序列由 65 个碱基对组成，这样一段 DNA 序列足以保证 DNA 在动物细胞和体外体系(*in vitro*)中进行复制。

在此，我们顺便对本书所用的与DNA复制起始相关的几个概念做些说明：本书中我们用"replication origin"一词代表一段特定的DNA复制起始序列，并称其为复制起始点。此处的"replication origin"与"replicator"(在一些书中翻译成复制基因或复制器)是等同的，其在复制起始过程中首先与相关的起始蛋白相结合。在介绍DNA复制时经常见到"replicon"(复制子)这个词，复制子与复制起始点序列相关，每一个复制起始点所"管辖"的一段DNA序列就叫做复制子。因此复制子是一个复制单位，其中含有一个复制起始点(序列)。这样，*E. coli*环状染色体就是一个复制子；而果蝇基因组中则有5000个复制子。

总之，无论是原核还是真核细胞基因组DNA的复制都是从特定的位点开始的，这段特定的DNA序列称为复制起始点。它们的碱基序列因物种不同可能有很大的差别，但它们仍具有一些共同特性：① 复制起始序列都含有多个短的碱基重复序列；② 这些短的重复序列单元被多个(或多亚基的)起始结合蛋白(origin-binding proteins)所识别，而这些蛋白在组装包括DNA聚合酶在内的复制起始复合物中起着重要的作用；③ 复制起始序列通常富含A-T碱基对，由于使A-T碱基对之间氢键断裂所需的能量比G-C低，所以复制起始序列中富含A-T碱基对有利于在DNA复制过程中双螺旋链的解开。记住这些结构特点，对于识别可能的DNA复制起始序列是很重要的。

DNA复制起始时，复制起始序列处的双螺旋DNA在起始蛋白和酶(解旋酶helicase)的作用下双链解开，形成"Y"形的单链结构，这就是所谓的复制叉(replication fork)或称生长叉(growing fork)。在复制叉处新合成的子链DNA以各自的亲链为模板，总是按5′→3′的方向进行合成。原核细胞染色体DNA上通常形成一个复制叉，而真核染色体DNA上则形成多个复制叉(图2-15)。

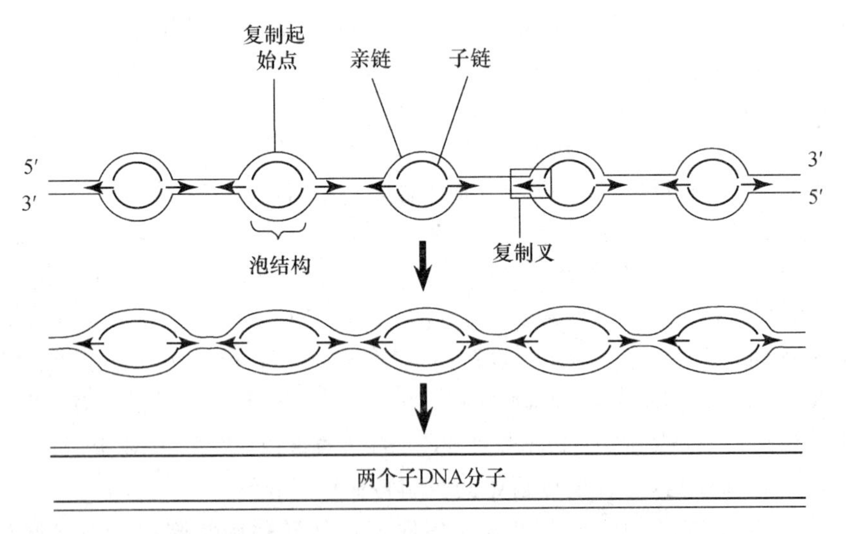

图2-15 示DNA上形成多个复制叉，新生DNA链的合成是以5′→3′方向进行

2.2.2 DNA的半保留复制

DNA分子是通过半保留复制(semiconservative replication)的方式进行复制的。在复制时，DNA双螺旋在相关酶和蛋白的作用下彼此分开，两条互补链各自作为新链合成的模板。

复制后，每一个新的双链 DNA 都是由一条亲链和一条新合成的子链组成的（图 2-16）。合成过程中亲链和子链间严格的碱基配对是 DNA 分子复制的基础。

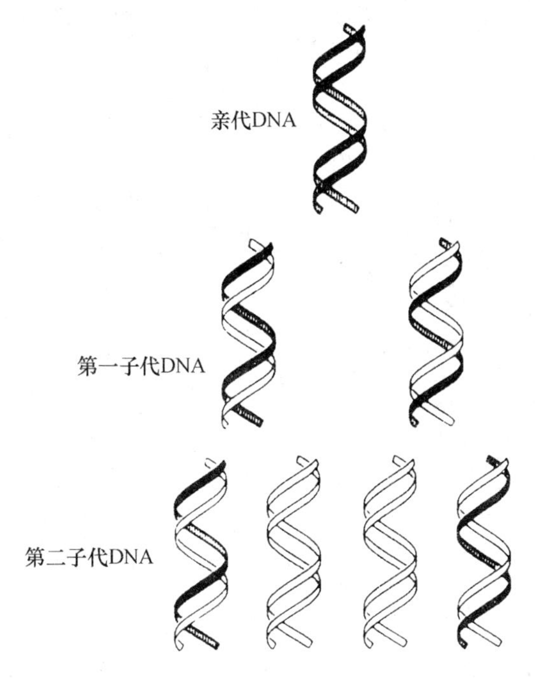

图 2-16　DNA 分子的半保留复制示意图

2.2.3　DNA 的半不连续复制

DNA 复制过程中，复制叉是不对称的。两条新合成的链中，一条是连续合成的，叫做前导链（leading strand）；另一条是在模板 DNA 的指导下，通过一种叫做引物酶（primase）的 RNA 聚合酶，在特定的间隔区先合成与模板 DNA 互补的短的 RNA 寡核苷酸（其长度一般＜15 个碱基）引物（RNA primers），它为 DNA 聚合酶提供游离的 3′-OH，然后合成一系列称为冈崎片段（Okazaki fragments）的不连续的 DNA 片段，最后通过专门的 DNA 修复系统，快速去除 RNA 引物而代之以 DNA，再经 DNA 连接酶（DNA ligase）通过 3′，5′-磷酸二酯键将其连接起来，完成此条子链的合成。这一条链叫做后随链（lagging strand）。由于 DNA 两条新链一条是连续合成，另一条是不连续合成，所以将这一合成过程叫做 DNA 的半不连续复制（semidiscontinuous replication）（图 2-17）。这里再次强调的是 DNA 新生链的合成，无论是前导链还是后随链，其合成的方向总是从 5′-P 到 3′-OH，由此可知前导链合成的方向与复制叉前进方向相同，而后随链合成的方向则与复制叉前进的方向相反。

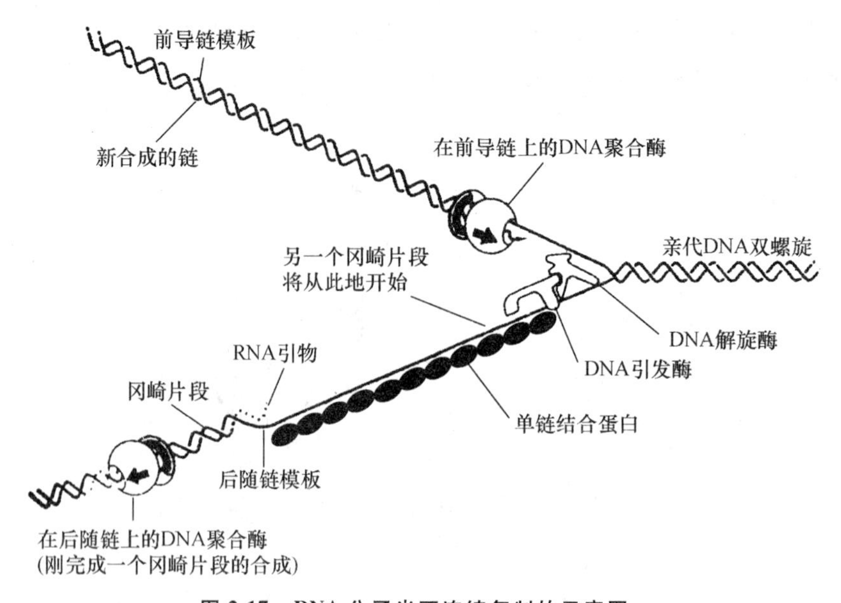

图 2-17　DNA 分子半不连续复制的示意图

示参与 DNA 分子复制的一些酶及蛋白因子。

2.2.4　寡核苷酸引物是 DNA 复制起始所必需

上面我们已经讲了在后随链的合成过程中，引物酶首先在特定的间隔区合成与模板 DNA 互补的 RNA 引物，为 DNA 聚合酶提供可用于新生 DNA 链延伸的 3′-OH。实际上，DNA 聚合酶不能像 RNA 聚合酶(后面将讲到)那样按模板的序列从头合成新生链，而只能延伸已存在的 DNA 或 RNA 引物链。在原核和真核细胞中，无论是前导链还是后随链的合成都需要引物酶按各自模板的序列合成与之互补的 RNA 或 RNA/DNA 引物；所不同的是，对前导链的合成只需合成一次引物，而对后随链而言要在不同的位置合成多个引物。在细菌和噬菌体中，冈崎片段的长度为 1000～2000 个核苷酸，而在真核细胞中冈崎片段要短得多，一般是 100～200 个核苷酸。因此，从冈崎片段的长度和基因组中染色体 DNA 的长度就可以推算出后随链的合成需要有多少冈崎片段的合成。这样，引物提供的 3′-OH 使 DNA 聚合酶以此为起始点开始新生链的合成。值得指出的是，某些非常简单的生物系统，如质粒和病毒也可有不同的 DNA 复制起始机制。最常见的是所谓共价延伸起始机制(covalent extension initiation)，其通过在双链 DNA 中的一条链上打开切口，从而提供游离的 3′-OH 作为 DNA 聚合酶合成新链 DNA 的起始点(图 2-18)。

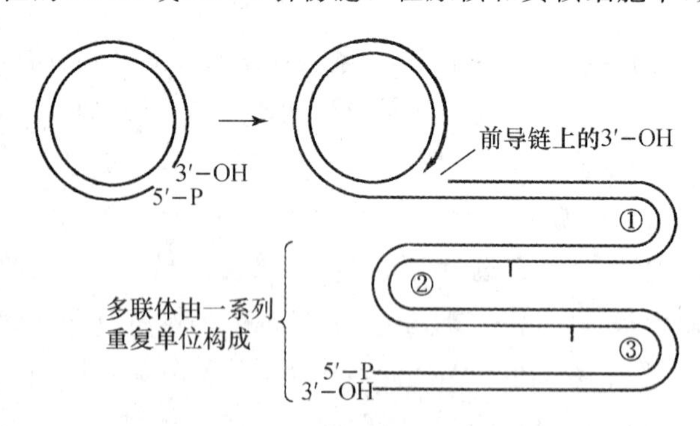

图 2-18　DNA 复制的共价延伸起始示意图

DNA 复制的共价延伸起始从 DNA 切口形成的游离 3′-OH 开始。

2.2.5 绝大多数 DNA 的复制是双向的

前面讲了 DNA 的复制是在复制起始区处形成复制叉，解旋酶不断地将双螺旋 DNA 打开使复制叉不断向前伸展。那么，新生链沿复制叉合成时是采取单向复制还是双向复制呢？目前的研究指出，无论在原核还是真核细胞中，DNA 复制的最通常的方式是双向复制，即从一个复制起始点产生两个相对的复制叉，新生链分别从两个复制叉按上述半保留、半不连续的方式进行合成(图 2-19(A))。生长的新生链一直到遇到相邻复制起始点的新生链时才终止。

生物有机体的多样性也决定了其复制方式的多样性。对于像腺病毒(adenovirus)这样的线性双链 DNA 来说，有两个复制起始点，其分别位于双链 DNA 的 3′端。新生 DNA 链的合成分别从各自的复制起始点延伸。这样，此线性双链 DNA 分子的两个末端分别作为两条新生 DNA 链合成的起始和终止点(图 2-19(B))。某些细菌质粒 DNA 只有一个复制起始点，在复制时产生一个复制叉，其 DNA 复制是单向的(图 2-19(C))。

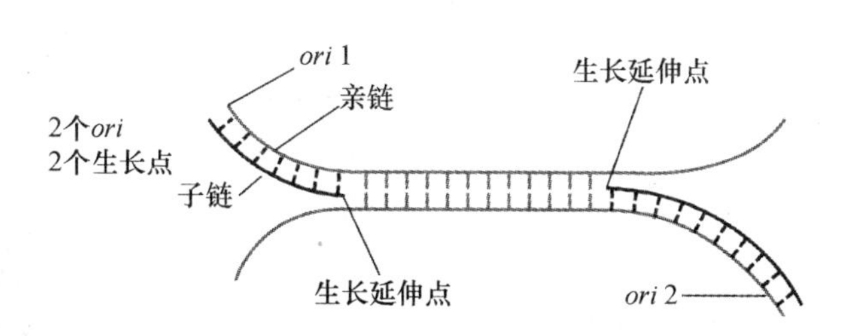

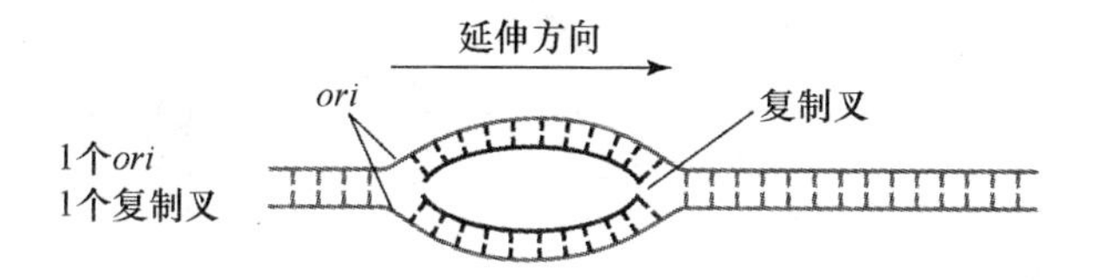

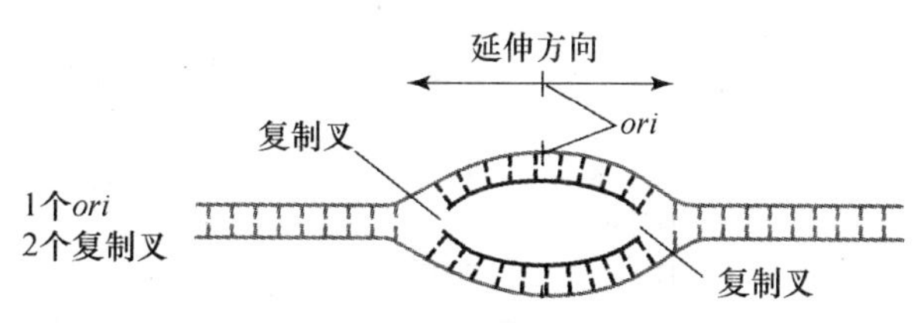

图 2-19 DNA 链生长(延伸)的三种机制

(A) 从两个起始点开始的单链单向延伸(两个起始点，两个生长点)；(B) 从一个起始点开始的双链单向延伸(一个起始点，一个复制叉)；(C) 从一个起始点开始的双链双向延伸(一个起始点，两个复制叉)，无论原核还是真核细胞 DNA 沿复制叉所进行的双向复制是最通用的方式。(引自 Lodish H, et al, 2000)

新生 DNA 链沿复制叉所进行的双向复制是最通用的方式。

2.2.6 DNA 复制是通过 DNA 聚合酶及各种相关酶蛋白、蛋白因子等的协同有序工作完成的

DNA 聚合酶作为 DNA 复制的关键酶是人人皆知的事实。在体外(*in vitro*)体系中,只要有单链 DNA 模板(template)、与之互补的引物、四种脱氧核苷三磷酸(dATP、dTTP、dCTP、dGTP)以及合适的缓冲体系(Mg^{2+})存在的条件下,DNA 聚合酶就可以从引物的 3′-OH 端开始,以单链 DNA 为模板,按碱基配对的法则进行 DNA 的合成(图 2-20)。然而,在细胞内 DNA 以负超螺旋的形式存在,在真核细胞中更是以凝缩的结构存在于细胞核中;而且,在细胞内只有 DNA 聚合酶是不能起始 DNA 复制的。因此,为了能够进行 DNA 复制,需要一系列蛋白质帮助解开双链 DNA 螺旋,使两条互补的 DNA 链分开。之所以需要这些蛋白质是因为在复制进行之前,复制区的 DNA 必须是单链。

$$XTP+(XMP)_n \rightarrow (XMP)_{n+1} + Ⓟ \sim Ⓟ$$

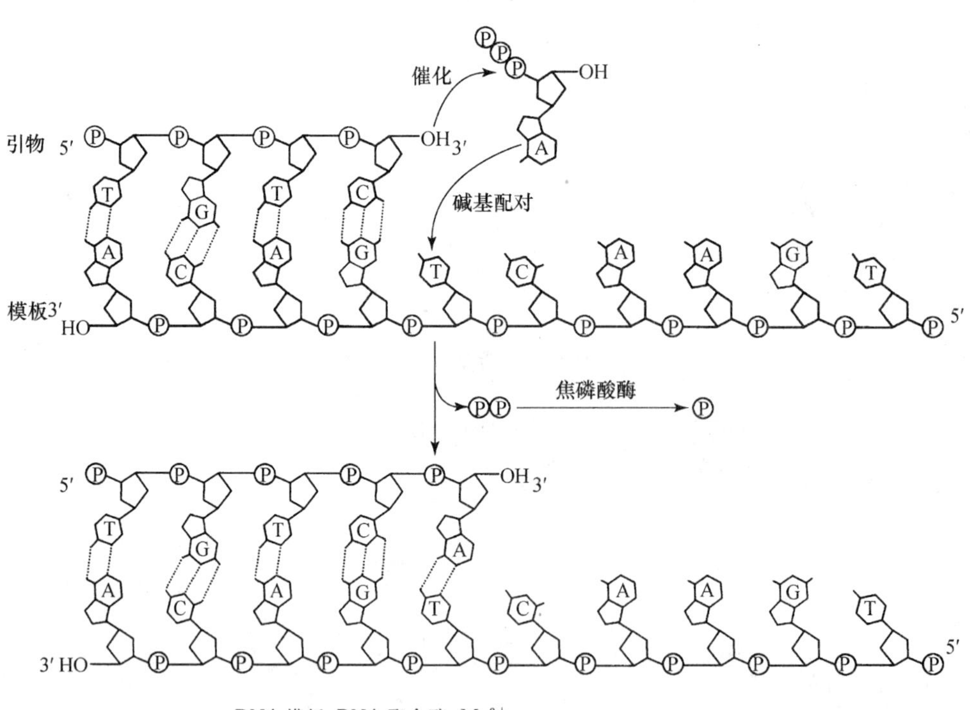

$$DNA_{OH} \xrightarrow[\text{dATP,dTTP,dCTP,dGTP}]{\text{DNA 模板,DNA 聚合酶,}Mg^{2+}} DNA\text{-}(pdN)_n + nPPi(\text{或 }2nPi)$$

图 2-20 DNA 合成的原理及其聚合反应的结果

DNA 合成由掺入 dNTP 的 α-磷酸的亲核攻击引发,这导致引入的引物 3′端延伸一个核苷酸并释放一个焦磷酸分子。焦磷酸 P～Pi 很快被焦磷酸酶水解成两个磷酸分子(2Pi)。反应式中 DNA_{OH} 代表与 DNA 模板互补的脱氧寡核苷酸引物。$nPPi \rightarrow 2nPi$ 表示核苷酸多聚化的能量由焦磷酸水解取得。

在此,我们以 *E. coli* DNA 复制过程中涉及的主要酶及蛋白质的功能做一简要的介绍,更具体的功能将在 DNA 复制机制的章节中描述。

(1) DnaA 蛋白(DnaA protein)。前面已经提到,DnaA 蛋白是一种起始蛋白,与 *E. coli*

DNA 复制起始中 9 mers 序列结合并使富含 A-T 碱基对的 13 mers 序列熔解。这是在复制过程中第一个与复制起始区双链 DNA 相结合的蛋白质。此过程所需的能量来自于 ATP。

(2) DNA 解旋酶(DNA helicase)。DNA 聚合酶本身不能熔解双链 DNA,为了给 DNA 聚合酶提供单链模板,解旋酶在 DnaA 蛋白结合到复制起始区后,在 DnaC 蛋白的护送下与双链 DNA 结合,通过使碱基对间的氢键断裂,并去除碱基对之间的疏水相互作用,促进 DNA 两条互补链的分开。此过程中所需的能量也由 ATP 提供。*E. coli* DNA 解旋酶是一个同源六聚体,在 DNA 复制起始过程中与 DnaA 蛋白一起在复制起始点处形成前引发复合体(prepriming complex)。

(3) DNA 单链结合蛋白(single-stranded binding proteins, SSB)。这些蛋白以四聚体的形式与 DNA 结合,用以稳定由 DNA 解旋酶所产生的 DNA 单链结构,使得 DNA 复制效率提高了 100 倍。

(4) 引物酶(primase)。这是一种 RNA 聚合酶,其作用是以 DNA 为模板在起始位点或后随链合成的特定位点合成短的 RNA 引物,以此为 DNA 聚合酶的延伸提供 3′-OH。在复制叉处引物酶与解旋酶结合(有时连同其他辅助蛋白)形成所谓的引发体(primosome)。

(5) DNA 拓扑异构酶(DNA topoisomerase)。我们在前面已对这类酶的功能和作用机制进行了介绍。这里要说的是,在细胞内 DNA 通常以负超螺旋形式存在,这种结构形式有利于 DNA 双螺旋的解开,但当两条新合成的子链的复制沿双链 DNA 螺旋进行时,无论对环状 DNA 还是对线性的染色体 DNA 而言,由于存在某种难以抵消的张力,在复制叉前未复制区产生过度缠绕,进而产生"正"超螺旋。拓扑异构酶在 DNA 复制中的作用就是消除复制叉前的超螺旋结构,使复制叉得以正常向前移动,完成 DNA 复制。如前所述,在 *E. coli* 中有两类 DNA 拓扑异构酶,即拓扑异构酶 Ⅰ 和 Ⅱ。

DNA 促旋酶(DNA gyrase)属于 DNA 拓扑异构酶Ⅱ中的一种酶,是至今分离出的催化 DNA 负超螺旋形成的一种酶。但在不存在 ATP 的条件下,促旋酶也可使 DNA 负超螺旋松弛。

(6) DNA 聚合酶(DNA polymerase):*E. coli* 中有三种 DNA 聚合酶。根据它们被发现的先后顺序,分别称为 DNA 聚合酶 Ⅰ、Ⅱ、Ⅲ。DNA 聚合酶 Ⅰ 有三种活性,即 5′→3′的延伸活性(DNA 聚合酶活性);3′→5′的外切核酸酶活性(DNA 复制校对活性);5′→3′的外切核酸酶活性(DNA 修复活性)。DNA 聚合酶 Ⅰ 虽然有 DNA 聚合酶活性,但是 DNA 聚合酶 Ⅰ 的持续合成能力(或延伸能力)不强,每次与 DNA 模板结合仅能增加 20～100 个核苷酸,因此 DNA 聚合酶 Ⅰ 不是 *E. coli* DNA 复制的主酶。它的主要功能是从每个冈崎片段的 5′端去除 RNA 引物,并用脱氧核苷酸填补冈崎片段之间的缺口。DNA 聚合酶 Ⅱ 的功能主要是参与 DNA 损伤修复。DNA 聚合酶Ⅲ才是 DNA 复制的主酶,它不但具有很强的持续合成能力,而且也具有 DNA 复制的校对活性。

(7) DNA 连接酶(DNA ligase):在后随链的合成过程中,产生一系列冈崎片段。这些片段之间经 DNA 聚合酶 Ⅰ 修饰和填补后并没有形成磷酸二酯键。DNA 连接酶在 DNA 复制中的功能是在冈崎片段的 3′-OH 和 5′-磷酸基团之间形成磷酸二酯键,即将一系列冈崎片段组成的后随链连接成一条新生的 DNA 链。

以上我们以 *E. coli* 为模型介绍了原核细胞 DNA 复制过程中所需的一些酶和蛋白质,可以看出,DNA 复制是一个复杂的酶促过程,是多种不同功能的蛋白质在染色体 DNA 上协同有序工作完成的。DNA 复制也是生物有机体中两种生物大分子蛋白质和核酸在特定的空间和时间有序相互作用的结果。值得指出的是,虽然不同生物有机体中上述蛋白质的名称不同,但是,在真核细胞中我们也会找到具有与原核细胞中参与染色体DNA复制功能相同的蛋白质。

2.2.7 DNA复制具有高度的精确性

DNA在细胞内的复制速度相当快,在*E. coli*中为1000个碱基对/s,而在人类细胞中为100个碱基对/s。表面上看人类细胞中DNA复制的速度比*E. coli*的慢得多,但在人类细胞中其复制起始区(也可以说复制子)的数目可达10 000～100 000个,从而保证了DNA的快速复制。DNA复制的速度不但快,而且具有高度精确性,在细胞中每合成10^{10}个核苷酸才出现一次错误。当我们知道人类整个基因组的碱基对数约为3×10^{9}时,就可以知道DNA复制是具有何等高的忠实性和精确性。那么,DNA复制忠实性和精确性的分子机制是什么呢?

(1) DNA聚合酶具有监视引入核苷酸形成A-T或G-C碱基对的能力,只有在形成正确的碱基对的情况下,新生链3′-OH和新进入的脱氧核苷三磷酸中α位的磷酸才能快速发生催化反应,形成磷酸二酯键。不正确的碱基配对会造成错误进入的脱氧核苷三磷酸底物处于不利的催化位置,从而使催化反应速率显著降低。实际上,在DNA合成过程中,错误核苷酸掺入的速率是碱基配对正确时的万分之一。

(2) DNA聚合酶能准确地区分脱氧核苷三磷酸和核糖核苷三磷酸,而防止后者错误掺入。因为在DNA聚合酶中,核苷酸结合袋非常小,只能容纳2′-脱氧核苷三磷酸,并使新生链3′-OH与脱氧核苷三磷酸的α-磷酸能紧密接近而产生聚合反应;核糖核苷三磷酸由于糖环上的2′-OH基团,致使其被排斥在DNA聚合酶活性位点之外。

(3) DNA聚合酶(如*E. coli*的DNA聚合酶和哺乳动物的DNA聚合酶γ、δ和ε)含有3′→5′的外切核酸酶活性,其可以随时将已经掺入的错配的脱氧核苷酸从新生的多核苷酸链上去除,保证DNA复制严格按碱基配对的法则进行。在DNA复制过程中,核苷酸错误掺入的概率是$1/10^{5}$,3′→5′外切核酸酶的校正活性使核苷酸错误掺入的概率降低到$1/10^{7}$(图2-21)。

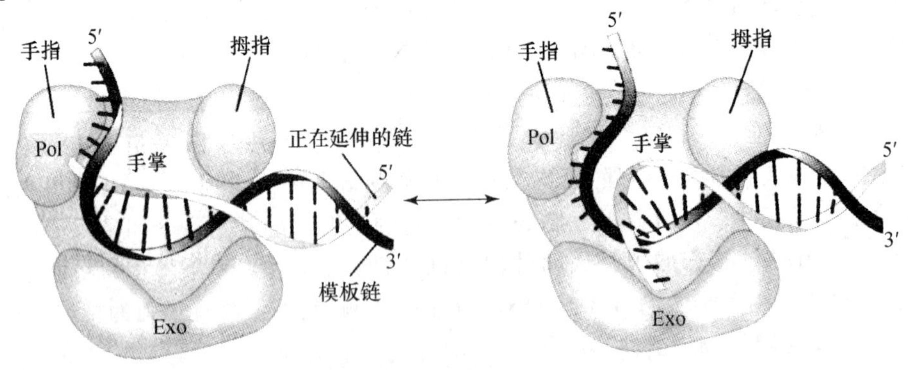

图2-21 DNA聚合酶校对功能的示意图

所有的DNA聚合酶都具有一个相似的三维结构,如图所示这种结构看上去像一个半张开的右手。手指部分与单链模板相结合,而聚合酶的活性部位处于手指和手掌的交界处。只有当正确的核苷酸加到正在延伸链的3′-OH端时,新生链的3′-OH端才停留在聚合酶的活性位点。然而,当一个错误的核苷酸插入到延伸链的3′-OH端时,则引起双链末端熔解,其结果是聚合酶的聚合活性被暂停而正在延伸的3′-OH端被转移到3′→5′的外切核酸酶活性区,在此,错配核苷酸(或许也连带其他核苷酸)被3′→5′的外切核酸酶切除。随后,延伸链的3′-OH端重新弹回聚合酶活性位点继续新生链的延伸。(引自Lodish H, et al, 2000)

(4) 当有些错误掺入的核苷酸逃脱上述检测并在新生链上与模板链之间形成错误碱基配对时,如果不及时将其改正,在第二轮复制时,错误掺入的核苷酸将作为模板的一部分永远存留在基因组中,使DNA序列产生永久性的改变。为了保证DNA复制的忠实性,生物有机体进化出碱基错配修复系统(mismatch repair system)。这个错配修复系统能够区别亲本链中正确的碱基和子链中错配的碱基,并及时将错配碱基去除。虽然原核和真核细胞都有错配修复系统,但以*E. coli*的错配修复系统研究得最为清楚。在*E. coli*中,GATC序列中的腺嘌呤(A)残基是被甲基化的。由于在DNA复制中新掺入的腺嘌呤残基并没有被甲基化,在子链GATC序列中的腺嘌呤残基只有在其掺入数分钟之后才被Dam甲基转移酶(Dam methyltransferase)所甲基化。因此,在子链GATC中的腺嘌呤残基被甲基化之前,新复制的DNA双链中的GATC是处在半甲基化状态的:

$$\begin{array}{l} \qquad\quad CH_3 \\ \qquad\quad\ | \\ 5'\text{—G—A—T—C—}3'\cdots\cdots \text{亲本链} \\ 3'\text{—C—T—A—G—}5'\cdots\cdots \text{子　链} \end{array}$$

在*E. coli*中,一个叫做MutH的蛋白质可特异性地结合到半甲基化的GATC位点来区分哪条链是甲基化的亲本链,哪条是尚未甲基化的子链。一旦有错配碱基掺入,在子链尚未甲基化之前,错配修复蛋白MutS通过识别碱基错配而产生的构象变化立刻结合到错配位点。MutS蛋白的结合触发一个连接蛋白(linking protein)MutL将MutS和附近的MutH蛋白相连。这种交联(cross-linking)激活了MutH的内切核酸酶活性,在其识别位点附近特异性地切割非甲基化的子链DNA。一旦切口产生,在一个特定的解旋酶(UvrD)和外切核酸酶作用下,在子链DNA上切除一段包括错配碱基在内的序列。然后DNA聚合酶Ⅲ和DNA连接酶分别对子链上的缺口进行修补和连接;最后通过甲基转移酶将子链中GATC序列的腺嘌呤残基甲基化(图2-22)。由于这个碱基错配修复系统含有MutH、MutL和MutS三个关键蛋白质,所以又称为MutHLS错配修复系统。

需要指出的是,与野生型*E. coli*相比,在缺失MutH、MutL和MutS基因的菌株中,自发突变的概率要高。同样,在缺失Dam甲基转移酶的*E. coli*(Dam)中,由于不能使GATC序列中的腺嘌呤甲基化,使得MutHLS错配修复系统由于不能区分模板(亲本)链和新合成的子链而不能有效地对碱基错配进行修复。记住Dam^+和Dam^- *E. coli*品系的特性,在“基因工程分册”的相关章节我们将介绍利用这一特性进行基因的扩增。

实际上,对于为蛋白质编码的基因而言,单个碱基的突变不一定造成所编码蛋白质结构功能的改变。这是因为绝大多数为氨基酸编码的密码子具有简并性(见蛋白质合成部分)。这样,在DNA复制时出现的碱基错配由于各种原因即使没被修复,也不一定造成蛋白质序列的改变。

DNA聚合酶的忠实复制、校对和修复功能保证了作为遗传信息载体的DNA的高度稳定性。值得指出的是,这里强调DNA的稳定性绝不是说作为遗传信息的载体——DNA(基因)永远不变。基因突变→自然选择,则是生物有机体不断进化的原动力。

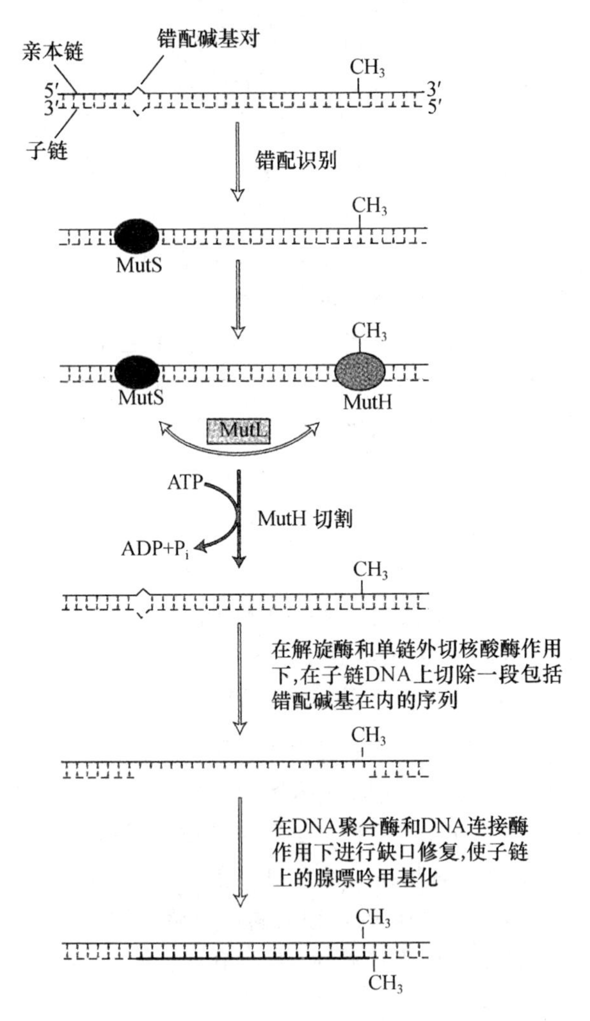

图 2-22 *E. coli* MutHLS 错配修复系统模式图

2.3 原核细胞 DNA 复制机器

以上我们简要介绍了 DNA 复制的一般特点。DNA 复制是一个复杂的酶促过程,是多种不同功能的蛋白质在染色体 DNA 上协同有序工作的结果。本节我们将介绍这些酶和蛋白质如何在染色体 DNA 行使各自的功能,完成 DNA 复制的。

2.3.1 原核细胞 DNA 合成的主酶

在此,我们仍以 *E. coli* 中的 DNA 聚合酶Ⅲ为代表介绍原核复制酶(replicase)机器。*E. coli* DNA 聚合酶Ⅲ是 *E. coli* 基因组 DNA 复制的主酶。20 世纪 80 年代人们从 *E. coli* 抽提物中分离出 DNA 聚合酶Ⅲ的全酶(holoenzyme),它是一个高度复杂的蛋白复合体,由 10 个不同的亚基组成,总的相对分子质量大于 600 000。所谓全酶,是对一个具有核心酶并结合有增强其功能的其他元件的多蛋白复合体的总称。DNA 聚合酶Ⅲ全酶由核心酶(core enzyme)、β 滑动夹(sliding clamp)、γ 复合体(即滑动夹装载器,clamp loade)组成(图 2-23)。

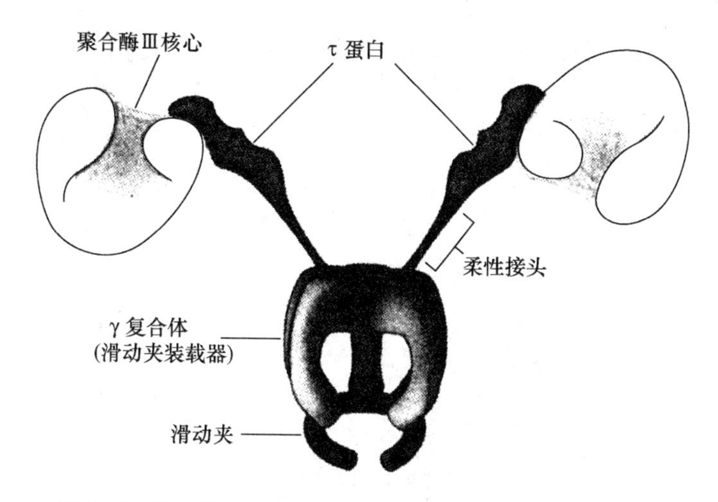

图 2-23　*E. coli* DNA 聚合酶Ⅲ全酶的组成及 τ 亚基的柔性区

示 DNA 聚合酶核心酶与 β 滑动夹和 γ 复合体(即滑动夹装载器)之间的关系。γ 复合体含有两个拷贝的 τ 蛋白,每个 τ 蛋白都有一个与核心酶相互作用的结构域。τ 蛋白与滑动夹装载器之间通过一个柔性接头相连,此接头可以使两个聚合酶以相对独立的方式运动。这种结构使得聚合酶Ⅲ全酶中的两个核心酶可分别负责前导链和后随链的合成。(参看图 2-27)。

1. DNA 聚合酶Ⅲ核心酶

DNA 聚合酶Ⅲ核心酶是按 1∶1∶1 的比例由 α、ε 和 θ 亚基组成的异源三聚体,各亚基分别由 *danE*、*dnaQ* 和 *holE* 基因编码。α 亚基具有 DNA 聚合酶活性,能以 8 核苷酸/s 的速度进行聚合反应,其活性与核心酶的活性(20 核苷酸/s)相近。ε 亚基具有 3′→5′外切核酸酶活性。如果缺少 ε 亚基,DNA 聚合酶Ⅲ全酶的持续合成能力明显下降,从约50 000个核苷酸降低到 1500 个核苷酸。这表明,在基因组复制过程中 ε 亚基的存在是很重要的。与此相反,θ 小亚基除了对 ε 外切核酸酶活性有些促进外,其他功能仍不清楚。为 θ 小亚基编码的 *holE* 基因的缺失对 DNA 聚合酶活性也无大影响。

DNA 聚合酶Ⅲ核心酶的精细结构解析仍然欠缺。α 亚基是由类似手掌、拇指和手指的三个结构域组成的(图 2-24)。手掌结构域含有催化位点的基本元件,位于 α 亚基 N 末端的 2/3 区段;α 亚基的 C 末端负责与全酶的其他组成成分相接触。手掌结构域所结合的两个二价的金属离子(Mg^{2+} 或 Zn^{2+})可通过改变正确碱基配对的 dNTP 和引物 3′-OH 周围的化学环境,促进正确磷酸二酯键的形成。除了催化作用外,手掌结构域还负责检查进入的核苷酸碱基配对的准确性,借以保证 DNA 复制的忠实性。

手指结构域对催化也很重要。手指结构域的几个残基与进入的 dNTP 结合。一旦进入的 dNTP 与模板之间形成正确的碱基配对,手指结构域通过定向移动包围 dNTP,使进入的核苷酸与催化的金属离子密切接触而促进催化反应。

拇指结构域与催化反应本身关系不大。其主要功能是与最新合成的 DNA 相互作用,借以维持引物以及活性部位的正确位置,帮助维持 DNA 聚合酶与其底物之间的紧密连接。这种连接有助于 DNA 聚合酶Ⅲ保持其持续合成的能力。

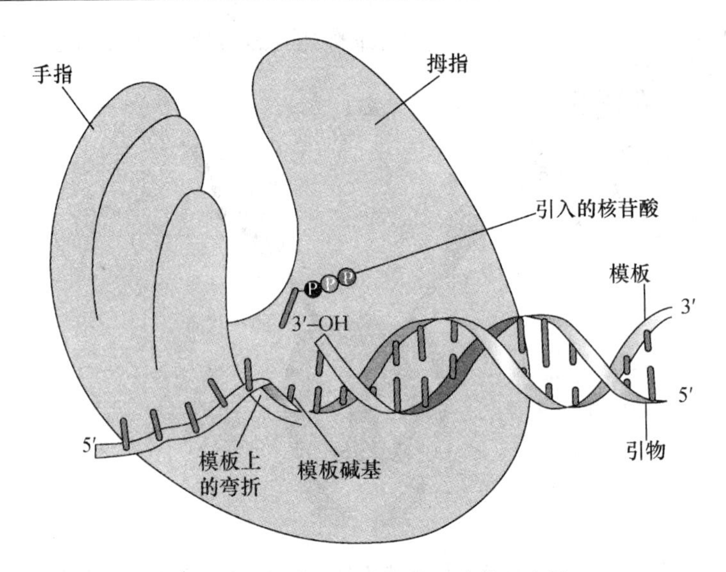

图 2-24 DNA 聚合酶Ⅲ核心酶的示意图

(引自 Watson J, et al, 2004)

与 α 亚基不同,ε 和 θ 亚基的三维结构已被解出。ε 亚基由两个结构域组成,N 端结构域含有 3′→5′外切核酸酶的活性位点和 θ 亚基结合位点。单链 3′末端 DNA 是 3′→5′外切核酸酶的最适底物,而那些碱基完全配对的 3′末端凹进去的 DNA 则不适于作其底物。然而,当 α 亚基与 ε 亚基的 C 末端紧密结合时,可能由于这种结合使 ε 亚基更接近引物-模板位点,使 ε 亚基对 3′末端凹进去的底物的水解活性有所提高。ε 亚基优先降解那些新生链 3′端发生错配的引物模板底物,从而保证了 DNA 复制的忠实性。此外,碱基错配抑制 α 亚基聚合酶活性,使得 ε 亚基能有更充裕的时间对碱基错配进行校正。

θ 亚基的结构与真核细胞的 DNA 聚合酶 β 中与 DNA 相互作用的结构相类似。这种结构的相似可能是 θ 亚基能够促进 ε 亚基活性的基础。

2. β 滑动夹

如果只用核心酶进行聚合反应时,核苷酸掺入的速度很慢(20 核苷酸/s)。核心酶持续合成能力也很差,每次与模板结合只能延伸 1～50 个核苷酸就从模板上掉下来。核心酶所表现出的如此低的聚合酶活性,表明其不可能单独地完成细菌基因组 DNA 的复制。

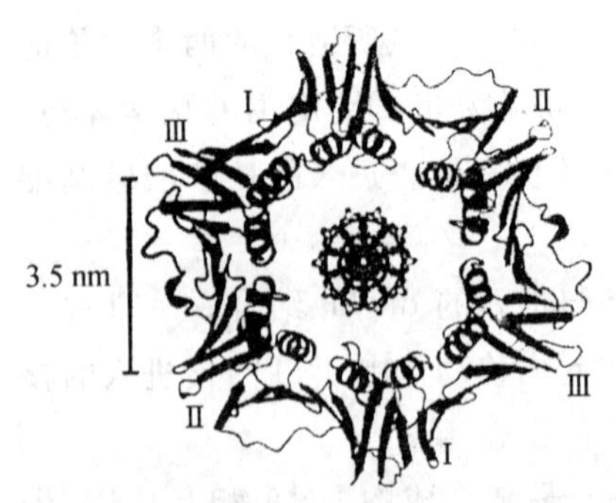

图 2-25 β 滑动夹的结构及与双链 DNA 之关系

(引自 Johnson A, et al, 2005)

为了变成一个有效的复制酶,核心酶需要 β 滑动夹的帮助。β 滑动夹是由 β 亚基的同源二聚体组成,由 *E. coli* 的 *dnaN* 基因编码。一旦核心酶与 β 滑动夹结合,其合成的速度可增至大约 750 核苷酸/s,其持续合成能力可达 $5\times10^4\sim5\times10^5$ 个核苷酸。这样的活性使 DNA 聚合酶能有效地合成前导链和后随链。

每个 β 亚基由三个结构域组成,两个 β 亚基首尾相接形成一个油炸面包圈形结构(donut shaped dimer)(图 2-25)。这个环状结构的内径大约 3.5 nm,足以容纳下双链 DNA(图 2-25 中央)。实际上,在 DNA 和 β 滑动夹之间还存在 1～2 层水,这有助于 β 滑动夹如滑冰一样沿

DNA 移动。如图 2-26 所示，由 β 亚基二聚体所形成的环状 β 滑动夹套到双链 DNA 上，然后与核心酶结合并将其定位在引物-模板底物的 3′末端。这种相互作用使核心酶不会从 DNA 模板上掉下来，并保证核心酶的活性位点总是接近核苷酸加入的位点，从而最大限度地提高了 DNA 聚合酶的持续合成能力。

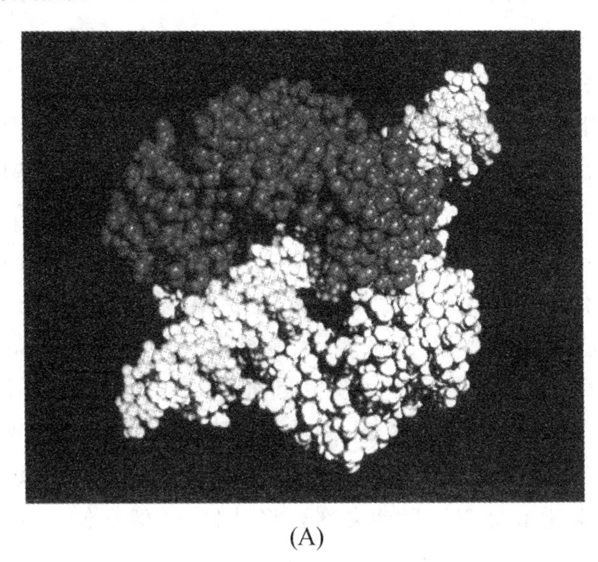

(A)

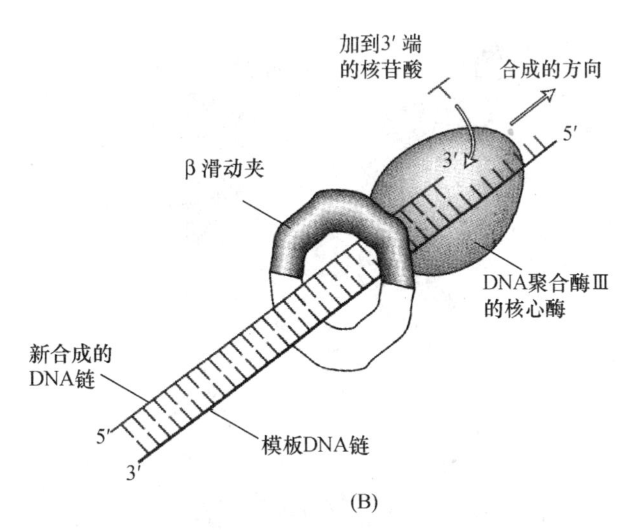

(B)

图 2-26 核心酶与 β 滑动夹在引物-模板 3′末端结合

(A) 示 β 滑动夹与 DNA 双链结合的空间填充模型。(B) β 滑动夹与核心酶在引物-模板 3′末端结合，从而提高了核心酶持续合成能力。(引自 Lodish H, et al, 2000)

3. 滑动夹装载器——γ 复合体

E. coli 滑动夹装载器是由 γ、δ、δ′、χ 和 ψ 五个不同的亚基所组成的蛋白复合体，又称 γ 复合体。这五个亚基分别由 *E. coli* 的 *dnaX*、*holA*、*holB*、*holC* 和 *holD* 所编码。顾名思义，滑动夹装载器的功能有二：一是利用 ATP 结合和水解的能量，将 β 滑动夹装到双链 DNA-引物组成的底物上；一是在 DNA 链的合成完成后，将 β 滑动夹从 DNA 链上卸下。

滑动夹装载器中的五个亚基中只有 γ 亚基与 ATP 结合,称为复合体的马达(motor)。δ 亚基是与 β 滑动夹相互作用的主要亚基,在 β-δ 亚基的界面处将 β 滑动夹打开,故称其为扳手(wrench)。δ′亚基是一个刚性蛋白质,具有较强的分子内相互作用,称为固定子(stator)。可能为其他亚基在其上移动提供一个静止平台。χ 和 ψ 亚基并不是滑动夹装载中的关键蛋白质,但 χ 亚基将滑动夹装载器和单链结合蛋白(SSB)及引物酶相连。ψ 亚基是将 χ 亚基与滑动夹装载器相连并使 $\gamma_3\delta\delta'$ 复合体稳定(图 2-27)。

γ 复合体装卸 β 滑动夹的机制大致如下:在无 ATP 结合的情况下,滑动夹装载器对 β 滑动夹的亲和力很低。此时,γ 复合体中的 δ 亚基由于受到其他亚基的阻隔而不能与 β 亚基结合。一旦 ATP 与 γ 亚基结合,γ 复合体产生构象变化,使得 δ 亚基与 β 亚基紧密结合并在亚基间的界面处将由 β 亚基二聚体构成的滑动夹打开,然后装载到 DNA 上。β 滑动夹和装载器之间形成的复合体对 DNA,特别是对由引物-模板组成的底物有很强的亲和力。当 DNA 穿过 β 滑动夹时,激活了 ATP 的水解,使 β 滑动夹闭合并继续留在引物-DNA 模板底物上。此时结合了 ADP 的装载器可能又产生与前面(结合 ATP 时)相反的构象变化,使得装载器与 β 滑动夹及 DNA 的亲和力降低,最终导致装载器从 β 滑动夹和 DNA 上脱离。解脱下来的 ADP-装载器复合物只有当 ADP 解离后,才能重新结合 ATP 进入下一个装载循环(图 2-28)。虽然知道装上和卸下 β 滑动夹都要将其打开,但在卸下时如何将 β 滑动夹打开仍有待进一步研究。

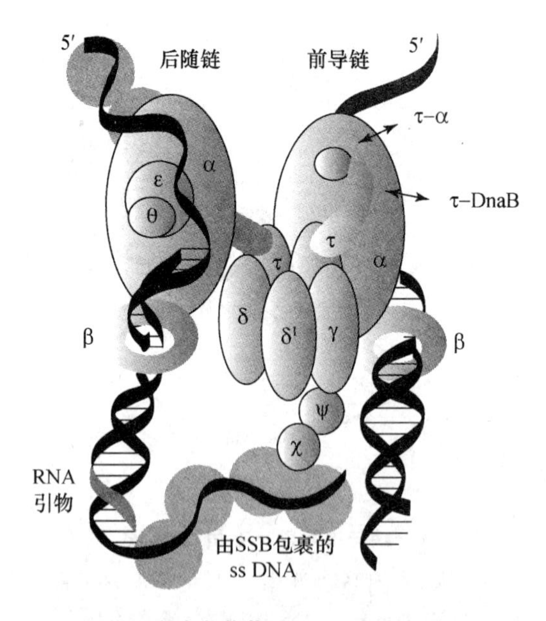

图 2-27 滑动夹装载器——γ 复合体的组成

E. coli DNA 聚合酶Ⅲ(polⅢ)全酶是一个非对称的二聚体,其由 10 个不同的蛋白亚基组成(参见图 2-23)。(引自 Neylon C, et al, 2005)

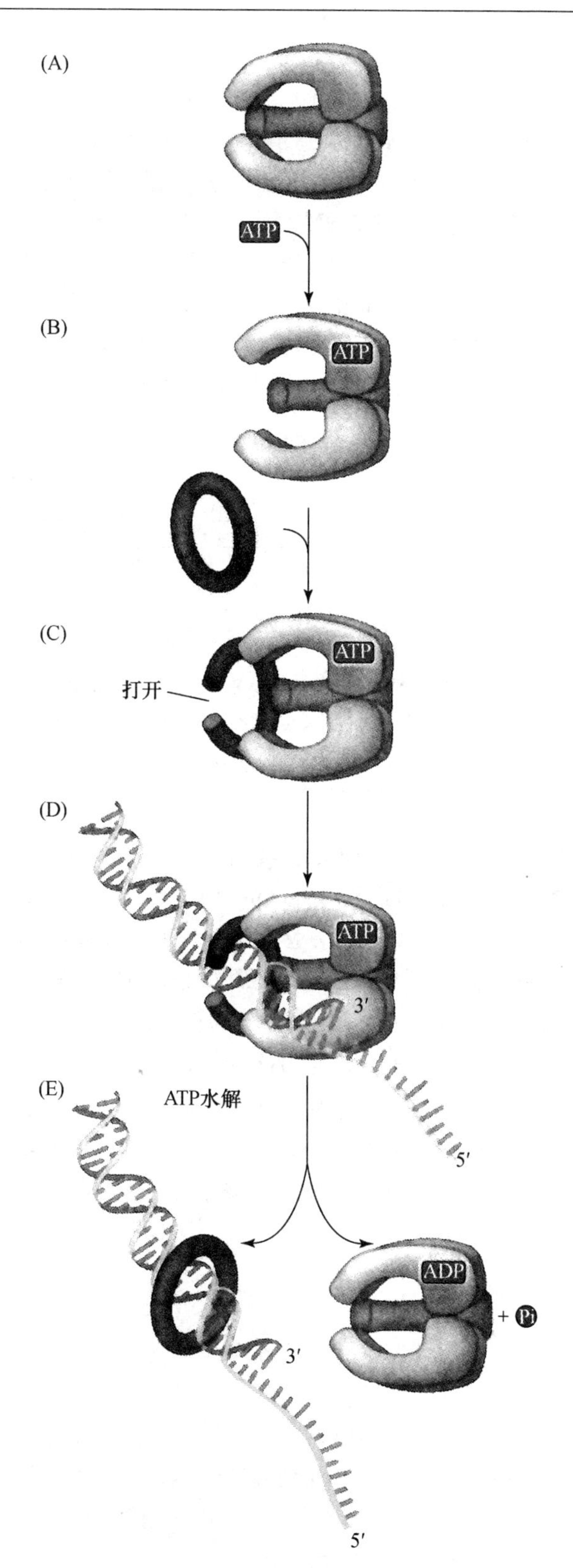

图 2-28　滑动夹装载器的 ATP 控制

(引自 Watson J，et al，2004)

4. 关于 τ 亚基

目前知道 τ 亚基的主要功能是通过自身的二聚体分别与两个核心酶分子相连,在每个复制叉处协调前导链和后随链的合成。τ 亚基是由 *dnaX* 基因编码,整个蛋白由五个结构域组成。τ 亚基中的Ⅰ、Ⅱ、Ⅲ结构域实际上也是滑动夹装载器 γ 亚基的组成成分;结构域Ⅳ为DnaB 解旋酶的结合位点,结构域Ⅴ为核心酶结合位点,故结构域Ⅳ和Ⅴ又称为复制体组织化结构域(replisome organization domains)(图 2-29)。这样 τ 亚基就由滑动夹装载器结构域Ⅰ～Ⅲ(滑动夹装载器 γ 亚基序列)和复制体组织化结构域Ⅳ和Ⅴ组成。所谓复制体(replisome),是指参与 DNA 复制的各种酶及蛋白质集合体的总称。由此可见,聚合酶Ⅲ全酶中的 τ 亚基不仅仅将两个核心酶与装载器相连,也将这个复制酶与 DnaB 解旋酶相连(图 2-27)。

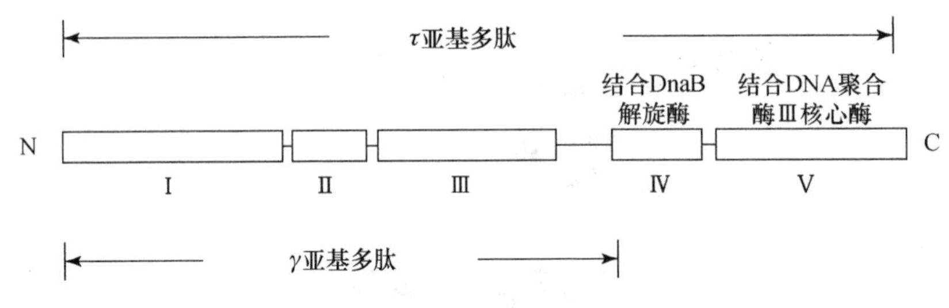

图 2-29 DNA 聚合酶Ⅲ全酶的 τ 亚基结构图

示 τ 亚基是由滑动夹装载器的Ⅰ、Ⅱ、Ⅲ结构域(γ 亚基多肽链)和复制体组织化结构域Ⅳ和Ⅴ组成。结构域Ⅳ和Ⅴ分别结合 DnaB 解旋酶和 DNA 聚合酶Ⅲ核心酶。(引自 Johnson A, et al, 2005)

那么又如何解释 *dnaX* 基因既为滑动夹装载器的 γ 亚基又为 τ 亚基编码呢?实际上,γ 亚基是通过在 *dnaX* 基因中核糖体的移码(ribosomal frameshift)导致的立即翻译终止而产生的。这样 *dnaX* 基因可分别为 47 500 的 γ 亚基和 71 100 的 τ 亚基编码。如果考虑到在全酶中有两个 τ 亚基,而每个亚基含有一个 γ 亚基序列,那么在全酶中就有三个 γ 序列。如果考虑到 τ 亚基将滑动夹装载器和核心酶相连,τ 亚基或其 γ 序列也可作为装载器的一个组成部分的话,那么装载器的组成就应是 $\gamma_1\delta_1\delta_1'\chi_1\psi_1\tau_2$ 或 $\gamma_3\delta_1\delta_1'\chi_1\psi_1$。

最后值得指出的是,τ 亚基的氨基酸序列分析表明,在 τ 亚基与核心酶和装载器分别相结合的结构域之间有一段由富含脯氨酸残基组成的柔性区,人们认为这一柔性区可以使两个核心酶以相对独立的方式运动,这种方式对于使一个聚合酶复制前导链而另一个聚合酶复制后随链来说是十分必需的(图 2-23)。

2.3.2 原核细胞 DNA 的复制

在此,我们仍用 *E. coli* DNA 复制为代表介绍原核细胞 DNA 复制的过程。

1. DNA 复制的起始

在 2.2.1 中我们讲了 DNA 的复制是从特定的位点——复制起始点开始。对于原核基因组 DNA 而言只有一个复制起始点。*E. coli* 的复制起始点 *oriC* 由大约 240 个碱基对组成并含有 4 个由 9 个碱基对(9 mers)和 3 个由 13 个富含 AT 的碱基对(13 mers)组成的重复序列。DNA 复制起始是从多个(10～20 个)起始蛋白因子 DnaA 与 *oriC* 中的 4 个 9 mers 序列相结合形成起始复合体(initial complex)开始(图 2-30)。

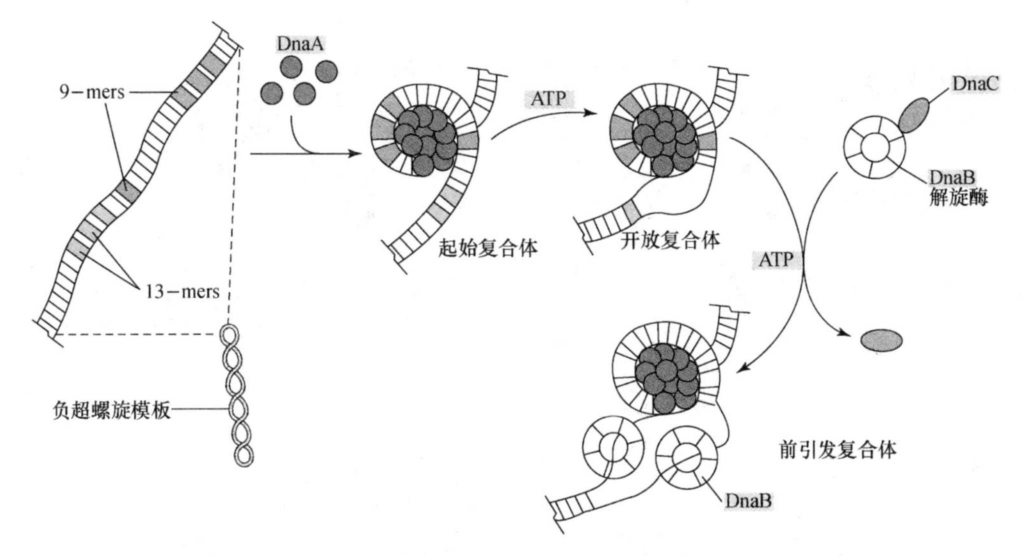

图 2-30 在复制起始区 *oriC* 处形成前引发复合体——DNA 复制起始的示意图

(引自 Lodish H，et al，2000)

虽然 DnaA 蛋白可与松弛型的双链 DNA 结合，但 DnaA 在起始 DNA 复制时结合的 *oriC* 区 DNA 必须是处于负超螺旋状态。这是因为负超螺旋 DNA 比松弛型的双链 DNA 更容易熔解，产生单链的 DNA 模板(见 2.1.4，2.1.5)。DnaA 与 *oriC* 中 9 mers 区的结合促使 13 mers 区中的大约 20 个碱基对双链 DNA 熔解分开，形成开放复合体(open complex)。这一过程需要 ATP 提供能量(图 2-30)。

这种局部的熔解所形成的开放复合体所提供的单链区尚不足以容纳各种与复制有关蛋白所形成的复制体，进一步的解链则由 *dnaB* 基因编码的解旋酶来进行。DnaB 解旋酶是一个同源六聚体蛋白，在存在 ATP 的情况下，DnaB 解旋酶在另一个同源六聚体蛋白 DnaC 的护送下与结合在起始区 *oriC* 的 DnaA 蛋白结合，进而，在 DnaC 的催化下使 DnaB 解旋酶的蛋白环打开并套在 *oriC* 的每条单链 DNA 上，形成所谓的前引发复合体(prepriming complex)(图 2-30)。DnaC 的作用只是护送并催化 DnaB 解旋酶组装到前引发复合体上，所以 DnaC 又称为 DnaB 解旋酶装载器。一旦此工作完成便从前引发复合体上解离下来。

当 DnaB 解旋酶套在两条互补的单链 DNA 复制起始区处形成前引发复合体时，一个能合成短 RNA 引物的 RNA 聚合酶——引物酶(primase)加入进来与 DnaB 解旋酶结合形成引发体(primosome)。结合后的引物酶以相应单链 DNA 为模板合成短的 RNA 引物(如 $_{\mathrm{ppp}}$AC $(N)_{7\sim10}$)，然后从模板上解离。对于后随链而言，引物酶可通过与 DnaB 解旋酶相互作用，沿 DNA 模板在多处合成 RNA 引物。RNA 引物为前导链和后随链的合成提供了 3′-OH 末端。引发体通过引物酶在前导链和后随链的模板上合成 RNA 引物的过程称为引发(priming)。*E. coli* 引物酶是由 *dnaG* 基因所编码。

一旦 RNA 引物在复制叉处被合成，DNA 聚合酶Ⅲ全酶识别 RNA 引物，并将滑动夹装到 RNA 引物上起始前导链的合成。套在单链 DNA 上的 DnaB 解旋酶利用 ATP 水解的能量按 5′→3′的方向沿双链 DNA 移动时将结合在 DNA 复制起始区上的 DnaA 起始蛋白去除，并进一步通过熔解 DNA 互补链间的氢键和去除疏水相互作用而不断将双链打开。当各个 DnaB 解旋酶沿复制叉移动约 1000 碱基对之后，在各种后随链模板上合成 RNA 引物。然后，由 DNA 聚合酶Ⅲ全酶起始后随链的合成(图 2-31)。

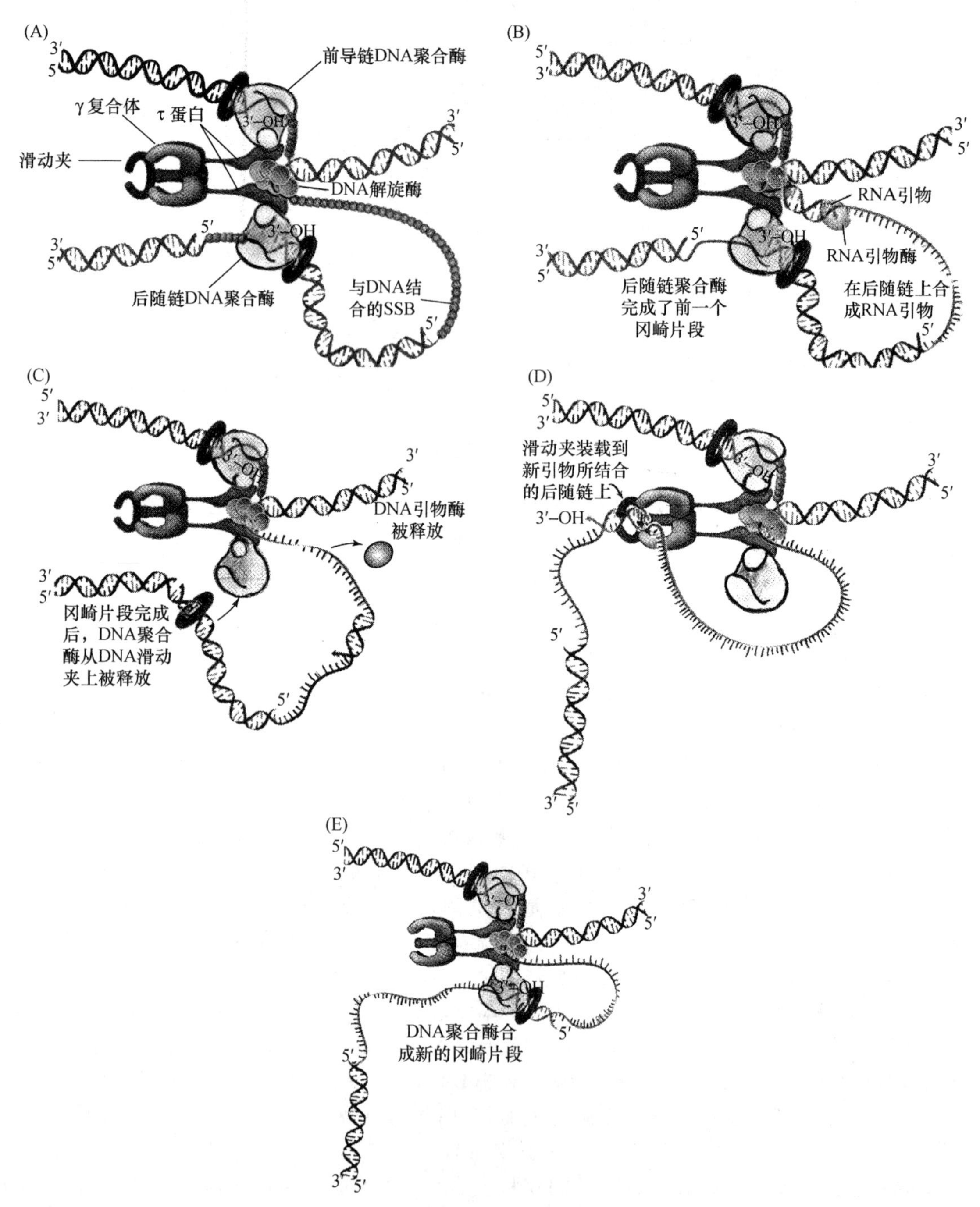

图 2-31 *E. coli* DNA 复制模型

(A) DNA复制叉上的DNA解旋酶(DnaB编码)在DNA模板上沿5′→3′方向移动(此图只显示在后随链模板上的情况)。DNA聚合酶Ⅲ全酶通过τ亚基与DNA解旋酶相互作用,激活了DNA解旋酶的活性,使其解旋速度增加10倍。在复制叉处的不对称的DNA聚合酶双体,一个负责前导链复制,一个负责后随链复制。双链DNA一旦被解旋成单链,DNA单链结合蛋白(SSB)便结合其上(只在图(A)中显示)。(B) DNA引物酶(DnaG编码)周期性地与解旋酶结合并在后随链模板上合成新的引物。(C) 当DNA聚合酶在后随链上完成一个冈崎片段合成后即从滑动夹及DNA上脱开(箭头)。(D) 随后,滑动夹装载器在由新合成的RNA引物生成的引物-模板接头处组装上新的滑动夹(箭头)。(E) 结合有滑动夹的引物-模板接头与后随链上DNA聚合酶结合,起始下一个冈崎片段的合成。

(引自 Watson J, et al, 2004)

值得指出的是，像 DNA 聚合酶Ⅲ一样，因为 DnaB 解旋酶的六聚体环是套在单链 DNA 上，所以在其到达所结合的那条 DNA 链的末端（或被其他蛋白将其从 DNA 卸下）之前，是不会自己掉下来的。因此，DnaB 解旋酶具有很强的持续工作能力。

如前所述，DNA 聚合酶需要单链 DNA 作底物。因此，DnaB 解旋酶产生的单链 DNA 在被作为 DNA 合成的模板之前，必须保持碱基未配对的单链状态。单链 DNA 结合蛋白（SSB）能以协同结合（cooperative binding）的方式迅速与产生的单链 DNA 结合，防止互补的单链 DNA 重新退火（reannealing）。所谓协同结合，是指一个 SSB 的结合会促进另一个 SSB 与其紧邻的单链 DNA 结合。这种机制保证了被解旋酶所产生的单链 DNA 很快被 SSB 所覆盖。值得指出的是，SSB 是以序列非特异性的方式与单链 DNA 相互作用。SSB 主要通过与磷酸骨架的静电相互作用（或许也有疏水相互作用）与单链 DNA 结合。这种结合不但防止了已经打开的单链 DNA 间的重新退火，也熔解了在单链 DNA 中可能产生的链内二级结构。由于 SSB 与单链 DNA 的碱基之间几乎没有氢键的作用，SSB 的结合并不影响单链 DNA 作为 DNA 合成的模板。

2. DNA 复制的延伸

如上所述，DNA 复制的起始是多个蛋白质在 DNA 模板上协同相互作用的结果。在复制叉处每个复制体由一个不对称的 DNA 聚合酶Ⅲ全酶二聚体组成，分别负责前导链和后随链的合成。一旦 RNA 引物被合成，DNA 聚合酶Ⅲ便按 $5'\rightarrow3'$ 的方向，以 dNTP 为底物不断地将核苷酸加到引物的 $3'$ 末端，开始了 DNA 复制的延伸过程。对于前导链而言，其合成是连续不断的，所以整条链的合成只需一次起始。后随链的合成是不连续的，必须首先合成一系列长度为 1000～2000 个碱基的冈崎片段。因此后随链的合成需要多次的起始，即后随链的合成需要引物酶与 DnaB 解旋酶相互作用，沿模板在多处合成 RNA 引物。当新的冈崎片段的合成由于接触到其下游已合成的冈崎片段而终止时，起始下游冈崎片段合成的 RNA 引物即被 DNA 聚合酶Ⅰ（有时 RNase H 也参与）的 $5'\rightarrow3'$ 的外切核酸酶活性所切除；与此同时 DNA 聚合酶Ⅰ的 $5'\rightarrow3'$ 的聚合酶活性将所产生的缺口填平。最后，相邻的冈崎片段被 *E. coli* DNA 连接酶连到一起，完成了后随链的合成（图 2-32）。在此要指出的是，*E. coli* 的 DNA 连接酶在催化冈崎片段间磷酸二酯键形成时需要 NAD^+（烟酰胺腺嘌呤二核苷酸，辅酶Ⅰ）作为能量辅助因子。

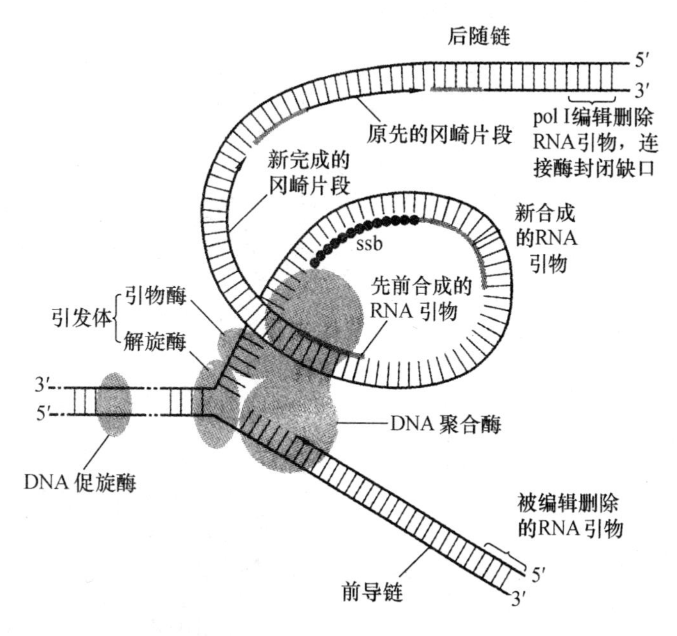

图 2-32 DNA 复制叉处前导链及后随链的合成示意图

（引自 Malacinski G, 2003）

DNA 聚合酶Ⅲ在 DNA 合成的延伸反应中可识别与 DNA 模板相互补的 RNA 引物，按碱基配对的法则，以 $5'\rightarrow3'$ 的方向合成子链 DNA。在延伸反应中 DNA 聚合酶催化两个反应：一是催化新进入的核苷酸和模板链上互补的核苷酸之间氢键的形成;一是催化生长的(延伸的)多核苷酸 3′-OH 与新进入的核苷酸 5′-磷酸间的磷酸二酯键的形成。因此新合成(子链)DNA 链的延伸方向永远是从 5′→3′。

在 DNA 复制的延伸反应中还有两个问题需要解决:一是在 DnaB 解旋酶不断沿复制叉将 DNA 双螺旋打开,为 DNA 复制提供单链模板的过程中也造成复制叉前的双链 DNA 变得更加正超螺旋化,这种过缠绕(overwound)将导致 DNA 复制很快停止。现在知道由于 DNA 解旋酶的作用,在复制叉前产生的正超螺旋是通过拓扑异构酶去除的(图 2-33),从而保证了 DNA 延伸的正常进行。二是由于双螺旋 DNA 的反平行结构,使得 DNA 聚合酶在后随链上与前导链上 DNA 的合成方向正好相反,然而这两个聚合酶却又连在一起形成不对称的二聚

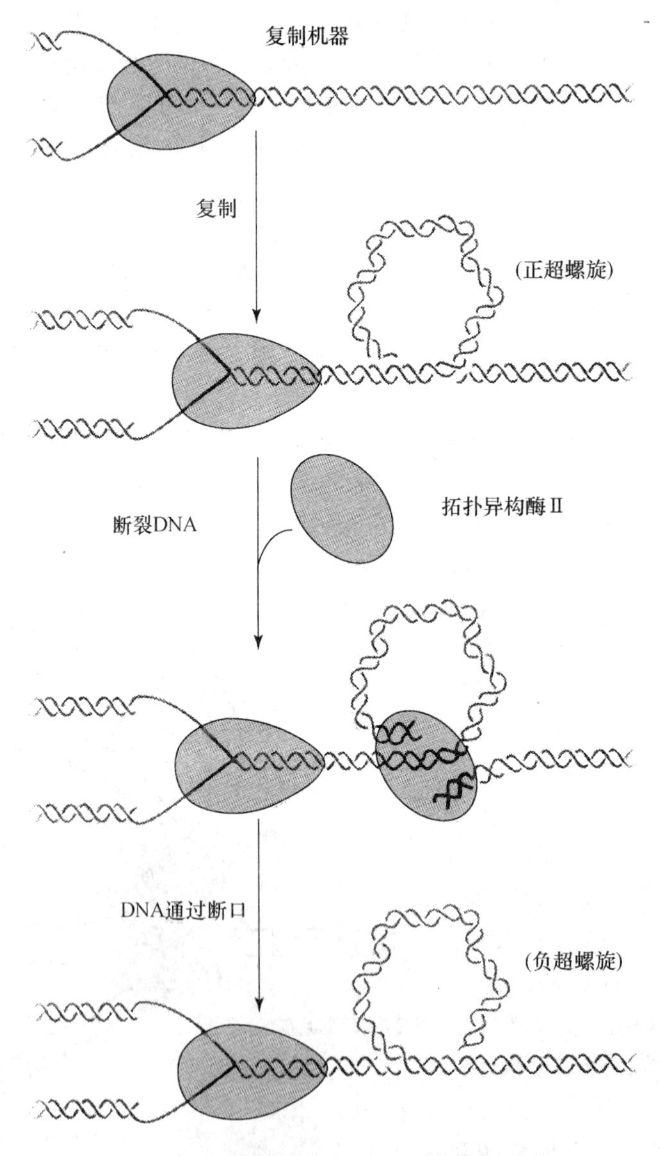

图 2-33 拓扑异构酶去除复制叉前正超螺旋

示拓扑异构酶Ⅱ通过在复制叉前的未复制区段产生双链切口,从而消除复制叉前产生的正超螺旋。拓扑异构酶Ⅰ也能去除复制叉前产生的正超螺旋。(引自 Watson J, et al, 2004)

体(图 2-32)。如何解决前导链和后随链的复制方向问题,使二者与复制叉的方向保持一致呢? 人们提出下面的模型:即在 DNA 复制过程中,后随链在复制叉处转 180°的弯,形成一个环(loop)。如图 2-34 所示,这种结构的形成使二聚体 DNA 聚合酶沿两条模板链以同复制叉相一致的方向往前移动,而又不破坏 DNA 复制是从 5′→3′进行的原则。

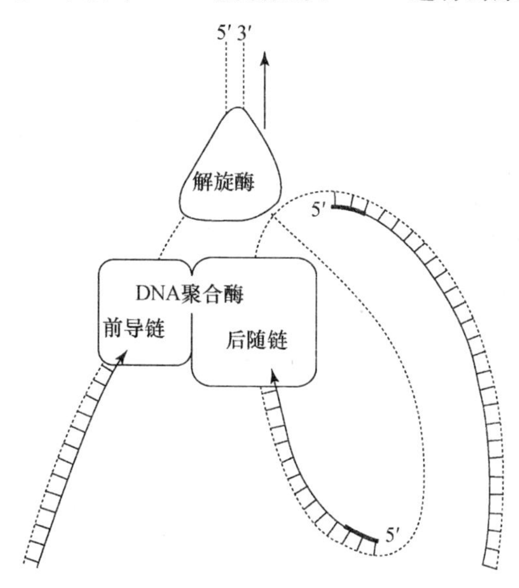

图 2-34　DNA 复制的成环模型

示不对称 DNA 复制叉。大多数生物体两条 DNA 复制时,产生不对称的 DNA 复制叉。在复制过程中,后随链在复制叉处转 180°的弯,形成一个环。这种结构的形成使二聚体 DNA 聚合酶沿两条模板链以同复制叉相一致的方向往前移动(参看图 2-32)。点线示亲本链,实线示新合成的链;短粗线示引物。(引自 Hübscher U, et al, 1992)

3. DNA 复制的终止

如上所述,*E. coli* 中 DNA 复制从 *oriC* 复制起始区起始,产生两个移动方向相反的复制叉。复制叉沿 *E. coli* 的环状染色质以大约 1000 核苷酸/s 的速度向前移动,产生用以 DNA 复制的单链模板,并在大约复制起始后 40 min 在与 *oriC* 相对的一个区域相遇。这使人们联想到 DNA 复制的终止是否就是由于复制的 DNA 链相遇而自动终止呢? 回答是否定的。DNA 复制的终止实际上是由一个严格的机制所控制的,是一个蛋白质与 DNA 以及蛋白质与蛋白质相互协同作用的结果。我们仍以 *E. coli* DNA 复制终止机制为例加以介绍。

原核和真核染色体 DNA 的复制终止发生在特定的 DNA 序列处,这些序列叫做复制的终止位点(replication termination sites)。*E. coli* 的复制终止位点叫做 *Ter* 位点。*E. coli* 基因组中有 10 个 *Ter* 位点(分别称为 *TerA*、*TerD*、*TerE*、*TerI*、*TerH* 和 *TerC*、*TerB*、*TerF*、*TerG*、*TerJ*),整个长度跨越 450 000 个碱基对,处于正对着复制起始区 *oriC* 的位置。上述的 *Ter* 位点前五个为一串,后五个为一串,且每串间的极性彼此相反;然而就每个 *Ter* 位点而言,它们的碱基序列具有高度的同源性(图 2-35),也即这些 *Ter* 位点存在着共有序列(consensus sequence)。这些序列又叫做顺式作用 *Ter* 位点(cis-acting *Ter* sites)。

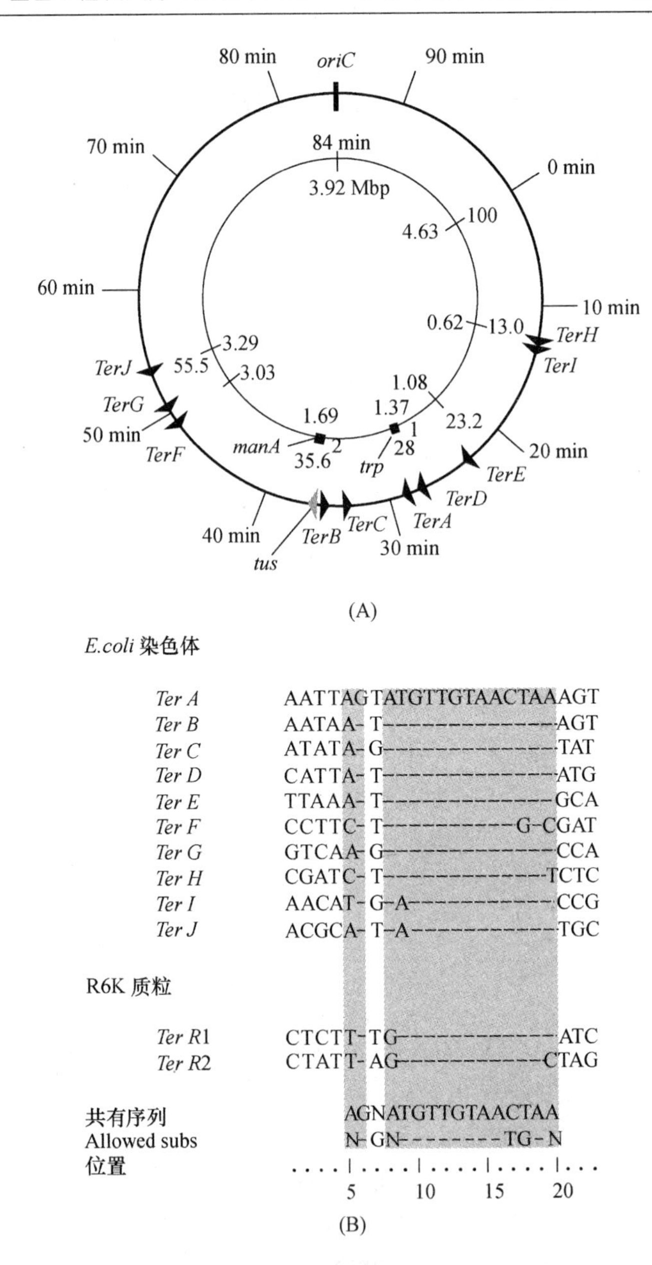

图 2-35 复制终止位点(*Ter*)和复制终止蛋白(Tus)在 *E. coli* 染色体上的位置和 *Ter* 位点的碱基序列

(A) *oriC* 和 10 个 *Ter* 位点的相对位置以及两串反向重复序列所形成的复制陷阱。(B) *E. coli* 和 R6K 质粒中 *Ter* 位点的共有碱基序列，暗影区示与 Tus 相互作用的序列。(引自 Neylon C, et al, 2005)

由于每串 *Ter* 位点的极性彼此相反，就决定了 *Ter* 序列在其行使功能时具有方向性。*Ter* 位点是通过与一种叫做反式作用复制终止蛋白(transacting replication terminator protein)Tus 相互作用产生蛋白质-DNA 复合体而行使功能的。由于 *Ter* 位点具有极性，所以这个蛋白质-DNA 复合体也具有极性。当复制叉前进的方向与 *Ter* 串的极性相反时，Tus-*Ter* 复合体就阻止复制叉进一步移动，即产生了一个复制叉陷阱(replication fork trap)，使复制叉可进入但却不能离开这个 *Ter* 串区；当复制叉前进的方向与 *Ter* 串的极性相同时，则复制叉可无阻碍地通过。因此，在 DNA 复制过程中，两个复制叉中必有一个进入复制叉陷阱，等候另一个复制叉通过 *Ter* 串区到达相同的位点。这样，使得从 *oriC* 起始的两个复制叉在染色体的一个完全限定的区域相遇，导致 DNA 复制的终止。这也保证了细菌染色体的每一段在复制时都被精确地复制一次。

DNA 复制终止的机制依然在研究之中，序列特异性的复制终止位点以及与其相互作用的蛋白质存在于很多的细菌和质粒的染色体 DNA 和细胞中。由于种属的不同，它们的碱基序列和蛋白质的组成肯定有不同程度的差别。所一致的是它们都含有顺式作用位点和反式作用复制终止蛋白因子两个主要成分。

按顺式作用 *Ter* 位点和反式作用复制终止蛋白 Tus 相互作用的原理，在细胞内每个 *Ter* 位点都应与 Tus 相结合。那么，为什么在一个方向上能阻断复制叉前进，而在其相反方向上复制叉却能通过 Tus-*Ter* 复合体呢？一个可能的机制是：Tus 通过 DNA 与 DnaB 解旋酶(或复制体中的其他成分)相互作用，Tus 在不允许复制叉通过的一侧使 DNA 产生一种结构，而这样的结构使 Tus-*Ter* 之间的亲和性大大增强，由此阻断了 DnaB 解旋酶的作用。在这里 Tus-*Ter* 复合体实际起到一个反解旋酶(contrahelicase)活性的作用(图 2-36)。然而，在允许复制叉通过的一侧，DnaB 解旋酶使 DNA 产生另一种结构，这种结构能有效地改变上述 DNA 结构所产生的作用，使 Tus 从 *Ter* 位点上解离，从而使 DnaB 解旋酶通过 *Ter* 位点区。图 2-37 给出了 Tus-*Ter* 复合体在一个方向阻断复制叉前进的可能机制。由此可见，Tus-*Ter* 复合体是通过阻止 DnaB 解旋酶打开双链 DNA，使其不能为 DNA 聚合酶 Ⅲ 提供单链模板而达到使 DNA 合成在特定的位点终止的目的。复制的终止应该包含 Tus-*Ter* DNA-蛋白质相互作用、Tus-DnaB 解旋酶之间蛋白质与蛋白质相互作用以及蛋白质(Tus)、DNA(*Ter*)和蛋白质(DnaB)三者之间的相互作用。

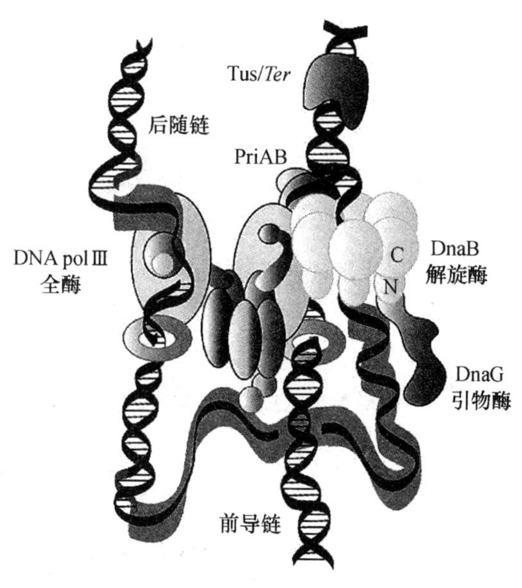

图 2-36　当 *E. coli* 复制体接近 Tus-*Ter* 复制终止区时，复制体中蛋白质-蛋白质相互作用

示复制体是一个由 DnaB 解旋酶，DanG 引物酶和 pol Ⅲ 全酶组成的多蛋白复合体。当复制体到达 Tus-*Ter* 复合体时，Tus-*Ter* 阻断 DnaB 解旋酶的作用。(引自 Neylon C, et al, 2005)

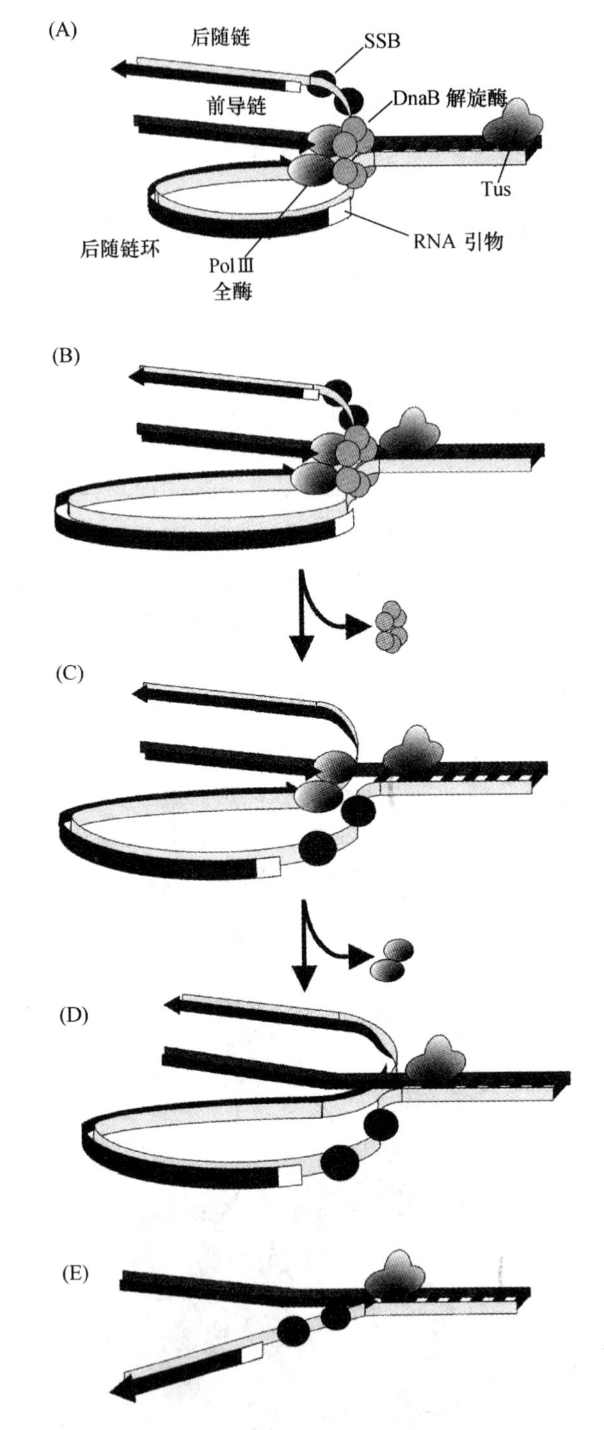

图 2-37 *E. coli* 复制体及复制叉被 Tus-*Ter* 复合体阻止的机制

(A) 示复制体沿 DNA 模板移动接近 Tus,DnaB 解旋酶协助引物酶合成最后一个后随链的引物。(B) Tus 阻断 DnaB 解旋酶的作用,DnaB 解旋酶从模板解离。(C) DNA polⅢ全酶完成了前导链合成,到达 Tus-*Ter* 复合体。(D) 在后随链上合成最后一个冈崎片段,并通过 DNA 连接酶将其与倒数第二个冈崎片段相连,而 RNA 引物被 DNA polⅠ去除(图中未显示)。(E) DNA polⅢ解离,留下 Y 型结构,在接近 Tus-*Ter* 复合体处的后随链为单链,单链结合蛋白(SSB)结合其上。(引自 Neylon C, et al, 2005)

对于 *E. coli* 环状染色体来说，由于 DNA 复制产生两个互锁的连环。这个连环的分开是由 DNA 拓扑异构酶Ⅱ所催化完成的(图 2-38)。

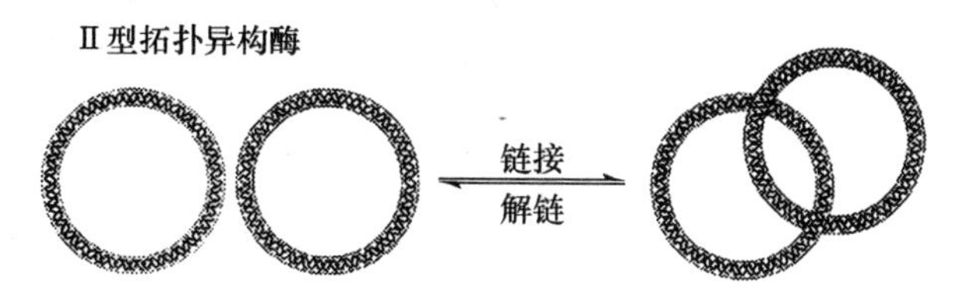

图 2-38　拓扑异构酶Ⅱ催化两个复制产物的解环

拓扑异构酶Ⅱ在共价闭合环状 DNA 分子上产生一个双链切口，并使另一个 DNA 分子穿过切口形成套在一起的双环链接或解链。(引自 Watson J, et al, 2004)

2.3.3　DNA 复制的调控和细胞分裂周期

在所有生物有机体中，为了保证细胞染色体数目和细胞数量保持适当的平衡，对复制起始有着严格的调控。目前所知，*E. coli* 可通过下列方式防止子链 DNA 复制过程中 DNA 复制的快速重新起始：

(1) SeqA 蛋白与半甲基化的 DNA 的结合可抑制在子链 DNA 复制过程中 DNA 复制在 *oriC* 处快速重新起始。如 2.2.7 中所述，在 *E. coli* 细胞中有一种叫做 Dam 甲基转移酶的酶蛋白，它将甲基基团加到每个 GATC 序列中的腺嘌呤上。通常 *E. coli* DNA 两条链上的 GATC 序列是被完全甲基化的。但对于正在复制的 DNA 而言，刚刚复制的子链上的 GATC 序列尚未来得及被甲基化，这使新合成的 *oriC* 附近的 GATC 序列处于半甲基化状态。此时，SeqA 蛋白很快与 *oriC* 附近的半甲基化序列结合。这种结合不仅极大地抑制了 GATC 结合部位的甲基化，也阻止了复制起始蛋白 DnaA 与 *oriC* 的结合。由于 DnaA 蛋白与 *oriC* 的结合形成最初复合体(initial complex)是 DNA 复制起始的前提，所以 SeqA 蛋白通过与 *oriC* 附近半甲基化位点的结合抑制了正在复制的子代 DNA 链上 *oriC* 位点的快速重新起始(图 2-39)。

(2) DnaA・ATP $\rightleftharpoons$ DnaA・ADP 的转换速度和 DnaA 的相对含量也控制着在子代 DNA 复制过程中 DNA 复制在 *oriC* 处的快速重新起始。如在 2.3.2 中所述，只有 DnaA 与 ATP 结合后才能形成 DNA 复制起始的开放复合体(参见图 2-30)。此时 DnaA・ATP 变成为无活性的 DnaA・ADP。由于与 DnaA・ATP $\longrightarrow$ DnaA・ADP 相比，从 DnaA・ADP $\longrightarrow$ DnaA・ATP 的转换速率要慢得多，结果造成活性 DnaA・ATP 的供应不足，由此抑制了正处于复制过程中 DNA 复制的快速复制起始。另外，在 *E. coli* 染色体复制起始区 *oriC* 之外还存在 300 多个可与 DnaA 结合的 9 mers 序列，而且 DnaA 作为一个多功能蛋白，除了作为复制起始蛋白之外，还可作为转录调控因子参与许多启动子的转录调控。这样势必造成 DnaA 蛋白质供应的相对不足，从而进一步抑制了子代 DNA 复制过程中 DNA 复制的快速重新起始。

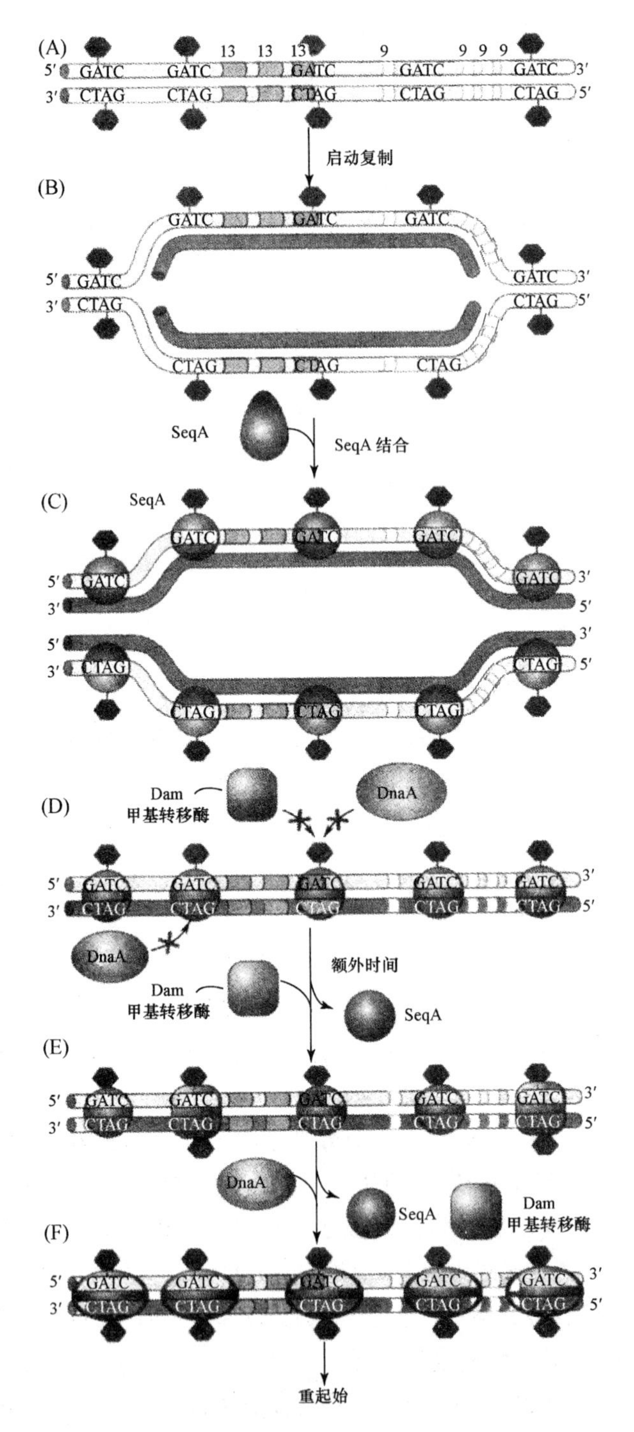

图 2-39 SeqA 蛋白与半甲基化 DNA 的结合抑制了正在复制的子代 DNA 在 *oriC* 位点的重新起始

(A) DNA 复制前,*E. coli* 染色体 DNA 双链中的所有 GATC 序列都被甲基化(用●表示)。(B) DNA 复制使这些位点成半甲基化状态。(C) SeqA 蛋白与半甲基化 GATC 序列结合。(D) SeqA 结合抑制 GATC 序列被 Dam 甲基转移酶甲基化及 DnaA 蛋白对 *oriC* 的结合。(E) 当 SeqA 一旦从 GATC 位点解离,GATC 序列立即被甲基化,从而防止 SeqA 的重新结合。(F) 当 GATC 序列被完全甲基化后,DnaA 对 *oriC* 结合,从而起始下一轮复制。(引自 Watson J, et al, 2004)

很显然，上述机制在很大程度上抑制了处于复制中的子代 DNA 上 *oriC* 位点的快速复制的重新起始。对于缓慢生长的 *E. coli* 来说，每一个新的子细胞只含有一个染色体。为了保持这种状态，新一轮的染色体复制要到细胞完全分裂才开始(图 2-40)。然而，对于快速生长的细菌来说，新一轮染色体的复制要在细胞发生分裂之前开始。这是因为在快速生长的 *E. coli* 细胞中染色体复制的时间大约为 42 min，而从形成隔膜(septum)到细胞分裂大约为 25 min。*E. coli* 细胞数量加倍的时间大约为 20 min。这样每个子细胞中的染色体都相当于 1.5 个染色体。这就是说，在快速生长的细胞中，复制起始位点的重新起始先于细胞分裂。这意味着分配到子细胞中的染色体 DNA 仍然在进行活跃的复制(图 2-40)。这种复制方式与真核细胞不同，后面我们会看到真核细胞中所有的 DNA 复制完成之前不进行染色体的分离，细胞也不会分裂。

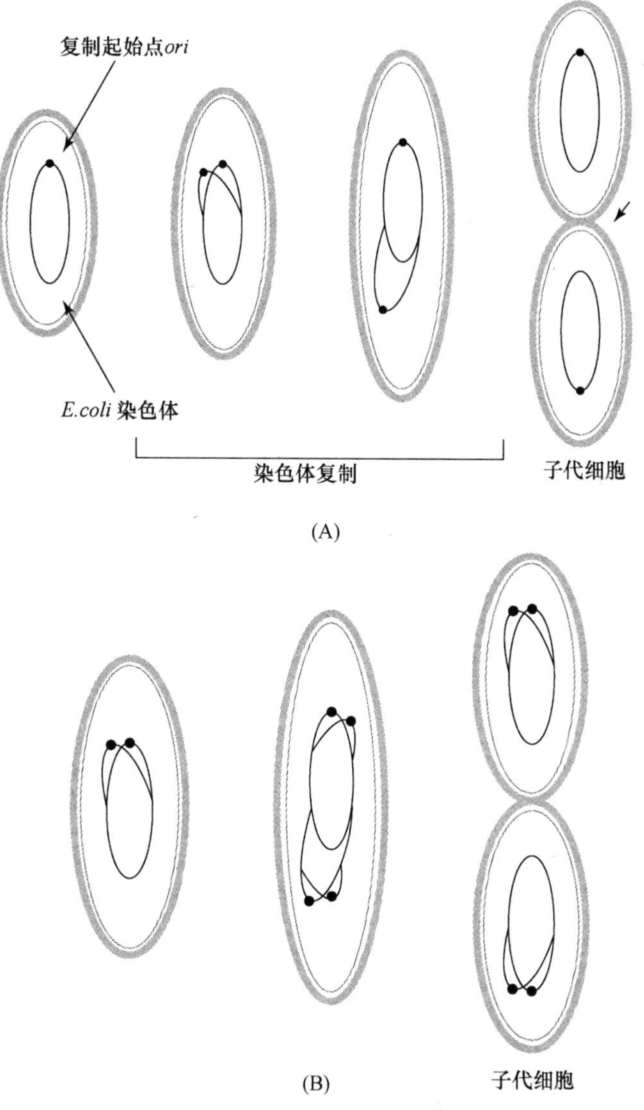

图 2-40 *E. coli* 的细胞周期和染色体复制

(A) 缓慢生长的情况下，每个新的子细胞只含有一个染色体。故新一轮的染色体复制要到细胞完全分裂才开始。(B) 快速生长的情况下，每个新的子细胞中含有等同于 1.5 个染色体。故新一轮的染色体复制要在细胞发生分裂之前开始。(引自 BCH5425 Molecular Biology and Biotechnology，1998)

2.4 真核细胞 DNA 的复制机器

与原核细胞 DNA 复制相比,真核细胞 DNA 复制是一个更加复杂的过程。尽管如此,真核细胞 DNA 复制依然具有所有 DNA 复制的一般特性(见 2.2 节)。所有细胞在其生命期内都要经过分裂周期(division cycle)。某些细胞,如干细胞(stem cell),连续分裂;另一些细胞在凋亡(apoptosis)前分裂特定的次数;而其他的细胞在进入最终的分化和静止期前只分裂少数几次。生物体内大部分细胞都属于后者。在细胞分裂过程中细胞内所有成分必须加倍,以保证产生的两个子细胞能够成活。对于细胞成活最重要的就是准确、有效和快速地复制细胞的基因组,我们将这一过程叫做 DNA 的复制。

2.4.1 真核细胞周期

由于 DNA 复制与真核细胞的细胞周期(cell cycle)密切相关,所以在介绍真核细胞的 DNA 复制之前先介绍一下细胞周期。

细胞周期对于细胞生长和细胞分裂成为两个子细胞是必需的。一个真核细胞只有在其基因组被复制,然后将复制后的基因组正确地分开后才能分裂。为了完成这些任务,细胞必须进行 DNA 合成和有丝分裂(mitosis)。细胞周期是一个有序的过程,可分为四个期,即 G_1、S、G_2 和 M 期(图 2-41)。每期都有特定的事件发生,一个细胞周期最终的结果是产生胞质分裂(cytokinesis),从而形成两个一样的子细胞。

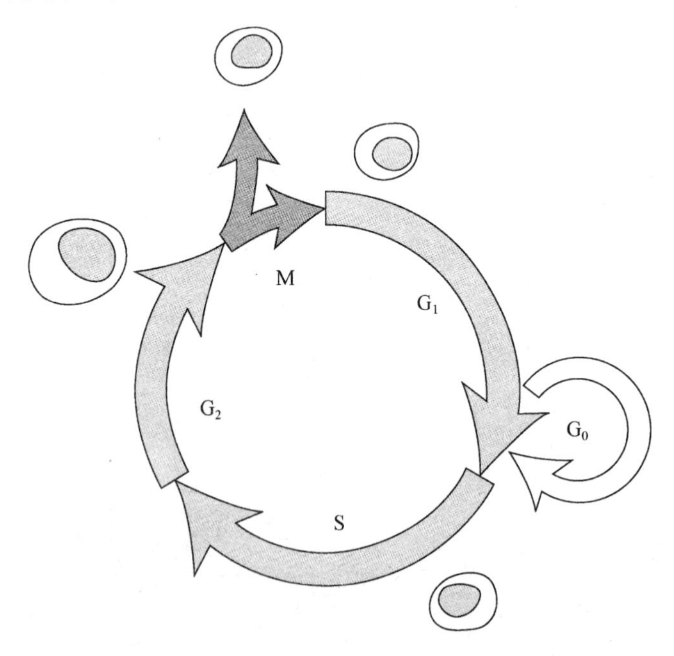

图 2-41 真核细胞有丝分裂细胞周期

(引自 Lodish H, et al, 2000)

G_1 期是细胞周期中在胞质分裂后的一个间期(GAP-1)。在 G_1 期细胞要决定它是否要退出细胞周期从而变成静止的或终末分化(terminally differentiated)的细胞还是要继续分裂。

处于终末分化的细胞表示此细胞处于不分裂期(non-dividing state)。人们将静止和终末分化的细胞阶段称为 G_0 期。细胞可以在很长一段时间一直处在 G_0 期。特异性的刺激可以使 G_0 期的细胞重新进入 G_1 期,也可使细胞产生永久性的终末分化。在 G_1 期,细胞开始合成为产生两个相同的子细胞所需要的所有细胞成分,由此在 G_1 期细胞的体积开始增大,并为 DNA 的合成做好准备。

S 期是基因组 DNA 复制期。除了 DNA 复制外,某些特定的蛋白质,特别是组蛋白也是在 S 期合成的。

在 DNA 复制完成后细胞周期进入另一个间期,即 G_2 期(GAP-2)。这一期主要的事件是细胞生长和为有丝分裂做好准备。在 G_2 期染色体开始凝缩,核仁消失,两个微管组织化中心开始聚合微管蛋白(tubulin)以便最终产生纺锤极(spindle pole)。

细胞周期的最后一期是 M 期。在 M 期细胞准备以及随后进行胞质分裂的阶段。M 期是细胞的有丝分裂期。在此期染色体经历配对和在细胞分裂之前分开的过程。在 M 期细胞经历有丝分裂前期、中期、后期和末期,最终产生细胞分裂。这一部分是所有细胞遗传学中所详述的内容。

在细胞培养的条件下典型真核细胞的细胞周期大约是 16～24 h。然而,在多细胞有机体中一个细胞周期的时间可以从 6～8 h 到 100 天不等。细胞周期长短的时间变化是由于细胞周期中 G_1 期所经历的时间长短变化所决定的。

通过对细胞周期的了解可以知道细胞有丝分裂各阶段所发生的主要事件,特别要记住的是 DNA 复制是发生在 S 期。

2.4.2 真核细胞 DNA 复制酶

真核 DNA 复制是一个比细菌 DNA 复制更加复杂的过程。目前已经知道在真核细胞中至少有 12 种 DNA 聚合酶,而这其中有三种 DNA 聚合酶: DNA 聚合酶 α,DNA 聚合酶 δ 和 DNA 聚合酶 ε 对于真核染色体的复制是重要的,在此我们将这三种 DNA 聚合酶称为 DNA 复制的主酶。

(1) DNA 聚合酶 α: 在发现 DNA 聚合酶 δ 之前人们一直将 DNA 聚合酶 α 作为真核 DNA 的主要复制酶。实际上,DNA 聚合酶 α 是真核细胞 DNA 复制过程中的引物酶(DNA primase)。DNA 聚合酶 α 在 DNA 合成中有着非常独特的活性,它首先在 DNA 模板上合成大约 12 个碱基组成的 RNA 引物,然后在此基础上进一步延伸大约 20 个碱基组成的 DNA 引物。因此,作为真核细胞的引物酶所合成的引物是 RNA/DNA 杂种引物(hybrid RNA/DNA primer)。DNA 聚合酶 α 由四个亚基组成,其中最大的一个亚基(M_r 大约为 167 000)具有 DNA 聚合酶活性,而引物酶的活性(primase activity)由最小的亚基(M_r 大约为48 000)承担,其他两个中等大小的亚基的确切功能到目前(2005 年)仍不十分清楚。

(2) DNA 聚合酶 δ: DNA 聚合酶 δ 是真核细胞 DNA 复制的主酶之一。一般由四个主要的亚基组成,分别命名为亚基 A、B、C 及 D。亚基 A 具有 DNA 聚合酶及 3′→5′外切核酸酶活性,并且能同一个辅助蛋白因子——增殖细胞核抗原(proliferating cell nuclear antigen, PCNA)结合。PCNA 作为真核复制体(replisome)的一个组成成分相当于原核细胞中 DNA 聚合酶Ⅲ全酶中的 β 滑动夹,通过与 DNA 聚合酶 δ 结合,提高 DNA 聚合酶 δ 的持续合成能力(processivity)。现在认为,DNA 聚合酶 δ 主要负责 DNA 前导链的延伸合成。

(3) DNA 聚合酶ε: DNA 聚合酶ε是由四个亚基按1∶1∶1∶1比例组成的异源四聚体。DNA 聚合酶活性和$3'\rightarrow5'$外切核酸酶活性位于 DNA 聚合酶ε中的最大亚基上。现在认为 DNA 聚合酶ε是真核 DNA 复制的另一主酶,主要负责后随链的合成。与 DNA 聚合酶δ不同,ε的活性并不绝对需要 PCNA,但在离子强度增加时 PCNA 对ε活性的促进作用增加。

应该指出,除了上面所说的三种 DNA 聚合酶α、δ和ε作为真核染色 DNA 复制的主酶之外,存在于真核线粒体中的 DNA 聚合酶γ负责线粒体 DNA 的复制,而 DNA 聚合酶β,也许还有上面说的 DNA 聚合酶ε参与 DNA 损伤的修复。

2.4.3 真核细胞 DNA 复制体的其他重要组成成分

以上我们简要地介绍了真核细胞 DNA 复制的主酶。然而无论原核还是真核生物,只存在 DNA 聚合酶,DNA 复制是不能在细胞中有效进行的,其间需要许多蛋白因子的参与。这些酶和各种蛋白因子构成 DNA 复制体,正是通过它们之间的有序的协同作用保证了 DNA 复制高效、准确地完成(参见 2.3)。在真核细胞 DNA 复制体中有四种主要的蛋白因子,它们分别是增殖细胞核抗原(PCNA),复制因子(replication factor C, RFC),极微染色体维持性解旋酶 Mcm2-7(mini-chromosome maintenance helicase)复合体以及复制蛋白(replication protein A, RPA)。尽管这些真核蛋白因子都是由多个蛋白组装而成,但在原核 DNA 复制体中可以找到与它们功能相对应的蛋白。

(1) PCNA: PCNA 之所以叫做增殖细胞核抗原,是因为它首先在增殖细胞中被发现,且含量很丰富。后来发现 PCNA 能促进 DNA 聚合酶δ持续合成 DNA 的能力,才成为真核细胞 DNA 复制体的一个重要组成成分。PCNA 的单体由两个在结构上相似的结构域组成,在执行功能时通过三聚化形成首尾相连的由六个结构域组成的环状结构(图 2-42)。PCNA 是真核细胞 DNA 复制中的滑动夹(sliding clamp),在功能上相当于原核细胞(如 *E. coli*)的β滑动夹。PCNA 既可同 DNA 相互作用,也可同 DNA 聚合酶相互作用。在复制因子 RFC 的作用下,像原核细胞的β滑动夹一样,PCNA 作为真核 DNA 复制的滑动夹结合到双链 DNA 分子上,并沿 DNA 分子滑动到引物的 3'-OH 末端,在此处同 DNA 聚合酶相互作用,促进 DNA 链延伸持续有效地进行。

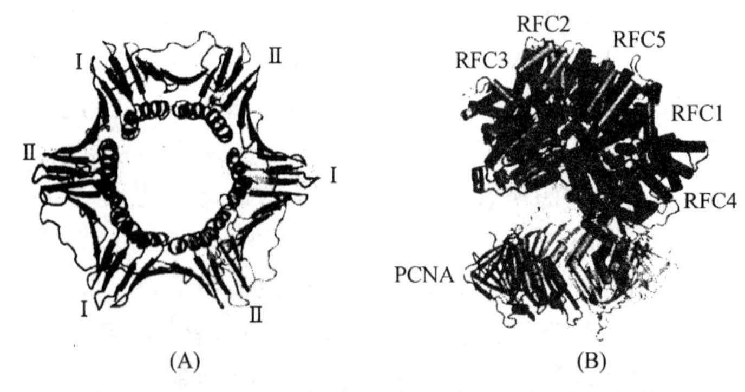

图 2-42 真核滑动夹(PCNA)和滑动夹装载器的结构

(A)示环状 PCNA 滑动夹是由两个结构域组成的单体,经首尾相连所形成的三聚体。(B) 示结合到 PCNA 上的 RFC 的结构,此结构与原核细胞的γ复合体(原核滑动夹装载器)相似。(引自 Johnson A, et al, 2005)

(2) RFC: RFC 是真核的滑动夹装载器,是一种依赖 DNA 的三磷酸腺苷酶(DNA-dependent ATPase)。顾名思义,它的功能是通过水解 ATP 所释放的能量将滑动夹 PCNA 装载到凹进去的3′端引物/模板的接合处，从而给予DNA聚合酶持续合成DNA的能力。目前所知酵母源的RFC由五个亚基组成($RFC_{1\sim5}$)。RFC滑动夹装载器在结构和功能上都与*E. coli*的滑动夹装载器γ复合体相似。图2-42和图2-43分别显示RFC与PCNA相互作用的情况。

(3) Mcm2-7复合体(Mcm2-7 complex)：Mcm2-7复合体是由六个不同的亚基组成的异源六聚体，分别叫做Mcm2，Mcm3，Mcm4，Mcm5，Mcm6和Mcm7，其中Mcm6-7具有解旋酶活性，所以Mcm2-7又称为真核细胞解旋酶。像*E. coli*的DnaB解旋酶一样，这六个亚基组成的Mcm复合体是一个环状结构(图2-43)。Mcm复合体是磷酸化的靶标，对于Mcm2-7复合物亚基的磷酸化既可以使DNA复制在S期起始，又可以使其活性在M期受到抑制，从而防止DNA复制的重复起始。

(4) RPA：RPA在功能上是原核细胞的单链DNA结合蛋白(SSB)的对应物，是真核细胞的SSB(图2-43)。RPA是由三个不同亚基按1∶1∶1比例组成的异源三聚体。

除了上面四种主要的蛋白因子外，还有许多其他的蛋白因子参与DNA复制的过程。它们可在复制叉处通过相互作用形成的蛋白因子网络发挥着各种作用。如图2-43所示，Cdc45通过结合Mcm复合体，Sld3分别通过结合Cdc45和GINS复合体，而Dpb11则通过与聚合酶α和ε以及与Sld2形成复合体而发挥作用。随着对DNA复制机制研究的不断深入，人们会不断地发现新的蛋白因子及其之间的相互作用通路，使DNA复制的“蛋白网络”更加完善。

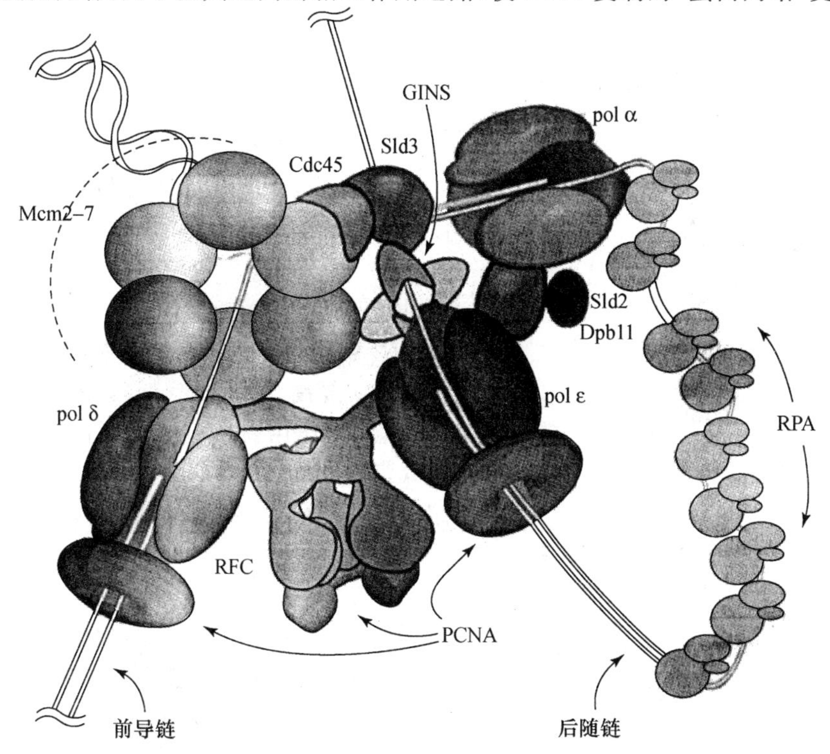

图2-43 在真核细胞DNA复制叉处，参与DNA复制的各种蛋白质的排布

此图是根据实验提出的假设模型：六聚体的Mcm2-7复合体环绕着前导链。pol δ与前导链结合，而pol ε处于后随链，RFC将两个聚合酶和解旋酶相连接。pol α作为真核细胞的引物酶沿后随链合成引物，RPA则与环状单链DNA结合。滑动夹PCNA被装配到聚合酶pol δ和ε后面。其他与DNA复制相关的蛋白因子，包括Cdc45，Sld2，Sld3，Dpb11以及GINS复合体也结合到复制叉处。(引自Johnson A, et al, 2005)

2.4.4 真核细胞 DNA 的复制

在每个细胞周期,真核细胞必须对其多个染色体上的巨大数量的基因组 DNA 进行复制。为能在合理的时间内完成这样大量的 DNA 复制,在整个 S 期每个染色体的复制都是以多位点起始的方式进行,这有别于原核细胞的从单一位点起始的复制。真核细胞基因组 DNA 的复制是一个非常复杂的过程,每个位点复制起始必须相互协调一致,以保证在整个复制的过程中没有哪一段 DNA 不被复制,也没有哪一段 DNA 被重复复制。在真核细胞中 DNA 的复制也必须与染色体的分离(chromosome segregation)相协调,以保证细胞中基因组的整套遗传信息原原本本地分配到子细胞中。DNA 复制或染色体分离过程中的任何差错都会导致子代细胞中遗传信息的丢失或多余复制,遗传信息在复制过程中所产生的差错在细胞癌变过程中起着重要作用。

1. 真核细胞 DNA 复制的起始及其调控

真核细胞 DNA 复制的起始是通过各种蛋白复合体在复制起始点有序地组装而实现的。DNA 复制起始由复制起始点获得复制许可(licensing of origins)和触发或启动(firing of origins)两步组成。"复制许可"发生在 G_1 早期,其关键一步是在复制起始点上完成蛋白质复制前复合体(pre-replicative complexes, Pre-RCs)的组装,为在 S 期开始的 DNA 复制做好准备。Pre-RCs 的组装是分步进行的,由六个异源亚基组成的复制起始点识别复合体(origin recognition complex, ORC)首先与复制起始点结合,然后两个复制许可因子(replication licensing factors)Cdt1(Cdc10-dependent transcript 1)和 Cdc6(cell division cycle protein 6)才结合到复制起始点上。Cdt1 和 Cdc6 与复制起始点的结合依赖于 ORC 对复制起始点的结合。最后,通过 Cdt1 和 Cdc6 的协同作用使 Mcm2-7 复合体组装到复制起始点,完成了 Pre-RCs 的组装(图 2-44)。在复制起始点上 Pre-RCs 组装的完成标志着复制起始点获得了在接下来的 S 期进行复制的"执照"。

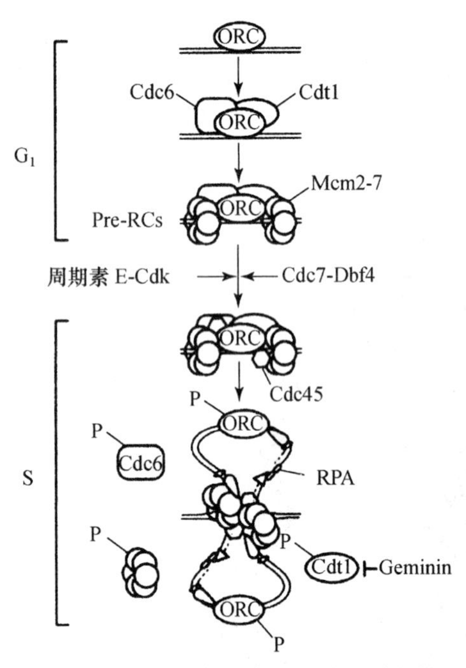

图 2-44 真核细胞 DNA 复制的起始

在 G_1 期,由六个异源亚基组成的复制起始点识别复合体(ORC)首先与复制起始点结合。然后,两个复制许可因子 Cdt1 和 Cdc6 与复制起始点结合。最后,在 Cdt1 和 Cdc6 协同作用下 Mcm2-7 组装到复制起始点上,完成了 Pre-RCs 的组装。在 S 期,复制起始点的触发是以细胞分裂周期蛋白 Cdc45 装载到复制起始点为特征,此过程是由周期素 Cdk 和 Cdc7-Dbf4 激酶所引发。一旦复制起始点 DNA 双链被打开。RPA 和各种 DNA 聚合酶便组装到起始点处,起始 DNA 的复制。在 S 期由 Cdk 介导的 Pre-RCs 组成成分的磷酸化防止在已启动的起始点处重新形成 Pre-RCs。蛋白因子 Geminin 通过与 Cdt-1 相互作用得以稳定并防止 Pre-RCs 的形成。(引自 Machida YJ, et al, 2005)

作为复制起始的第二步,复制起始点触发或启动(origin firing)发生在 S 期,它是以细胞分裂周期蛋白 Cdc45 装载到复制起始点为特征。Cdc45 蛋白的装载过程是由两个分别称为周期素 Cdk(cyclin-Cdk)和 Cdc7-Dbf4 的激酶所引发(图 2-44)。一旦复始起始点的双链 DNA 螺旋被打开,单链 DNA 结合蛋白(ss-DNA-binding protein)RPA,引物酶-DNA 聚合酶 α 复合体以及各种 DNA 聚合酶等结合到复制起始点起始 DNA 复制。一旦复制在 S 期起始,Cdc6 和 Cdt1 离开 ORC,随后被泛素化和降解，而 Mcm2-7 复合体仍留在向前伸展的复制叉处，作为真核细胞的解旋酶执行其功能。

真核细胞基因组 DNA 复制不但要求精确，而且一定要保证在每个细胞周期任何 DNA 区段只可被复制一次，只有这样才能保持整个基因组的完整性(integrity)。因此，复制起始必须受到严格的控制，以至在复制起始点起始的复制在每个细胞周期不能多于一次，也只能有一次。真核细胞通过严格控制复制起始点许可(origin licensing)这一步来防止在每个细胞周期内 DNA 的重复复制(re-replication)。在这一过程中起核心作用的蛋白因子是周期素 Cdk 激酶。Cdk 在复制过程中有双重作用，它既可以作为激活因子参与 DNA 的复制起始，又能通过对 Pre-RCs 组成成分的磷酸化，防止在一个细胞周期内 DNA 的重复复制。在细胞周期的 S、G_2 和 M 期，Cdk 激酶活性高，此时 Pre-RCs 的组成成分作为 Cdk 的底物被磷酸化。这种磷酸化的结果去除了 Pre-RCs 在复制起始点上的组装能力，从而阻断了复制起始点在 S、G_2 和 M 期重复获得复制许可的可能性。这是因为，如在酵母中发现，Cdc6 的磷酸化促进了 Cdc6 蛋白的泛素化而最终被蛋白水解酶体所降解；ORC 亚基的磷酸化阻断了 Mcm2-7 在染色质 DNA 上的装载；而 Mcm2-7 和 Cdt1 的磷酸化则促进了 Mcm2-7 和 Cdt1 从细胞核中排除等。然而，由于在 G_1 期 Cdk 激酶的活性低，作为复制起始点获得复制许可的关键事件 Pre-RCs 在复制起始点上的组装只能发生在 G_1 期。对于较高等真核细胞防止 DNA 重复复制机制的研究进一步表明，通过 Cdk 来抑制 Per-RCs 的形成，从而防止 DNA 重复复制，对于真核细胞来说是一个保守的机制(图 2-44，图 2-45)。

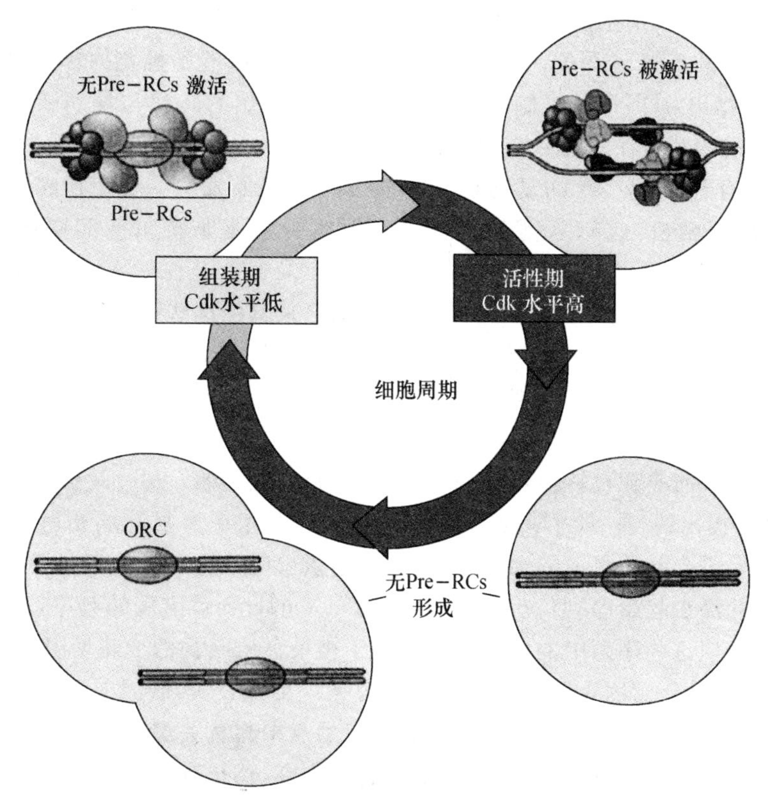

图 2-45　Cdk 活性和 Pre-RCs 形成的细胞周期调控

在 G_1 期，Cdk 水平低，新的 Pre-RCs 虽能形成但却不能被激活。在 S 期，Cdk 水平高，引发 DNA 复制的起始，并阻止在此轮 DNA 复制中已复制的 DNA 上形成新的 Pre-RCs。Pre-RCs 参与一轮 DNA 复制后(除 Mcm2-7 进入复制叉外)被解离。因为 Cdk 在有丝分裂结合之前一直保持在高水平，保证了在染色体完成分离之前不再形成任何新的 Pre-RCs。(引自 Watson J, et al, 2004)

除了上述机制以外,较高等的真核生物进化出一个不依赖于Cdk来防止DNA重复复制的机制,其中一个称为Geminin的蛋白因子即为Pre-RCs形成的抑制因子(inhibitor)。如上所述(图2-44),Cdt1与复制起始点结合是Mcm2-7复合体进入复制起始点,从而最终形成Pre-RCs过程中的一个关键蛋白因子,Geminin正是通过与Cdt1相结合而抑制了Mcm2-7复合体装载到染色质上(图2-44)。在细胞周期的S、G_2和M期,Geminin蛋白含量高,且能紧紧地与Cdt1相结合,导致了Pre-RCs不可能在S、G_2和M期形成,从而防止了DNA在细胞周期这些阶段的重复复制。而在M晚期,Geminin被降解,从而在G_1期有足够的Cdt1用于Pre-RCs的形成。值得指出的是,真核细胞防止DNA重复复制的机制是一个复杂的过程,是由许多蛋白因子组成的网络协调完成的,在此只就其梗概进行了介绍。

DNA复制从特定的位点即DNA复制起始点起始虽然已被大量实验所证实,但对动物细胞DNA复制研究的结果进行分析时发现,一些实验结果表明,DNA复制是从特定的位点起始;而另一些结果则表明,在一广范围的起始区内DNA复制起始是随机的。这两种不同的结果既表明动物细胞DNA复制机制的复杂性,也为深入研究细胞生活周期和动物的生长发育机制开辟了新的途径。

在爪蟾早期胚胎发生阶段,DNA复制不依赖于特定的核苷酸序列,即复制起始是随机的。然而在爪蟾的成体细胞中DNA复制的起始就不是完全随机的了,DNA复制起始发生在一些特定的位点或在一广范围的起始区内,而不是任何地方都可以起始DNA的复制。法国科学家O. Hyrien提出的爪蟾rDNA在胚胎发育过程中发生复制起始机制的转换的观点具有重要的理论意义。他指出,rDNA的复制从随机到非随机的起始的转换与早期胚胎发生过程中胚胎细胞DNA转录的开始在时间和空间上相重合。图2-46表明,在爪蟾胚胎发生的早期,此时rDNA的转录没有开始,rDNA的复制起始是随机的;在胚胎发育的晚期和成体细胞中,rDNA复制的起始变得不随机,此时复制起始主要发生在染色体非转录的间隔区(nontranscribed spacer)。

上述结果符合前面所介绍的复制子模型吗?如何来解释这些结果呢?现在有两种假说来解释这种现象:法国巴黎Jacques Monod研究所的M. Méchali认为,在早期胚胎中复制起始特异性的丧失,是因为在早期胚胎细胞中存在高浓度的来自于母体的起始蛋白。而在胚胎发生晚期(如在爪蟾胚胎发育的中囊胚期),由于起始蛋白浓度减少以及出现有转录活性的染色质,使得复制从随机向非随机转换,即复制从特定的起始区起始。另一个假说是美国Stanford大学的M. Calos提出的,他认为即使在成体细胞中也不存在为复制起始所必需的严格的序列,如果复制起始需要起始蛋白的话,那么那个起始蛋白应该具有低的序列特异性。在染色体DNA上所存在的潜在起始序列(potential initiation sequences)出现的频率,每千个碱基应有一个或一个以上,但这些序列中的绝大多数都由于被染色质结构的变化所阻遏,失去作为复制起始序列的机会。是什么因素影响染色质的结构呢?实验表明,转录是决定染色质结构的主要因子,因而转录在确定哪些位点被用作复制的起始点中起着关键作用。

综上所述,DNA复制无论是有一个特定的起始位点,还是有一个较广范围的复制区,总要从一个起始位点开始形成复制叉,继而开始DNA的延伸、复制过程。是什么因素决定了DNA复制从哪点开始呢?这是被广泛研究的问题。

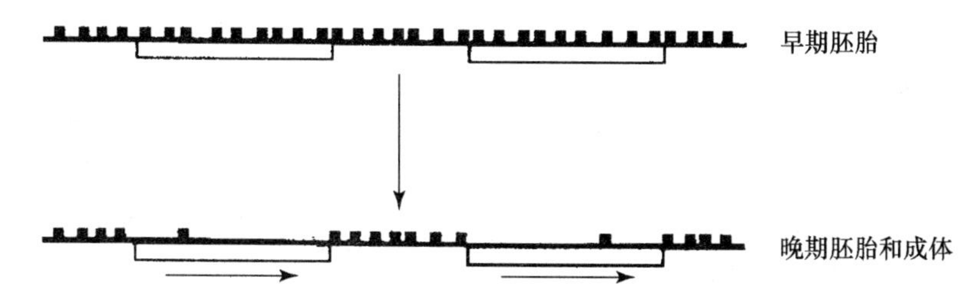

图 2-46　在爪蟾早期胚胎发生过程中，rDNA 复制从随机起始向非随机起始的转换

■示复制起始位点，▭示基因，水平⟶代表转录。(引自 Huberman JA, 1995)

动物细胞 DNA 复制的起始位点是由多种因素所决定的。下面两个实验表明动物细胞 DNA 复制起始机制的复杂性。如图 2-47(A)所示，在中华仓鼠卵巢细胞的二氢叶酸还原酶基因(*DHFR*)的下游区有一个由 55 kb 组成的复制起始区域，这其中 *oriβ* 和 *oriγ* 是高频复制起始位点。当使处于 *DHFR* 基因上游区 75 kb 长的序列(包括了 *DHFR* 的启动子，故这一缺失也使 *DHFR* 基因不能转录)缺失，虽然此区域内的复制起始位点 *oriβ*、*oriγ* 完好无损，复制仍不能从此复制起始区起始。然而，当将包括 *oriβ* 在内的 16 kb 长的一个 DNA 片段(λD6A)转移到中华仓鼠卵巢细胞基因组的其他部位时，*oriβ*、靠近 *oriβ* 的序列或两者一起都可以继续起始复制。图 2-47(B)给出了人的 β-珠蛋白基因区的例子。如图所示，在 β-珠蛋白的近 5′端，存在一特异性的 DNA 复制起始位点(*ori*)。在正常情况下，复制从此处开始向左右延伸。当使包括此复制起始点(*ori*)在内的一段序列缺失后，虽然消除了 DNA 在此起始位点的复制起始，但却导致整个 β-珠蛋白结构域的复制由左向右单向进行。当使包括基因座控制区(locus control region, LCR)在内的、远离 β-珠蛋白基因 5′端的 30 kb 的序列缺失时，虽然位于 β-珠蛋白近 5′端的特异性复制起始点(*ori*)完好无损，但仍消除了此 *ori* 位点复制起始的功能，导致 β-珠蛋白结构域的复制由右向左进行。这些结果说明，动物细胞染色体 DNA 的复制位点既取

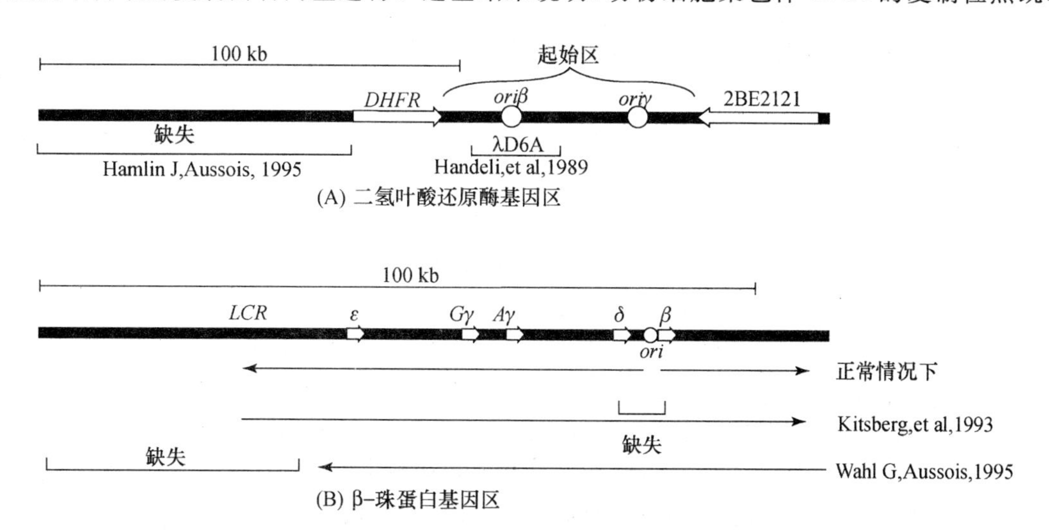

图 2-47　各种 DNA 序列的缺失或置换对哺乳类细胞 DNA 复制起始点功能的影响

⇨代表基因，○代表优先起始的位点或区段，长的⟶(在 B 中)代表复制叉运动的优先方向，*LCR* 是基因座控制区(引自 Huberman JA, 1995)

决于局部的序列,又决定于距起始位点相当远的序列。那么影响 DNA 复制起始的这些序列是通过什么机制发挥其作用的呢? 至少到现在仍不十分清楚。这些序列是像在基因转录起始调控中所说的,以顺式作用元件(cis-acting elements)作为起始蛋白(因子)的结合位点,还是作为控制基因转录或染色质结构的元件,仍是要进一步研究的问题。然而可以肯定的是:染色质的结构和转录对 DNA 复制的起始确有广泛的影响。顺便指出,染色质结构和转录对复制起始进行调控并不是真核细胞所独有的。在原核细胞中,如 *E. coli* 中有一种类组蛋白(HU)能影响 DNA 的折曲和超螺旋形成,也能调节其他蛋白对 *E. coli* 起始位点 *oriC* 的结合。由于转录使 DNA 局部结构改变,既可激活起始位点 *oriC*,也可激活起始位点 *ori*λ。对于诸如 Col E1、pAMβ_1 等复制子而言,转录产生引物 RNA 是其复制所必需的。

2. 真核细胞 DNA 复制的延伸

无论是原核还是真核细胞,DNA 合成都不能从头开始,需要 RNA 或 DNA 引物为新生的 DNA 链合成提供 3′-OH 末端。如前所述,在真核细胞中 DNA 聚合酶 α 是 DNA 复制过程中的引物酶,其合成的引物是一段由 RNA 和 DNA 组成的杂种引物。当 RNA/DNA 杂种引物被合成后,在有 ATP 存在的条件下,作为真核细胞 DNA 复制体中的滑动夹 PCNA 和复制因子 RF-C(参见 2.4.3)在 RNA/DNA 引物的 3′-OH 末端形成一紧密结合的复合体,这种结合阻止了引物酶-聚合酶 α 再与 3′-OH 末端结合,而代之与聚合酶 δ 结合,开始了前导链的合成。与此同时,负责 DNA 复制起始的引物酶-聚合酶 α 在后随链的各引物位点连续合成 RNA/DNA 引物,而各个冈崎片段随后由 DNA 聚合酶 ε 来合成(参见图 2-43)。值得指出的是关于 DNA 聚合酶 δ 和 ε 在 DNA 的前导链和后随链合成中的作用细节依然还是在研究中的问题。到底什么因素决定了哪种 DNA 聚合酶负责哪条链的延伸合成? 一个可以接受的说法是:可能由于同各 DNA 聚合酶结合的辅助因子的组成的不同决定了各 DNA 聚合酶的不同的功能。由于聚合酶 δ 和 ε 都具有 3′→5′的外切核酸酶的活性,因此两条 DNA 链在复制过程中可分别通过 δ 和 ε 进行校对,从而保证了 DNA 复制的忠实性。

3. 真核细胞 DNA 复制的终止和端粒酶在防止 DNA 复制过程中后随链末端持续变短中的作用

真核细胞 DNA 复制的终止机制仍然是一个正在研究的问题,从目前研究结果看与原核细胞的终止机制相似。真核细胞也具有 DNA 复制终止位点 *Ter*(terminator),而复制终止也是通过反式作用复制终止蛋白与 *Ter* 序列相互作用完成 DNA 复制的终止的。与原核细胞相比,参与真核细胞 DNA 复制终止的反式作用因子更复杂。下面以裂殖酵母为例介绍其位点特异性 DNA 复制终止的复杂机制。如图 2-48 所示,裂殖酵母的位点特异性复制终止位点(terminator)*RTS1* 含有两个顺式作用序列:一个由大约 450 个碱基对组成,其内含有 4 个由 55 个碱基对基序组成的重复序列,行使主要的终止功能(此区在图中用 B 表示)。另一个是由大约 60 个碱基对组成的富含嘌呤系列,此序列紧接上述的重复序列(此区在图中用 A 表示)。富含嘌呤序列本身无内在终止活性,但它的存在可使阻断复制活性(barrier activity)增加 4 倍。为了在 *RTS1* 位点实现位点特异性复制终止,反式作用因子 *rtf1p* 和 *rtf2p* 分别通过与重复序列和富含嘌呤基序(motifs)相互作用而行使其功能。从图 2-48 还可以看到,阻断活性也依赖于另外两个反式作用因子 *swi1* 和 *swi3*,它们可能通过作用于复制叉而行使其功能。因此,在 *RTS1* 位点的有效的位点特异性终止是通过几个顺式作用元件(特定的 DNA 序列)和反式作用因子(蛋白因子)相互作用的一个复杂机制来完成的。

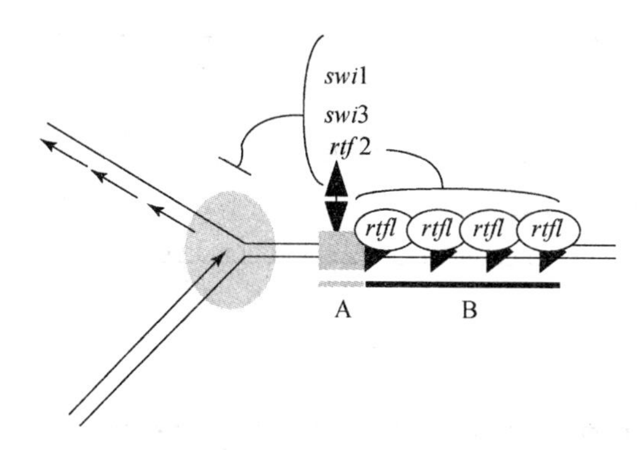

图 2-48　在裂殖酵母的位点特异性终止位点 *RTS1* 处的 DNA 复制终止模型

示通过顺式作用元件(A,B)和反式作用因子(*rtf1*，*rtf2* 以及 *swi1*，*swi3*)的相互作用，DNA 复制在 *RTS1* 位点被终止。(引自 Codlin S, et al, 2003)

与原核细胞环状染色体不同，真核细胞的染色体是线性的，其两端有一个特化的区段称为端粒(telomeres)，是染色体 DNA 复制和稳定所必需的。端粒由重复的寡聚序列所组成；如人的端粒具有 TTAGGG 重复序列，而酵母的端粒具有$(TG)_{1\sim3}TG_{2\sim3}$重复序列。端粒的重复序列因物种不同而异，其长度受物种的遗传特性所控制。在 DNA 复制过程中，所有已知的 DNA 聚合酶都是从亲本链的 3′端开始合成子链 DNA 并且都需要 RNA/DNA 引物。当复制叉到达一个线性染色体的末端时，对于前导链来说，DNA 聚合酶能连续地将其合成到 DNA 模板链的末端，得到一条完全复制的子 DNA 链双螺旋。然而，由于后随链模板上的 DNA 合成是不连续的分段复制，当最后的 RNA 引物被去除时，缺少一个上游链为 DNA 聚合酶提供延伸的 3′-OH 端，使 DNA 聚合酶不能填补引物去除所产生的缺口。因此，如果没有某种特定的机制解决这一问题，将导致在每次细胞分裂后，由后随链模板所合成的子链 DNA 都将被缩短。这种缩短将使染色体复制的完整性和稳定性受到损害(图 2-49)。真核细胞是通过什么机制解决这一问题的呢？真核细胞中特有的端粒酶(telomerase)的特殊的复制功能是解决这一问题的关键。

端粒酶是一种被修饰的反转录酶(modified reverse transcriptase)，由蛋白质和 RNA 两部分组成。蛋白质部分具有聚合酶活性，但与大多数 DNA 聚合酶不同，它不需要外源 DNA 模板来指导新 dNTP 的添加，而是利用其自身的 RNA 成分为模板将端粒序列加到染色体 3′末端，因此端粒酶是一种特别的反转录酶，是一个具有独特功能的核蛋白体复合物(图2-50)。通过端粒酶使后随链 3′端延伸的过程如图 2-51 所示：端粒酶中的 RNA 序列(此 RNA 序列含有 1.5 个拷贝的完整端粒的互补序列)首先与 3′端的端粒序列形成碱基配对，然后端粒酶以其 RNA 为模板使后随链 3′端端粒序列延伸(图 2-51(B)，(C))。接着端粒酶从后随链解离，重新与新合成的 3′端序列形成碱基配对，再启动延伸反应(图 2-51(D)，(E))。此过程重复进行直至后随链 3′端粒达到足够的长度，使正常后随链合成的引物得以形成。在引物形成之后，后随链通过前面所述的后随链合成机制产生完整的后随链双螺旋，从而防止了由于后随链 3′端不能产生正常的引物导致每次细胞分裂后后随链 3′端变短的事件发生。

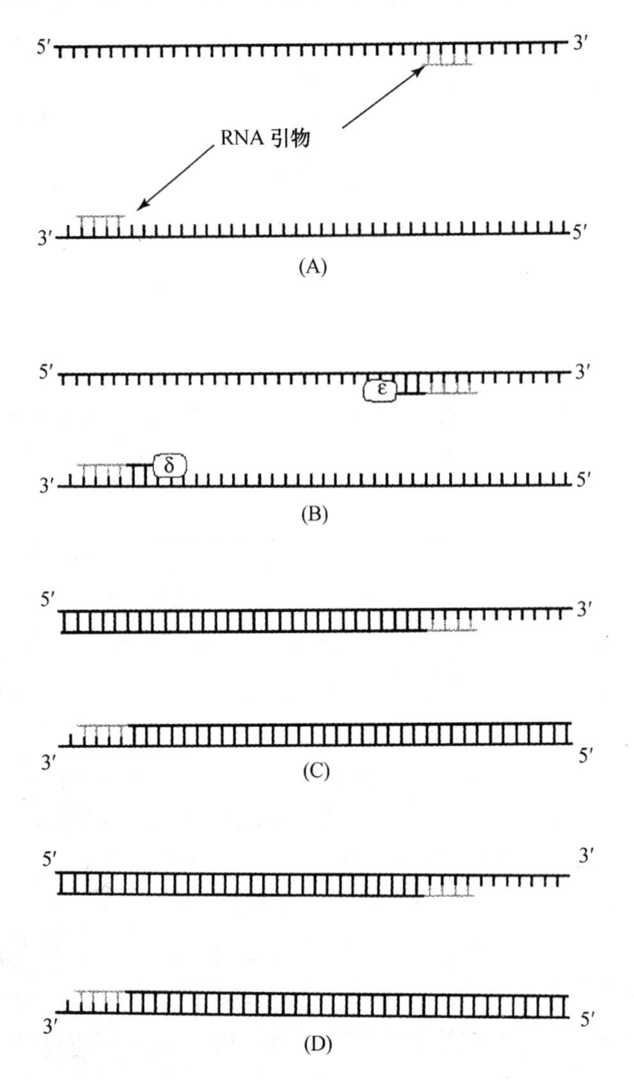

图 2-49 线性染色体后随链的复制在 3′端遇到问题

(A) DNA 双链以 RNA 为引物进行 DNA 合成。(B) DNA 聚合酶 ε 和 δ 分别参与后随链和前导链的合成。(C) 在每轮细胞分裂和 DNA 复制后,后随链 3′端如不能被复制,将致使染色体中端粒 DNA 被缩短。(D) 最终导致染色体 3′端所含的重要信息丢失,新细胞将不能成活。

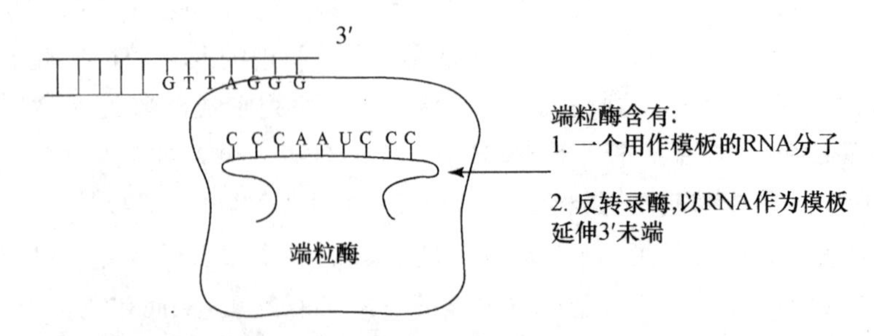

图 2-50 端粒酶含有作为模板、与染色体 DNA 3′端互补的 RNA 分子(1)和以 RNA 为模板,延伸染色体 DNA 3′端的反转录酶(2)

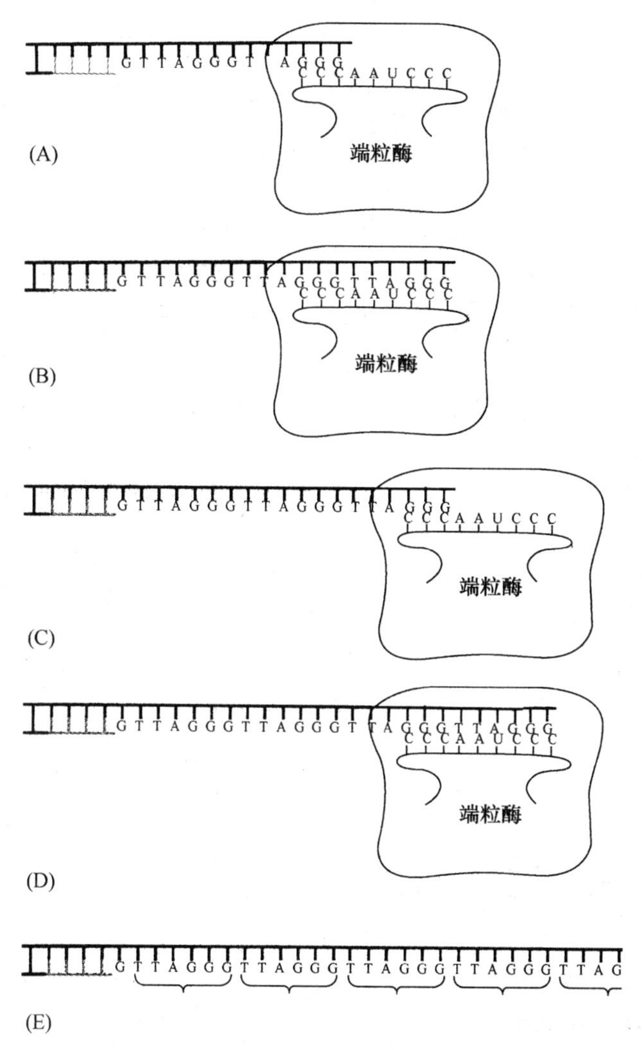

图 2-51 端粒酶使后随链 3′端(端粒)序列延伸

(A) 端粒酶中的 RNA 序列与后随链 3′端端粒序列形成碱基配对(只示后随链,下同)。(B) 端粒酶以自身 RNA 为模板,使后随链 3′端延伸后解离(图中未显示解离过程,下同)。(C) 端粒酶中的 RNA 序列再与新合成的后随链 3′端碱基配对。(D) 端粒酶以自身 RNA 为模板,使后随链 3′端再延伸后解离。此过程反复进行,以使后随链 3′端达到足够的长度。(E) 示端粒酶产生的由六个碱基串联而成的重复序列——端粒。

2.4.5 检查关卡控制机制保证了基因组的完整性和遗传稳定性

真核细胞 DNA 复制与细胞周期紧切相关,为了保持基因组的完整性,通过检查关卡(checkpoints)控制机制来保证生物体遗传的稳定性。什么是检查关卡呢?大家知道,细胞周期中所发生的各个事件是按确定的顺序进行的,只有当细胞周期中前一个事件圆满地完成后,后一个事件才开始进行。这种后一事件开始对其前一事件的完成的严格的依赖性,其目的就是要保证完全精确复制的基因组完美地分配到子细胞中。为了监控这种依赖性,在细胞周期的各期都设立了检查关卡。当细胞出现必须修复的 DNA 损伤时,细胞通过激活 DNA 损伤检

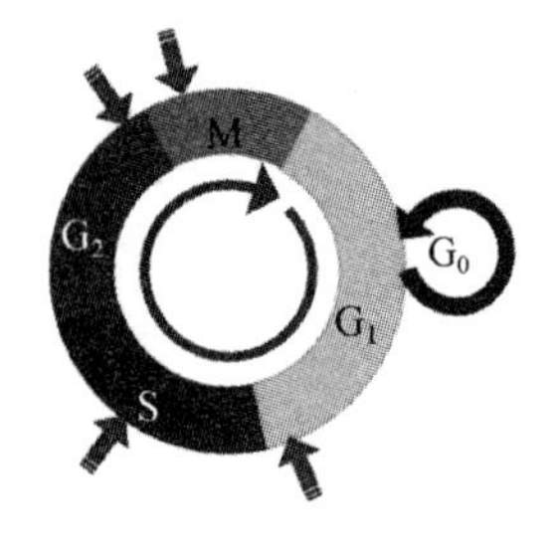

图 2-52 处于细胞周期不同期的检查关卡

查关卡(DNA damage checkpoint)阻止组胞周期的进行。按照细胞周期的分期,DNA 损伤检查关卡至少有 3 个:其分别处于 G_1/S(G_1)期、S 期内及 G_2/M 期(图 2-52)。当药物、DNA 损伤等使 DNA 复制受到阻碍时,细胞激活 DNA 复制检查关卡(DNA replication checkpoint)使细胞周期阻滞在 G_2/M 转换处,直到 DNA 复制得以完成。除上述检查关卡外,在细胞周期中还有其他检查关卡,如纺锤检查关卡(spindle checkpoint)和形态发生检查关卡(morphogenesis checkpoint)。纺锤检查关卡是将细胞周期阻止在 M 期直到所有染色体在纺锤上排成一行。因此这个检查关卡对于染色体平分到两个子细胞中是十分重要的。形态发生检查关卡是监测细胞骨架(cytoskeleton)出现的非正常情况,将细胞周期阻止在 G_2/M 转换处。DNA 复制和染色体分配是细胞周期控制中绝对必需的事件,细胞必须精确地拷贝其染色体并通过有丝分裂平分到两个子细胞中。如上所述,检查关卡是保持基因组完整性的监视机制(surveillance mechanism)和质量控制(quality control)。如果检查关卡不能正常行使其监控机制,往往会造成突变和基因组排列发生问题,从而导致遗传不稳定,而这种遗传不稳定性可以引起包括癌症在内的各种疾病。因此,检查关卡的研究对于了解基因组保持机制(mechanism of genome maintenance)是很重要的。

细胞为了防止内外环境的改变使基因组 DNA 的复制受到损害,建立了 DNA 保持检查关卡(DNA maintenance checkpoint)用以及时地阻止细胞周期的进行,促进 DNA 修复。DNA 保持检查关卡包括 DNA 损伤检查关卡和 DNA 复制检查关卡,分别负责识别 DNA 损伤和对损伤做出反应以及监测 DNA 复制的忠实性。

DNA 损伤检查关卡的功用是通过阻止细胞周期的进行和促进 DNA 修复通路来保证遗传信息复制的忠实性。它是一个由多种蛋白组成的网络。ATM/ATR 家族的蛋白激酶(protein kinases)是此网络的中心(在出芽酵母中称为 Tel1/Mec1,而在裂殖酵母中称为 Tel1/Rad3)。这些激酶通过感知 DNA 损伤,对调控细胞周期进程和参与 DNA 修复途径的蛋白质成员进行磷酸化而行使功能(图 2-53)。

DNA 复制检查关卡最重要的功能是稳定和保护复制叉。在 DNA 复制过程中会出现诸如 DNA 模板和参与 DNA 合成的蛋白复合体损伤、底物 dNTP 供应不足等情况,而这将导致 DNA 序列产生重排,DNA 双链断裂以及在复制叉处的蛋白复制复合体解体,使得基因组完整性受到损害。为了及时发现、控制并消除上述事件所造成的损害,DNA 复制检查关卡通过信号转导途径对复制叉损伤情况做出应答。如图 2-53 所示,在这个通路上 ATM/ATR 家族的蛋白激酶处于其顶端,与一个叫做 9-1-1 的检查关卡夹和由 Radm-$REC_{2\text{-}5}$ 五个亚基组成的关卡夹装载器共同感知 DNA 复制叉的损伤,并将检查关卡信号传递到信号转导通路的下游蛋白,引发蛋白激酶(如 Chk1,Chk2 等)的级联反应,减慢或阻滞细胞周期进程,从而使细胞有足够时间修复损伤 DNA,进而保证细胞周期的有序进行。如果 DNA 损伤严重,修复无望,则使受损细胞进入细胞凋亡程序(apoptosis),以保证细胞中基因组的稳定性。

进一步的研究又发现,由 swi1-swi3 组成的复制叉保护复合体(replication fork protection complex, FPC)可将受损的复制叉稳定在一个能被复制检查关卡传感器(replication checkpoint sensors)识别的构型。这个 FPC 同多种检查关卡蛋白一起对损伤的复制叉进行修复,使复制叉重新开始工作(图 2-54)。真核细胞细胞周期检查关卡的研究具有重要的理论意义和应用前景，其作用机制的细节还在不断深入研究之中。

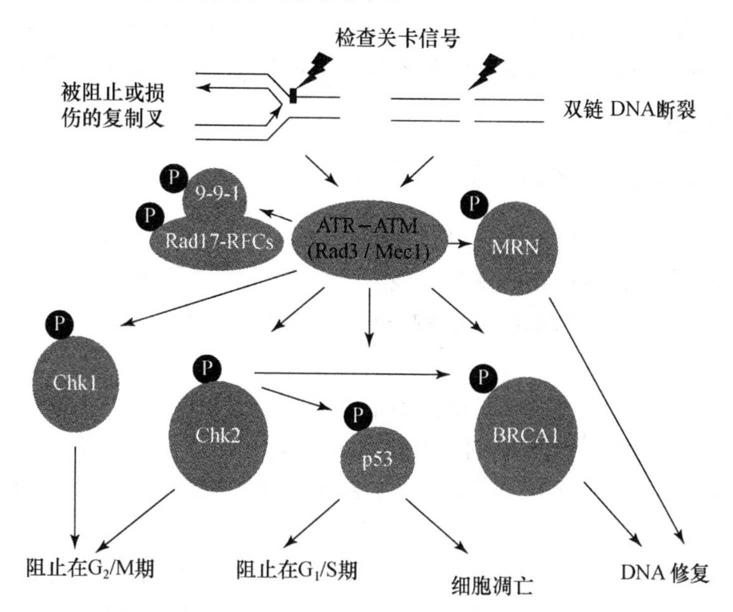

图 2-53 DNA 损伤及复制检查关卡的信号通路

DNA 复制叉受损后，复制检查关卡通过各种信号通路，分别使 DNA 复制阻止在 G_2/M 期、G_1/S 期，引起细胞凋亡和 DNA 修复。同时显示在信号转导过程中，蛋白质磷酸化的重要性。

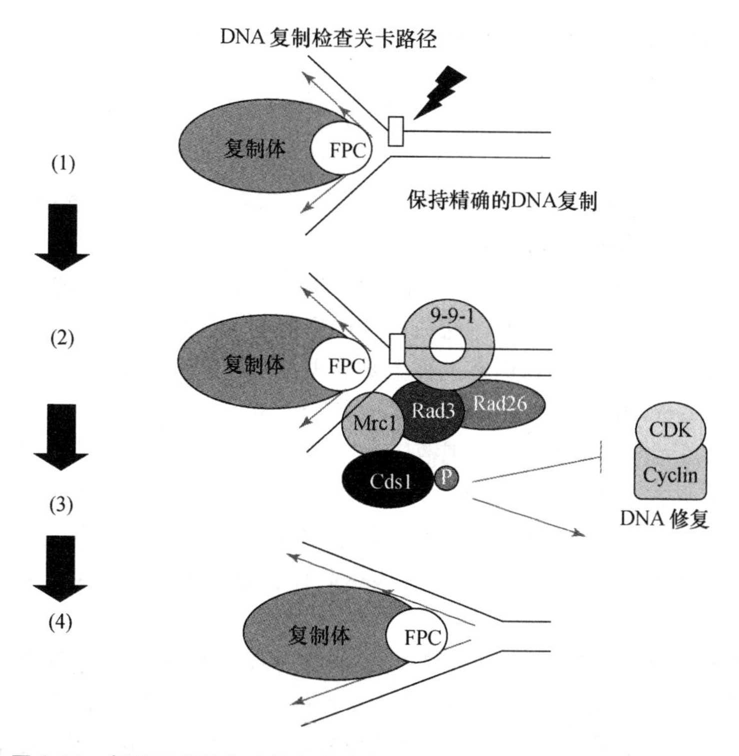

图 2-54 复制叉保护复合体如何参与受损伤 DNA 复制叉修复的示意图

示 DNA 复制检查关卡路径：(1) 依赖于复制叉保护复合体(FPC)的作用使复制叉得以稳定，保持精确的 DNA 复制。(2) 通过各种 DNA 复制检查关卡蛋白，保护复制叉和复制体。(3) 去除损伤。(4) 重新起始复制。

值得指出的是,检查关卡是阻断不适当DNA复制,保持基因组完整性的一种机制。它并不是真核细胞所独有,原核细胞也存在DNA复制关卡,如在枯草杆菌中就有一新奇的关卡,其可将不适当起始的DNA合成,在远离起始位点200 000个碱基对处被阻断,这种阻断需要报警分子$_{PP}G_{PP}$和复制终止蛋白的参与。

2.4.6 DNA复制后的修饰,甲基化

甲基化(methylation)是DNA复制后主要的修饰反应之一。真核DNA天然甲基化位点总是发生在以C_PG二核苷酸存在的胞嘧啶残基上。然而,值得指出的是,并不是所有C_PG二核苷酸中的胞嘧啶残基都被甲基化。胞嘧啶核苷的甲基化发生在嘧啶环的第五个碳原子上,形成5-甲基胞嘧啶。

在真核DNA中,甲基化的精确作用尚不十分清楚。起初认为甲基化的DNA的转录活性低。对于某些基因的确如此,如与肌细胞分化有关的基因*MyoD*的甲基化不足可使成纤维细胞转分化成成肌细胞。然而,也应该指出,缺少和存在甲基化都不是一个基因转录活性高或转录沉默的清晰的指标。

甲基化也发生在原核细胞DNA中,这一甲基化的功能是防止细胞内合成的限制性核酸内切酶(restriction endonuclease)降解宿主DNA。在原核细胞中,甲基化酶和限制性核酸内切酶的作用系统叫做限制-修饰系统(restriction-modification system),其作用是降解侵入细胞的病毒(噬菌体)DNA。因为病毒DNA未被甲基化修饰,其可被限制核酸内切酶降解;而甲基化的宿主基因组DNA则对限制性核酸内切酶有抗性。限制-修饰系统及其作用机制为基因工程中的遗传操作提供了技术手段,有关内容在“基因工程分册”的相关章节再作详细介绍。

2.5 DNA重组

在结束有关DNA复制这一部分时,我们用简短的篇幅介绍DNA重组的概念,这些概念将在后面的基因工程操作中得以应用。

DNA重组(DNA recombination)指的是这样的一种现象:DNA的两条亲本链一起被剪接,致使两条链的相应区段产生交换。这一过程产生新的DNA分子,其成为来自每个亲本链的遗传信息的混合体。这些遗传重组有三种主要形式:同源重组(homologous recombination)、位点特异性重组(site-specific recombination)及转座(transposition)。

同源重组是发生在具有同源DNA序列区段的两个DNA分子之间的遗传交换过程。这种重组方式经常发生在减数分裂(meiosis)过程中姊妹染色单体配对时。通常来自父本和母本染色体间的同源重组,使生物有机体具有遗传多样性。一般而言,同源重组涉及染色体中大区段的交换。后面我们介绍的整合型的基因表达载体就是通过同源重组机制整合到宿主染色体中的。

位点特异性重组涉及很短(大约20～200个碱基对)的DNA序列间的交换。这一重组过程需要能识别特异DNA序列的一些蛋白质。在人的细胞中,最有意义的位点特异性重组事件是在对抗原提呈(antigen presentation)产生应答的B-细胞分化过程中,发生在免疫球蛋白基因中的体细胞基因重排。在免疫球蛋白基因中的这些基因重排使得产生极其多样化的抗体成为可能。一个典型的抗体由重、轻两条肽链组成。编码这些肽链的基因经过体细胞重排产

生大约 3000 个不同轻链组合和 5000 个重链组合。因为任何给定的重链都有机会同任何给定的轻链组合，这种潜在的多样性组合使得可以产生超过 10^7 个可能的不同抗体分子。

DNA 转座是一个独特的重组形式，可移动的遗传元件（mobile genetic elements）可在一个染色体内从一个区段转移到另一区段，也可以在不同染色体间转移。转座事件的发生并不需要 DNA 序列的同源。在细菌中这些可移动的遗传元件叫做转座子（transposon）。因为转座事件具有破坏重要基因的潜在危险，所以转座过程必须受到严格的调控。然而，对于转座调控的精确的机制仍在研究之中。

在细菌和酵母基因中转座发生的频率比在人基因组中要高。在人基因组中，确定转座事件的存在是发现在人的基因组中存在某些已经被加工过的基因序列，这些基因几乎与正常基因所编码的 mRNA 序列相同。这些加工过的基因含有 mRNA 才有的 poly(A)序列，却缺少正常基因中含有的内含子（intron）序列。这些特殊的基因形式应该是从 mRNA 反转录而来。与反转病毒的生活周期相似，这些基因序列在反转录后被转座到基因组中。因为绝大多数被加工过的基因都是无功能的，所以这些基因又叫做假基因（pseudogene）。这种天然转座机制可被用于基因转移的操作。

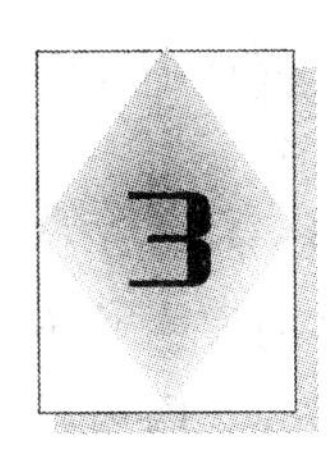

3 原核、真核生物染色体结构和基因结构的特征

人们通常根据细胞内是否存在真正的细胞核核膜以及真正的染色体结构将生命体分为原核生物和真核生物。真细菌和古菌属于原核生物，而从低等的真核生物酵母到最高等的人类都属于真核生物。古菌虽然划归原核，但在DNA复制、转录和翻译方面却具有明显的真核特征：如采用非甲酰化甲硫氨酰tRNA作为起始tRNA、启动子、转录因子、DNA和RNA聚合酶都与真核相似。在此我们将简要地介绍原核、真核染色体结构和基因结构特征。

3.1 原核生物染色体结构

原核生物通常含有单一的、共价闭合、环状染色体，其细胞中的质粒(plasmids)也是环状的。然而，现在知道并不是所有的原核生物染色体都是单一和环状的。某些细菌含有多个环状染色体；不少细菌含有线性染色体和线性质粒。例如，*Rhodobacter sphaeroides* 就含有两个大的环状染色体，而链霉菌属的细菌含有线性染色体。这种多样性提示我们，在对不同的生物体进行研究时一定要仔细。

正如我们在真核DNA复制中所述，线性DNA复制存在着后随链3′末端如何被完全复制的问题。细菌线性染色体末端也称端粒(telomeres)，其完整复制也面临两个问题：一是游离的双链DNA末端对细胞内核酸酶的降解敏感，必须有一个机制对游离末端进行保护；二是线性DNA分子的末端要有一个特殊的机制能完整复制。原核细胞中的这些问题是通过它们的端粒的特性得以解决。在细菌中有两种类型的端粒：发卡式端粒(hairpin telomeres)和反向式端粒(invertron telomere)(图3-1)。

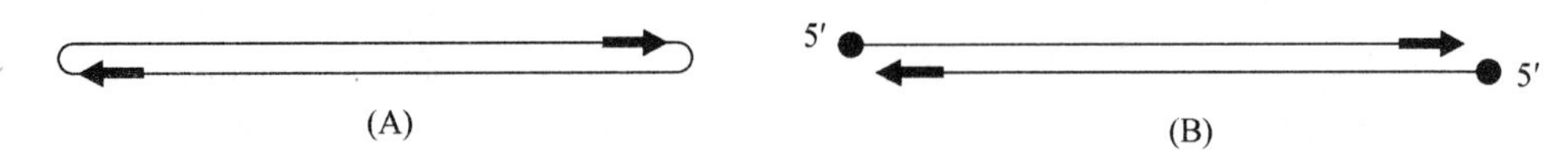

图3-1 细菌染色体中的两类端粒

(A) 发卡式端粒；(B) 反向式端粒

迴文发卡式端粒形成迴文发卡环(图3-1(A))，使得线性染色体DNA双链不出现游离末端，从而保护了线性染色体DNA的末端。反向端粒结合到5′端的蛋白质对DNA加以保护(图3-1(B))。这两类保护线性染色体DNA的机制，在某些噬菌体、真核细胞病毒以及真核细胞质粒中都存在。

上述两种类型的端粒也解决了线性染色体DNA复制的问题。对于反向端粒而言，有一个5′末端蛋白(TP)共价连到DNA分子的5′端。DNA聚合酶与端粒上的蛋白作用，催化在

TP和一个dNTP之间形成共价键。结合到TP上的dNTP的3′-OH端作为DNA进一步延伸的引物。在此，我们补充了这一独特的DNA合成引物的形式。对于迴文发卡端粒的复制细节仍欠了解，很可能是多个发卡序列相配对形成多联中间体(concatemer)，然后又以其为模板进行复制。

原核生物染色体结构以*E. coli*染色体为例。整个染色体DNA是由4.6×10^6个碱基对组成的一个闭合环状DNA分子，这个分子以负超螺旋(有时出现环状结构)形式存在。整个DNA分子由50～100个结构域组成，每个结构域由50～100 kb组成，其末端通过一个蛋白质-膜核心(protein-membrane core)与细胞膜相连(图3-2)。

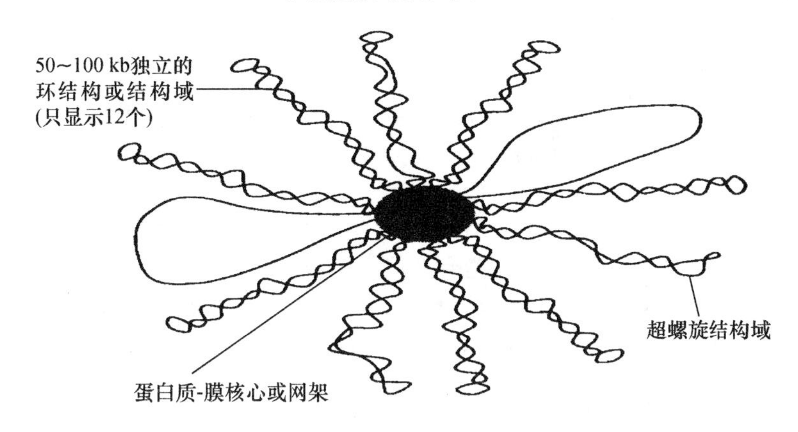

图3-2　*E. coli*染色体结构示意图

*E. coli*染色体DNA分子并不是裸露的，而是与蛋白质相结合形成核酸-蛋白复合体。在与DNA结合的蛋白质中，以称为HV的小分子碱性(荷正电)二聚体蛋白和称为H-NS(以前称为H1蛋白)的单体中性蛋白最为丰富，二者皆通过非特异性相互作用与DNA结合。这些与DNA结合的蛋白有时称为类组蛋白，其主要作用是将DNA组装成类核体(nucleoid)，稳定和限制染色体的超螺旋。除了非特异性结合的蛋白质外，诸如DNA、RNA聚合酶、阻遏蛋白等，可特异性地与DNA的序列结合，参与复制、转录等。染色体的这种结构特性使得我们在制备原核基因组DNA时，要用酚、氯仿等试剂抽提除去蛋白成分。

3.2　原核生物基因结构特征

原核基因组几乎全部由基因构成，如*E. coli*的单一染色体上的绝大多数DNA序列都为蛋白质和RNA编码，而大部分非编码序列都参与基因的复制、转录和翻译的调控。参照*E. coli*基因组的研究结果，一般而言，原核基因具有如下结构特征：

(1) 功能相关的基因大多以操纵子(operon)形式出现，如*E. coli*中与乳糖代谢相关的乳糖操纵子以及与色氨酸合成相关的色氨酸操纵子等。操纵子是一个细菌的基因表达和调控的基本结构单位，包括结构基因、调控基因和被调控基因产物所识别的DNA调控元件。

(2) 编码蛋白质的基因通常以单拷贝的形式存在。一般而言，为蛋白质编码的核苷酸序列是连续的，中间不被非编码序列所打断。

(3) 编码RNA的基因通常是多拷贝地成串出现。某些tRNA基因有时插在rRNA基因中间。

图3-3给出一个典型的细菌操纵子结构图,图中显示在操纵子的5′端为转录起始信号,所标出的−35区和−10区是RNA聚合酶识别和结合位点,称为启动子(promoter)。在启动子的下游有转录起始点,mRNA的转录从这里开始,紧接其后的是基因编码序列,在基因编码序列的两侧存在非编码氨基酸残基的非翻译区。在操纵子的3′末端存在称为转录终止子(terminator)的转录终止序列。值得指出的是,一些操纵子的启动子上游区还含有正或负的基因转录调控序列。详细的情况将在基因转录的有关章节中介绍。

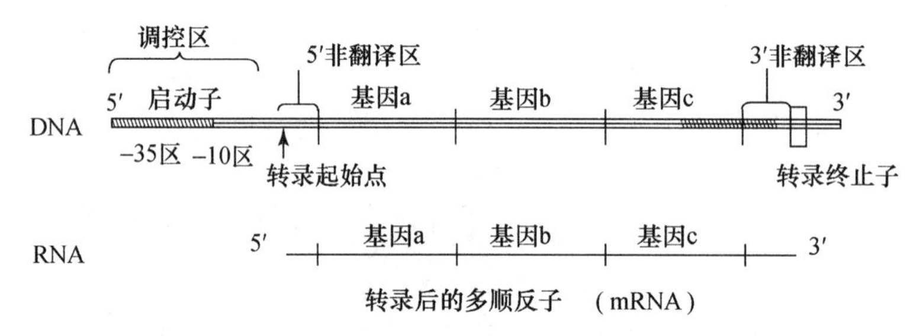

图3-3 典型的细菌操纵子结构图(各部分的尺寸不成比例)及其所对应的多顺反子(mRNA)转录产物

3.3 真核生物染色体结构

真核细胞中DNA的长度随其种属的不同而不同,但是真核细胞基因组的大小要比原核基因组大得多,可以是原核基因组的数千倍。真核细胞DNA在细胞核中以不同数目的染色体形式存在,如人类细胞中含有23对染色体。在每个染色体中含有一个线性DNA分子,其长度可达几厘米。这么长的DNA分子以非常高的凝缩形式包装在如细菌细胞那么大小的细胞核内,染色体中DNA的浓度可能高达200 mg/mL。DNA在细胞核内凝缩的程度用包装比率(packing ratio)来表示,包装比率等于伸展的DNA分子的长度与有丝分裂过程中最凝缩的染色体长度之比。如人类最短的染色体由4.6×10^7个碱基对组成,其伸展开来的长度为14 000 μm,而此染色体长度大约为2 μm,所以这个染色体的包装比率为:14 000/2=7000。

DNA在细胞核内与蛋白质一起形成高度组织化的核蛋白复合体,称为染色质(chromatin)。染色质的包装并非一步到位,而是由几个阶段组成:第一个阶段是DNA缠绕一个蛋白核心,形成像念珠状的结构,称为核小体(nucleosome),这样产生的包装比率大约是6;第二个阶段是核小体进一步缠绕成直径为30 nm的左手螺旋纤维结构,每圈大约由6个核小体组成。这一阶段使包装比率增加到40,30 nm纤维的结构形式发现在间期染色质和有丝分裂染色体中。染色质最后的包装是30 nm纤维进一步缠绕成环、支架和结构域等结构,这使间期染色体的包装比率为1000,而在有丝分裂期的染色体的包装比率大约为10 000(图3-4)。通过这些不同组织阶段的包装,使得大量的DNA以核蛋白复合体,即染色质的形式储存在细胞核中。

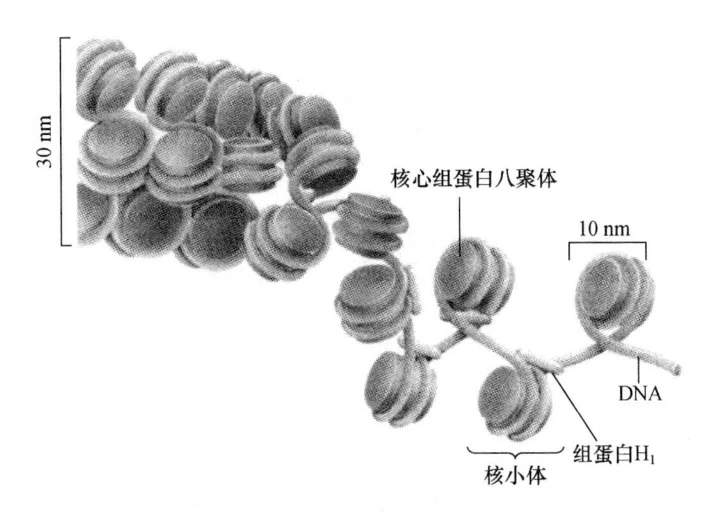

图 3-4 核小体及核心组蛋白八聚体

染色质包装成核小体及 30 nm 纤维核心组蛋白由两个拷贝的 H_{2A}，H_{2B}，H_3 和 H_4 八聚体组成。组蛋白 H_1 在稳定 30 nm 纤维中起重要作用。（引自 Lodish H，et al，2000）

核小体是染色质的基本单位，是真核细胞染色体中 DNA 最简单的包装结构。核小体由大约 200 个碱基对组成的 DNA 序列和由两个拷贝 H_{2A}、H_{2B}、H_3 和 H_4 组成的蛋白八聚体（又称核心组蛋白）和一个拷贝的组蛋白 H_1（H_1 histone）构成。构成核小体的 DNA 序列又分为核心 DNA（core DNA）和连接 DNA（linker DNA），前者由 146 个碱基对组成，围绕着组蛋白八聚体形成两个环（图 3-4，3-5）。这种结构使得相隔 80 个碱基对的两个区段彼此紧密接近，两个区段的 DNA 序列可与相同的调控蛋白相互作用，从而调控基因的表达；连接 DNA 处于每个组蛋白八聚体（核心组蛋白）之间，其长度因物种不同而不同，由 8～114 个碱基对组成。近来研究表明，连接 DNA 的长度也随生物体的不同发育阶段或其基因组中特定的区段而有所改变。如图 3-4 所示，核小体进一步缠绕形成直径为 30 nm 的纤维，30 nm 纤维呈螺线管结构，其稳定性需结合在螺线管内侧 DNA 上的组蛋白 H_1 的存在。有实验指出，去除组蛋白 H_1 并不破坏核小体结构，但可使 30 nm 纤维结构解体。

通过对染色质的染色，可将染色质分为真染色质（euchromatin）区和异染色质（heterochromatin）区。染色浅的区域称真染色质区，其含有单拷贝的、具转录活性的 DNA；深染色区称为异染色质区，其含有无转录活性的 DNA 重复序列。值得指出的是，这种形态学上的分类有其局限性，随着对基因组结构与功能的研究，染色体中大量重复序列的功能将不断被发现。

着丝粒（centromere）和端粒是真核染色体中至关重要的两种结构成分，其独特的功能对于染色体的稳定性是绝对必需的。着丝粒是在有丝分裂和减数分裂过程中负责已复制染色体的精确分离。在有丝分裂过程中，两个姊妹染色单体共用的着丝粒必须分开，使得染色单体能向细胞的两极移动。在第一次减数分裂时，姊妹染色单体共用的着丝粒必须保持完整，只有到第二次减数分裂时，着丝粒才必须分开。因此，着丝粒是染色体结构和在有丝、减数分裂时染色体的精确分离过程中起重要作用的成分。

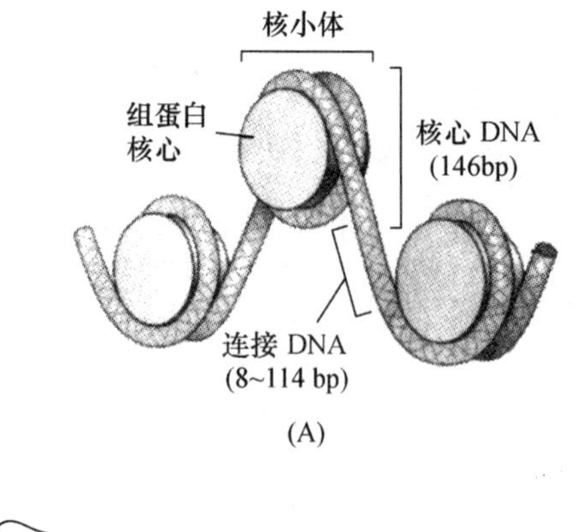

(A)

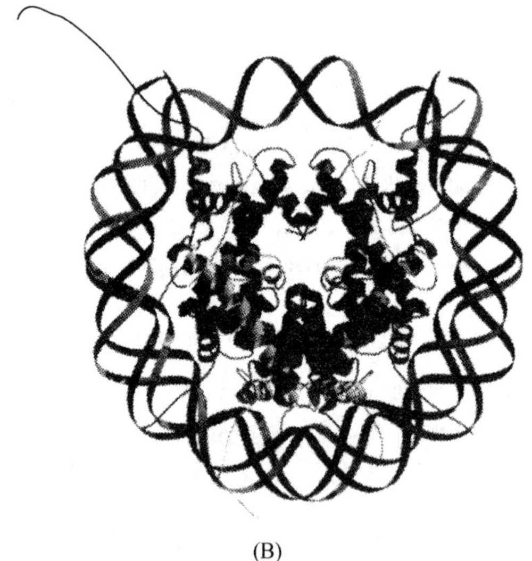

(B)

图 3-5 核小体组成成分中核心组蛋白、核心 DNA 和连接 DNA 之间的关系(A);示 DNA 盘绕在核心组蛋白八聚体上(B)

如前所述,真核染色体端粒结构的独特序列及端粒酶的特定功能为染色体复制过程中染色体 DNA 末端的稳定性和完整性,乃至细胞的成活提供了保障。着丝粒、端粒和 DNA 复制起始点一起构成了染色体不可缺少的三要素,目前通用的酵母人工染色体(YAC)以及正在研制的哺乳动物细胞人工染色体(MAC)就是以此为基础构建的。

总之,真核细胞染色体的基本单位是核小体,而核小体的基本结构是由 DNA 和组蛋白构成。现在知道核心组蛋白(H_{2A}、H_{2B}、H_3 和 H_4)N 末端赖氨酸残基可逆的乙酰化和去乙酰化(acetylation and deacetylation)控制着组蛋白八聚体与 DNA 结合的强度,进而影响核小体组装成为染色质的凝缩形式。低乙酰化的染色质比高乙酰化的染色质具有更凝缩的结构。每个真核染色体是由一个线性 DNA 分子及各种蛋白质构成的核蛋白复合体,值得指出的是,在真核染色体中蛋白质的含量占 50%,除上面所说的组蛋白外,还存在各种非组蛋白。在染色体 DNA 复制和转录的过程中,核小体经历解聚和重组的过程,真核细胞 DNA 和组蛋白的合成都发生在细胞周期的 S 期,可能为核小体的解聚和重新组装提供研究线索。

3.4 真核生物基因结构特征

真核基因组的第一个特点是其大小要比原核基因组大得多，部分原因是由于与原核相比真核生物具有更高的复杂性。然而，特定真核基因组的大小并不直接与这个有机体相关，这是由于真核基因组存在大量非编码 DNA 序列(non-coding DNA)。这些非编码 DNA 序列的功能尚未被全部破解，一些序列可能参与基因表达调控，而另一些序列可能仅是作为在进化上的缓冲序列而存在于基因组中，这种序列的存在可帮助基因组抵御基因突变的破坏，从而保持生物体基因组有效的完整性。

真核基因组的第二个特点是存在不同水平的重复序列。根据 DNA 复性动力学的研究，真核生物 DNA 可分为非重复序列、轻度重复序列、中度重复序列和高度重复序列。非重复序列又称单拷贝序列，指在基因组中只有一个拷贝，真核生物中的大多数编码功能基因的序列归于非重复序列。值得指出的是，一些基因是以首尾相连成串的方式形成多拷贝，相同的基因可有 50～10 000 个拷贝，如 rRNA 基因和组蛋白基因。轻度重复序列是指在一个基因组中有 2～10个拷贝的序列，现已将这组序列归入非重复序列。中等重复 DNA 是在基因组中出现 10～1000次的 DNA 序列，例如，rRNA 和 tRNA 基因以及植物中(如玉米)的存储蛋白基因归于此类。中等重复序列的 DNA 长度为 100～300 个碱基对，最长的可达 5000 个碱基对，散布在整个基因组中。在真核基因组中最丰富的序列是高度重复序列，其长度从几个到几百个碱基对不等，在基因组的拷贝数有 100 000～1 000 000 个之多。高度重复序列存在于异染色质中，以及着丝粒和端粒等染色体区域内，多以首尾相连的重复序列形式存在，例如：

ATTATA ATTATA ATTATA//ATTATA

含有不同重复序列的基因组变性后复性(退火)的行为与只有单一拷贝序列的基因组不同，不是一个单一的平滑的复性动力学(C_0t)曲线，而是三个不同的曲线，每个部分代表着不同的重复序列(图 3-6)。首先退火的是高重复序列，这是因为其具大量的拷贝数和序列复杂性低；其次退火的是中等重复序列 DNA；最后退火的是单拷贝 DNA 序列。

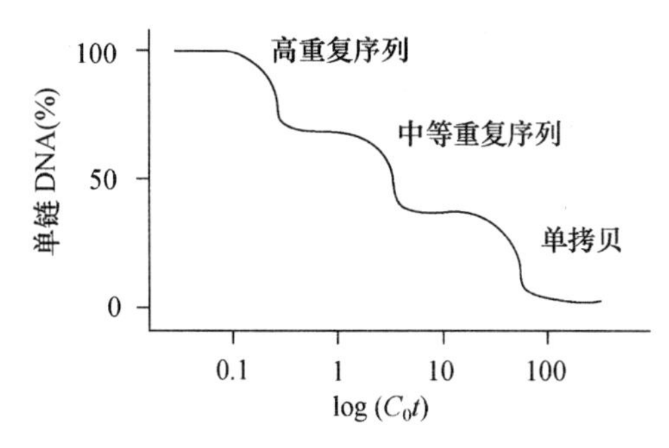

图 3-6 具有不同重复序列基因组的复性动力学曲线

值得指出的是，不同的物种含有不同的序列分配比例。如，细菌基因组中 99.7%是单拷贝；人类基因组中 70%是单拷贝，13%是中等重复序列，而 8%是高重复序列；玉米基因组中单拷贝占 30%，而中等和高重复序列分别占 40%和 20%。

虽然较高等生物体的基因组含有单拷贝、中等重复和高重复序列，但这些序列在所有物种中的排布并不同。对于中等重复序列而言，大体有两种类型的排布，一种称为短节散布(short-period interspersion)，其特点是长度为 100～200 个碱基对的重复序列散布在长度为 1000～2000个碱基对的单拷贝序列中，这种排布方式出现在动物、真菌和植物中；另一种称为长节散布(long-period interspersion)，其特点是长度为 5000 个碱基对的重复序列散布在长度为 35 000 个碱基对的单拷贝序列中，果蝇中就存在着这种不寻常的排布形式。上述这两种排布形式中的重复序列通常来自中等重复序列。

真核细胞DNA序列复杂性分析是通过DNA复性动力学获得的,后面将对其进行专门介绍。

真核基因组的第三个特点是真核基因中存在着内含子,内含子的序列将一个基因中的编码序列(外显子)分开。这样,真核基因的编码序列是不连续的。内含子的存在是真核基因结构有别于原核基因结构的最明显的特征。在原核细胞中存在内含子的情况是极其稀少的。当然在真核基因中也有例外,如组蛋白基因就缺少内含子。真核基因的不连续性是通过mRNA与DNA杂交实验发现的,这就是所谓的异源双链(heteroduplexing)的方法。就为蛋白质编码的DNA序列而言,那些在成熟mRNA中仍存在的序列称为外显子;而将那些存在于不连续基因中但在成熟mRNA中不存在的序列称为内含子。值得指出的是,外显子和内含子的概念与是否编码氨基酸的概念并不完全相对应。从不连续基因到成熟mRNA之间存在着一个基因转录的中间体,叫初级转录物(primary transcripts)。对于编码蛋白的基因而言,又叫做不均一核RNA(heterogeneous nuclear RNA, hnRNA)。这个基因的初级转录物既含有外显子,又含有内含子序列。从不均一核RNA到成熟mRNA要经过一个转录后加工的拼接过程。图3-7给出一个典型真核基因的结构及转录、转录后加工和翻译过程中所发生的变化。

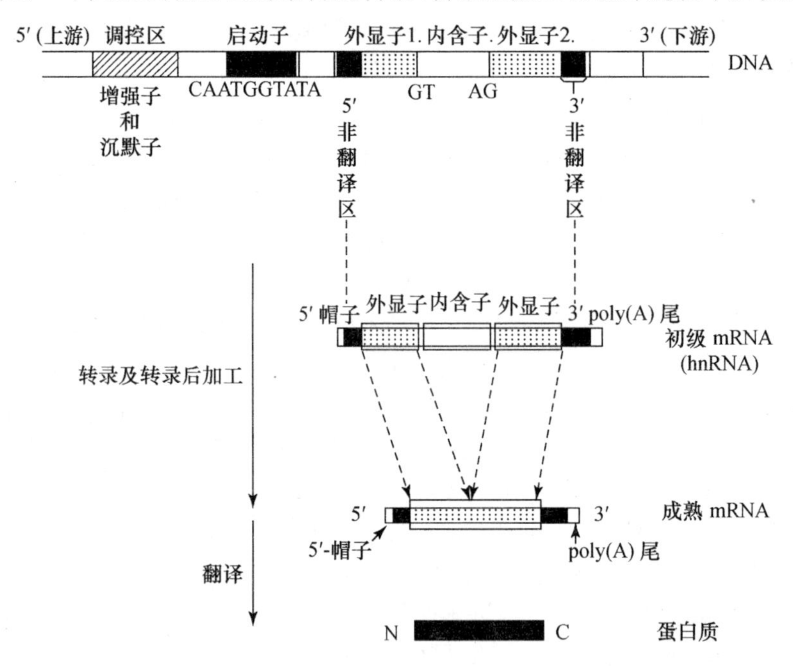

图3-7 典型真核基因的结构及转录、翻译过程中所发生的变化

真核基因组的第四个特点在于,真核细胞基因组中有许多来源相同、结构相似、功能相关、基因组成单一的基因簇,也称为基因家族(gene family),如血红蛋白基因家族等。

上面我们概要地介绍了原核基因和真核基因的结构特征。应该说这些结果是对有限基因的研究而得到的,随着研究工作的不断深入,对基因结构特征将会有更透彻的了解,这将为基因工程设计提供更可靠的理论基础。

3.5　真核基因组中 DNA 序列复杂性分析

对基因组中 DNA 序列复杂性进行分析的方法包括 DNA 的变性和复性。DNA 溶液经加热使其氢键“熔解”，导致双链 DNA 变成单链 DNA。在 DNA 经热变性后，如果在冰水中快速冷却，可使 DNA 保持单链状态。但如果使热变性的 DNA 慢慢冷却，单链中的互补序列将会彼此识别而最终单链间的互补序列相互配对，这种互补碱基彼此重新配对形成双链 DNA 的过程叫做复性或退火，这即是 DNA 分子杂交的基本原理。DNA 退火的速率与 DNA 的物种来源相关，图 3-8 示从病毒、*E. coli* 和酵母等简单基因组得到的 DNA 复性动力学曲线。

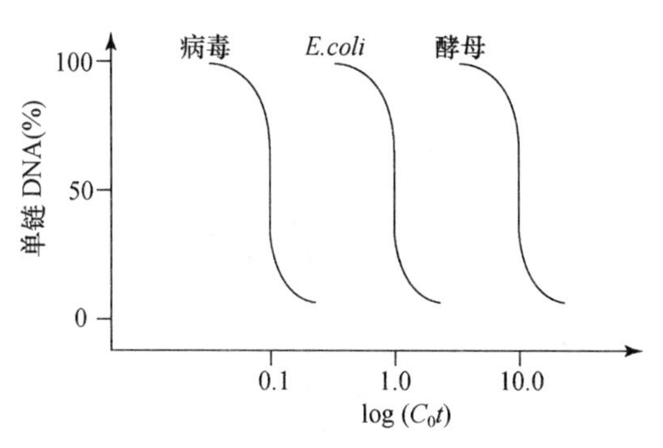

图 3-8　病毒(λ 噬菌体)、*E. coli*、酵母基因组 DNA 复性动力学曲线

纵轴是保持单链状态 DNA 分子的百分数，用单链 DNA 浓度(C)对复性起始时 DNA 分子总浓度(C_0)的比值(C/C_0)的百分数来表示。横轴是起始 DNA 浓度(mol/L)与反应(退火)进行时所用时间(s)乘积(C_0t)的对数(log (C_0t))，也称为 C_0t 值。图 3-8 所示的曲线也叫做 C_0t 曲线。这条曲线相当平滑，显示出复性过程是缓慢和逐步的。而 DNA 复性(退火)一半时的 C_0t 值，即 $C_0t_{\frac{1}{2}}$，为一个物种基因组 DNA 复杂性的特征值。

DNA 变性和复性实验的步骤如下：

(1) 将溶液中的 DNA 为约 400 个碱基对大小的片段(可用超声处理，电泳检查确定剪 DNA 所用的条件)。

(2) 将 DNA 溶液加热到 100℃变性(时间可控制在 30 min)。

(3) 使 DNA 溶液慢慢冷却，并在不同的时间间隔取样。变性后马上取样放入冰水中，并测出 A_{260}，将其作为 100%单链浓度计算的基础。

(4) 在每个时间点测定单链 DNA 浓度的百分数。

对于给定物种而言，C_0t 曲线的形状，是基因组的大小或复杂性和基因组中重复 DNA 的含量这两个因子的函数。如图 3-8 所示，λ 噬菌体、*E. coli*、低等真核生物酵母的 C_0t 曲线形状相同，但酵母的 $C_0t_{\frac{1}{2}}$ 最大，*E. coli* 次之，而 λ 噬菌体最小。从物理学角度来看，基因组越大，在溶液中一个序列能发现其互补序列所用的时间就越长；基因组越复杂，一个特定的序列能发现其互补序列并配对所需的时间也越长。所以，如果在溶液中 DNA 的浓度相似，对于复杂性高的基因组 DNA 达到 $C_0t_{\frac{1}{2}}$ 所用的时间就越长。

图 3-6 也是根据与上述同样的原理制成的。与低等真核基因组、酵母基因组 DNA 相比，较高等真核生物基因组 DNA 具有更大的复杂性。

4　RNA 的转录和转录后的加工

转录是指在 DNA 模板上合成 RNA 的过程，转录是基因表达的关键一步，DNA 分子中所储藏的蛋白质及各种 RNA 的遗传信息，必须转变成 mRNA 及各种相应的 RNA 分子，才能通过蛋白质生物合成(即翻译)过程转变为具有生物活性的蛋白质。本部分主要集中介绍为蛋白质编码的基因的转录和转录后加工。

4.1　RNA 合成的基本特征

(1) RNA 聚合酶是 RNA 合成的关键酶。在每种原核生物中只存在一种 RNA 聚合酶，催化包括 mRNA 在内的所有种类 RNA 的合成；在真核生物中则存在三种不同的 RNA 聚合酶，分别称为 RNA 聚合酶Ⅰ、Ⅱ、Ⅲ。在 RNA 的合成中 RNA 聚合酶Ⅰ催化 5.8S rRNA (ribosome RNA)、18S rRNA、28S rRNA 的合成；RNA 聚合酶Ⅱ催化为蛋白质编码的 RNA，即 hnRNA(mRNA)、snRNA(small nuclear RNAs)的合成；RNA 聚合酶Ⅲ则催化 tRNA (transfer RNA)、5S rRNA 的合成。RNA 聚合酶能在 DNA 模板上从头起始一条 RNA 新链的合成。

(2) RNA 合成是以四种核糖核苷三磷酸 ATP、GTP、CTP、UTP 为底物。

(3) RNA 转录是以一条 DNA 链为模板，按照碱基互补的原则(A ═U，G≡C)进行转录。RNA 聚合酶通过识别 DNA 上特定的 DNA 序列(如启动子)起始转录，起始的核苷酸一般为嘌呤核苷三磷酸，而且在 RNA 链的 $5'$末端保持这一三磷酸基团。RNA 聚合酶以 $3'\rightarrow5'$的方向沿着 DNA 模板移动，而 RNA 新链的合成是以 $5'\rightarrow3'$的方向进行。RNA 分子中核苷酸之间也是以 $3',5'$-磷酸二酯键相连。随着 RNA 链的延伸和 RNA 聚合酶的向前移动，原来解开的 DNA 双链又恢复双螺旋结构，而 RNA 链逐步游离于 DNA 分子之外，当 RNA 聚合酶遇到在 DNA 上的转录终止信号，便释放 DNA 模板和新合成的 RNA，从而完成转录。

(4) 与 DNA 聚合酶不同，RNA 聚合酶在催化 RNA 链合成时不需要引物。

(5) RNA 聚合酶除了催化合成 RNA 外，也负责对新生的转录物进行校对(proofreading)。这些校正功能分别称为焦磷酸化编辑(pyrophosphorolytic editing)和水解编辑(hydrolytic editing)。对于焦磷酸化编辑而言，RNA 聚合酶利用其活性位点，在一个简单的逆反应中(见 RNA 合成的反应式)，通过重新加入焦磷酸 PPi，催化错误插入的核糖核苷酸的去除。然后，RNA 聚合酶可将另一个核糖核苷酸加入到新生 RNA 链的相应位置上。这是一种动力学的校对机制(kinetic proofreading)，RNA 聚合酶将不正确配对的碱基很快从转录机器上去除，而使正确配对的碱基有足够时间掺入到新生 RNA 链中。水解编辑的校对机制是 RNA 聚合酶倒退(backtrack)一个或多个核苷酸，用其 RNase 的水解活性去除错误掺入的核苷酸。这种校正机制使 RNA 转录具有很高的精确性。然而，RNA 转录的精确性远不如 DNA 复制，在转录中大约每 10^4 个核苷酸发生一次错误，而 DNA 复制中 10^7 个核苷酸才出现一次错误，相差 1000 倍。这说明 RNA 的转录过程缺乏广泛的校正机制。

(6) 无论是原核还是真核生物，RNA 聚合酶在进入真正的延伸阶段之前都经历一个流产起始时期(abortive initiation，参见图 4-15)。在此阶段，聚合酶合成一些长度小于 10 个核苷酸的 RNA 小分子，这些转录物不会延伸得更长，而是从聚合酶上脱离，而聚合酶依然与模板链结合重新合成 RNA，直到合成多于 10 个核苷酸的 RNA，形成包括聚合酶、DNA 模板和新生 RNA 链的三元复合体，从而开始真正意义上的转录延伸。

(7) RNA 合成的整个反应过程以下式表示：

$$n\mathrm{NTP}+\mathrm{XTP}\xrightarrow[\text{DNA 模板},\mathrm{Mg}^{2+}]{\text{RNA 聚合酶}}(\mathrm{NMP})_n\text{-}\mathrm{XTP}+n\mathrm{PPi}$$

式中 NTP 代表四种核苷三磷酸(ATP、GTP、CTP、UTP)；XTP 代表位于 RNA 链 5′末端的核苷三磷酸(ATP 或 GTP)；PPi 表示每一个核苷酸加到合成中 RNA 链的 3′端时释放出的焦磷酸。RNA 聚合酶所催化的 RNA 合成需要 DNA 模板、NTP 底物和镁离子(Mg^{2+})。

4.2 与原核生物基因转录相关的序列

在这里我们将介绍与 RNA 转录及转录起始相关的 DNA 序列。首先介绍几个具体的概念：

(1) 正义链或编码链(sense or coding strand)，是指在 DNA 的两条链中不作模板转录的那条链。这样，正义链的方向和核苷酸序列都与从这一区段转录出来的 RNA 序列相一致，其唯一的差别是在 RNA 序列中以 U 代替了 T。

(2) 反义链或模板链(antisense or template strand)，是指作为 RNA 转录的模板链，其方向与转录出来的 RNA 相反，核苷酸序列与 RNA 互补。

(3) 转录起始点及有关位置表示法。转录起始点是指 mRNA(或 hnRNA)开始转录的第一个碱基，此点通常用+1 表示，由此，与转录方向相一致的下游序列(down-stream)中的碱基位置用正值(+)表示；与转录方向相反的上游序列(upstream)中的碱基位置用负值(−)表示。

转录的起始是基因表达的关键所在，因此对转录起始相关的 DNA 序列的了解在设计高效表达载体时是很有意义的。

在原核生物中，很多功能上相关的基因都以操纵子的形式存在，其转录由一共同的调控序列和调控蛋白因子所控制。在原核生物中，决定 RNA 聚合酶转录起始的一段 DNA 序列称为启动子(promoter)。从 168 个对 *E. coli* RNA 聚合酶结合的启动区 DNA 序列的分析可以得出它们的共有序列(consensus sequence)，即称为−10 区的 Pribnow 框(TATAAT)和被称为−35 区的 Sextama 框(TTGACA)。−10 区和−35 区序列构成了原核生物启动子的核心区。启动子按其相对的转录起始频率(frequency of transcription intiation)，即每分钟转录起始事件的次数，以及 RNA 聚合酶对启动子的亲和性分为强启动子或弱启动子。如 *E. coli* 乳糖操纵子的启动子可通过−35 区和−10 区的碱基序列的突变而改变启动子的强度(图 4-1)。

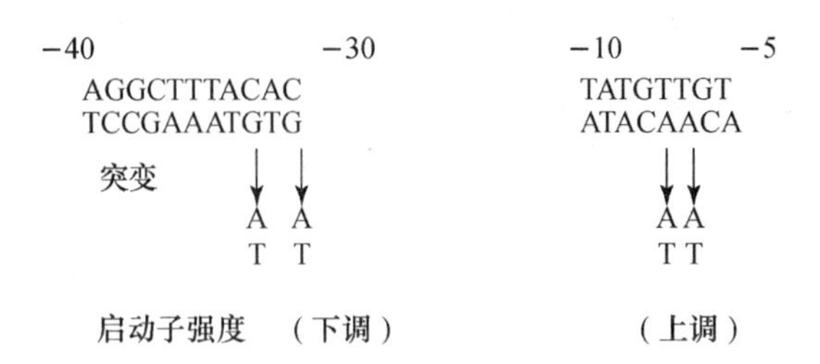

图 4-1 通过改变启动子序列改变其强度

－10 区是 RNA 聚合酶的牢固结合位点，－35 区是 RNA 聚合酶的识别位点。这两个序列是决定启动子强度的重要因素。在－10 区和－35 区之间的碱基序列组成并不特别重要，然而这两个序列之间的距离却十分重要。实验表明，两个序列之间为 17 个碱基对时，转录效率最高。天然原核启动子中这段距离大多为 15～20 个碱基对。－10 区和－35 区间距的大小也可能是决定启动子强度的因素之一。一般而言，对于给定的启动子，其启动子序列越接近共有序列以及－10 区与－35 区之间的间距趋于 17 个碱基对时，此启动子转录效率就越高。基于此，可以通过突变的方式来构建高效表达外源基因的强启动子(图 4-1)。

原核基因转录起始的调控序列除了上述启动子序列外，在结构基因的上游区还存在使转录频率下调和上调的负调控序列和正调控序列。以乳糖操纵子为例(图 4-2)，在紧靠结构基因 *lacZ* 的上游区有一段 DNA 序列称为操作子(operator，简写为 O)，它是调节基因(*i* 基因)的产物阻遏蛋白(repressor)的结合位点。阻遏蛋白本身有两个结合位点，分别与操作子序列和诱导物结合，前者称操纵位点，后者称诱导物位点。当细胞中不存在诱导物时，阻遏蛋白与操作子相结合，使 RNA 聚合酶的转录被阻断。当足够量诱导物存在时，诱导物同阻遏蛋白结合，改变了阻遏蛋白的构象，导致阻遏蛋白失活不能结合到操作子上，或使结合在操作子的阻遏蛋白解离，从而使 RNA 聚合酶转录得以进行。这就是由调节基因通过其产物与操作子或诱导物之间相互作用所构成的乳糖操纵子基因转录的负调控机制。

环化 AMP 受体蛋白(cAMP-CAP)的结合位点是乳糖操纵子基因转录的正调控区。乳糖操纵子上有两个 cAMP-CAP 结合位点，分别处于－70～－50 和－50～－40 区段，分别称为结合位点Ⅰ和Ⅱ(图 4-3)。位点Ⅰ包含一个反向重复序列，这似乎是大多数强结合位点的特征。位点Ⅱ是一个很弱的结合位点，但当 cAMP-CAP 复合物同位点Ⅰ结合后，可使位点Ⅱ同 cAMP-CAP 复合物的结合力显著提高，一旦位点Ⅱ被 cAMP-CAP 复合物结合，RNA 聚合酶就很快与－35 区及－10 区结合而起始转录。cAMP-CAP 作为一个正调控蛋白因子，对那些 CAP 依赖性启动区(如乳糖操纵子)的转录起始是必需的。对于不同的操纵子，CAP 在其启动区的结合部位并不相同，如在阿拉伯糖操纵子(ara)中，CAP 的结合位点位于－107～－78 区段。除上述有关调控序列外，在原核细胞中也发现类似增强子(enhancer)的序列，如从 *E. coli trpE* 基因 3′端分离出来的 24 个碱基对的前导序列可以提高 HIV 病毒整合酶基因的表达。所谓增强子，就是处于真核基因调控区的一个重要的上调转录起始频率的元件，它的作用将在后面介绍。

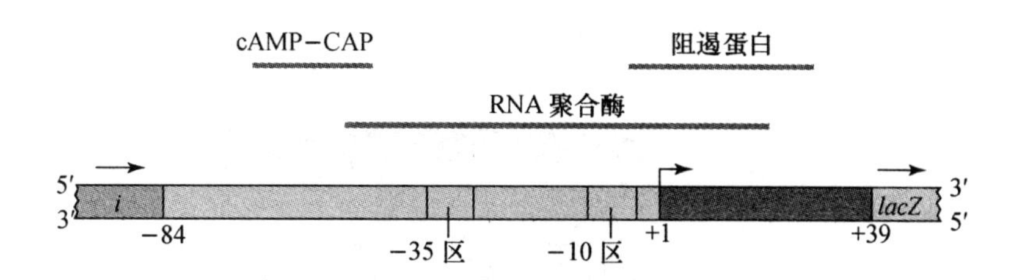

图 4-2 *E. coli* 乳糖操纵子转录调控区图解

右侧是 β-半乳糖苷酶 N 端的编码区(*lacZ*)；左侧为 *Lac* 阻遏蛋白 C 端编码区(*i*)。DNase Ⅰ酶解保护区 cAMP-CAP，RNA 聚合酶，阻遏蛋白的范围用下划线指出。图中指出三个关键的顺式作用区：−35 区，−10 区和+1～+20 的操作子区。

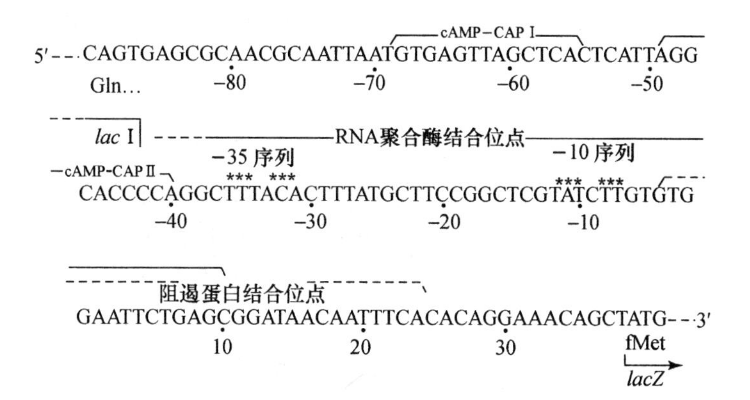

图 4-3 *E. coli* 乳糖操纵子的启动子和操作子的位置及核苷酸序列(编码链)

4.3 原核生物基因转录起始及调控

前面我们以 *E. coli* 乳糖操纵子为例介绍了参与转录起始调控的 DNA 序列——启动子及其与转录起始上调和下调的正负调控序列，指出正调控蛋白(activator，如 cAMP-CAP)和负调控蛋白(repressor)与 RNA 聚合酶一起共同调控在启动子处发生的转录起始。在这一部分中我们将介绍这些蛋白的结构以及它们与 DNA 中的调控序列的相互作用。

4.3.1 RNA 聚合酶结合到特定的启动子序列去起始转录

如前所述，每种原核生物有一单一类型的 RNA 聚合酶催化编码在其染色体中的 mRNA、rRNA 和 tRNA 的合成。这个酶主要由两个大亚基 β′(M_r 为 156 000)和 β(M_r 为 151 000)、两个拷贝的小亚基 α(M_r 为 37 000)以及一个拷贝的 σ(M_r 为 70 000) 亚基等五个亚基组成(图 4-4)。这些亚基在转录过程中行使其不同的功能。

σ 亚基通过与启动子相互作用，将转录起始信号发送给 RNA 聚合酶，使 RNA 聚合酶在模板 DNA 的特异性序列处起始转录。

β 和 β′亚基的功能是按照模板 DNA 链的序列聚合核糖核苷三磷酸(NTPs)。

α 亚基的功能是通过与调控蛋白，在某种情况下与 DNA 相互作用去控制 RNA 聚合酶从特异性启动子起始转录的频率。

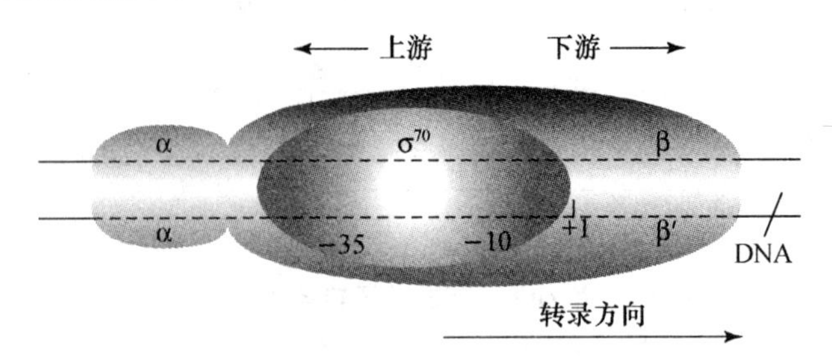

图 4-4 结合在 DNA 模板(启动子)处的 *E. coli* RNA 聚合酶

转录起始位点用+1表示。σ亚基与启动子中接近−10和−35区的特异性序列相结合。α亚基靠近DNA的上游区,β和β′亚基与起始位点相结合。

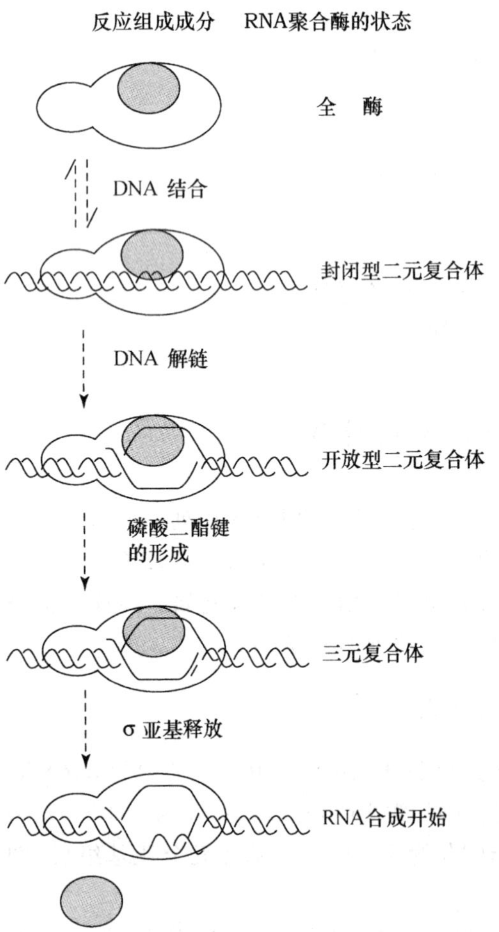

反应组成成分 RNA聚合酶的状态

全 酶

DNA 结合

封闭型二元复合体

DNA 解链

开放型二元复合体

磷酸二酯键的形成

三元复合体

σ 亚基释放

RNA合成开始

图 4-5 原核基因 RNA 转录的起始过程

示转录起始的几个步骤:封闭型二元复合体的形成→开放型二元复合体的形成→三元复合体的形成→RNA合成的起始、σ亚基的释放(◯示σ亚基)。

在 *E. coli* 细胞中大约有3000个RNA聚合酶分子。在快速生长的细胞中,大约有一半数量的RNA聚合酶活跃地参与RNA的转录。其余的大多数RNA聚合酶分子则松散地与DNA相结合,随机地沿DNA链移动,一旦遇到启动子序列便起始RNA转录。

RNA聚合酶首先通过σ亚基识别启动子的−35区,进而与−10区紧密结合形成封闭型二元复合体(closed complex),这是因为此时接近转录起始位点的模板DNA仍然处于碱基配对状态。在转录发生之前,RNA聚合酶将转录起始点区大约12个碱基对之间的氢键打开,形成开放型二元复合体(open complex)。在开放型复合体中,RNA聚合酶上的起始位点和延伸位点分别被两个相应的核苷三磷酸按与模板DNA链上碱基配对的原则所占据(起始位点只允许嘌呤核苷三磷酸进入,而延伸位点可允许任何核苷三磷酸进入),在β亚基的催化下形成RNA转录链的第一个磷酸二酯键,这样就形成了一个RNA聚合酶-DNA-新生RNA链的三元复合体。当RNA聚合酶转录大约10个碱基对(指DNA模板)时,σ亚基便从全酶上释放,使三元复合体中RNA聚合酶的核心酶(由β、β′以及两个α亚基组成)与DNA之间变成非特异性结合,此时意味着转录起始已完成,并进入延伸阶段。由此可见,σ亚基是转录的起始因子,不负责RNA链的延伸(图4-5)。

4.3.2　阻遏蛋白和激活蛋白因子在基因转录起始过程中的正、负调控

我们主要以 *E. coli* 中乳糖操纵子为例，介绍原核基因转录起始过程中的调控机制。图 4-6 给出 *E. coli* 乳糖操纵子中结构基因、调控基因以及转录调控区段的排布图。在乳糖操纵子中有两种类型的基因：① 结构基因（structural gene），它们编码某些生化路径所需要的酶。在此即是与乳糖代谢相关的 β-半乳糖苷酶基因（*lacZ*），渗透酶基因（*lacY*）和 β-半乳糖苷转乙酰化酶基因（*lacA*）。β-半乳糖苷酶的作用是催化乳糖中 β-半乳糖苷键的断开；渗透酶是一种与膜相结合的蛋白，参与 β-半乳糖苷向细胞内的转运；β-半乳糖苷转乙酰化酶催化 β-半乳糖苷乙酰化。在 *lacZ* 或 *lacY* 上的突变使 *E. coli* 细胞的基因型变成 lac^-，此时细胞不能催化β-半乳糖苷键水解，即不能利用乳糖（lactose）。*lacA* 的突变使细胞缺少转乙酰化酶活性，但此时基因型仍为 lac^+，可催化半乳糖苷键的水解。转乙酰化酶在 β-半乳糖苷代谢中的作用仍不清楚。*lacZ*、*lacY* 和 *lacA* 是在一个启动子（*lac P*）的控制下转录成多顺反子 mRNA，转录在遇到处于 *lacA* 下游的转录终止信号（terminator）时结束（图 4-6）。② 调控基因（regulator gene），其编码调控结构基因转录起始的蛋白质，在此即是处于 *lac* 结构基因的启动子上游区的 *lacI* 基因。这个基因具有自己的启动子和转录终止信号，以单顺反子形式为一个称为阻遏物的蛋白（其活性形式为四聚体）编码（图 4-6）。*E. coli lac* 阻遏蛋白在细菌细胞内的表达是组成型（constitutive）的，即在正常情况下持续表达。*lac* 阻遏蛋白的两个关键的特性使其承担起 *lac* 结构基因转录起始的负调控（negative regulation）的重任。

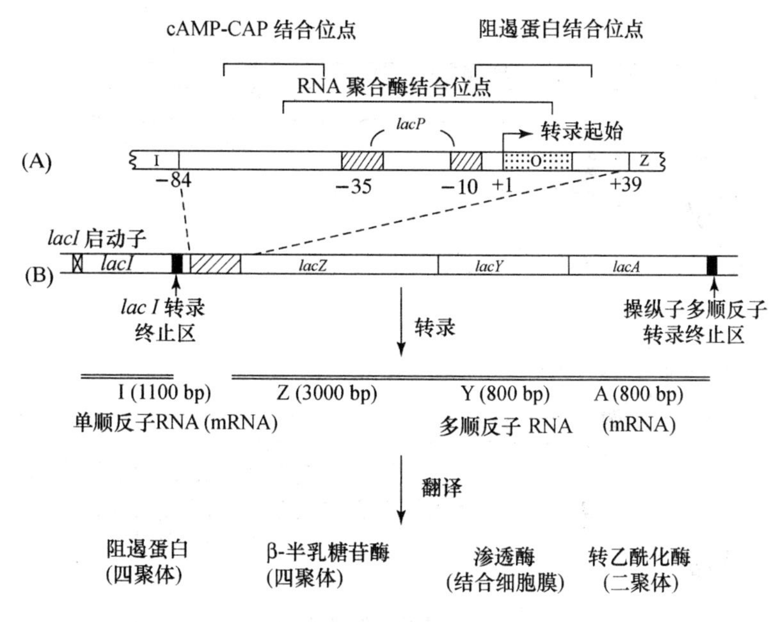

图 4-6　*E. coli* 乳糖操纵子中转录调控区段(A)以及结构基因、调控基因(B)的排布图

lacI 阻遏蛋白具有双重的特性：① 它能防止 *lac* 操纵子编码基因的转录；② 它能识别和结合小分子的诱导物（inducer），如乳糖或半乳糖苷的类似物 IPTG。

阻遏蛋白有两个结合位点，分别与诱导物和操作子序列结合。如图 4-6 所示，*lac* 阻遏蛋

白与操作子序列结合。由于操作子序列处于 *lac* 启动子区(RNA 聚合酶结合和转录起始位点)和 *lacZ* 基因之间,即使得 *lacI* 阻遏蛋白和 RNA 聚合酶结合的序列产生重叠。所以当 *lacI* 阻遏蛋白与操作子序列有效结合时,阻碍了 RNA 聚合酶与启动子区的有效结合(而不是通过阻断 RNA 聚合酶向*lacZ*基因的移动),从而防止了 RNA 聚合酶在启动子处转录的起始。当诱导物与阻遏蛋白结合时,阻遏蛋白的构象发生改变,阻遏物所产生的这种变构反应(allosteric)使其不再能与操作子序列结合。所以,当在培养基中加入诱导物,乳糖操纵子基因即可生转录。在乳糖操纵子上编码的与乳糖代谢相关的酶基因的转录,在不存在底物或诱导物(如乳糖)条件下被阻遏蛋白所阻断;在存在底物或诱导物条件下被诱导(图 4-7)。这就是被大量实验所证明的原核生物基因转录调控的 Jacob-Monod 理论。

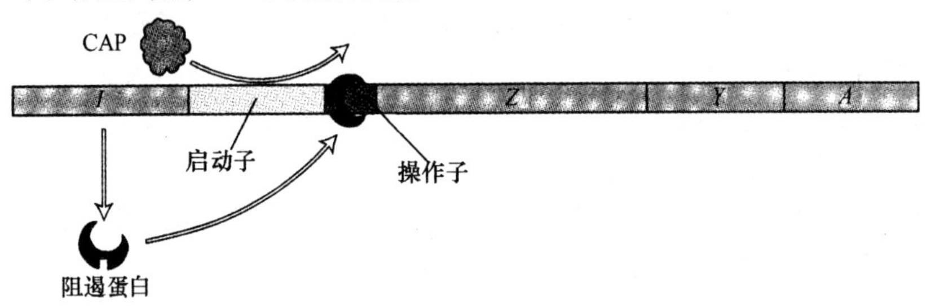

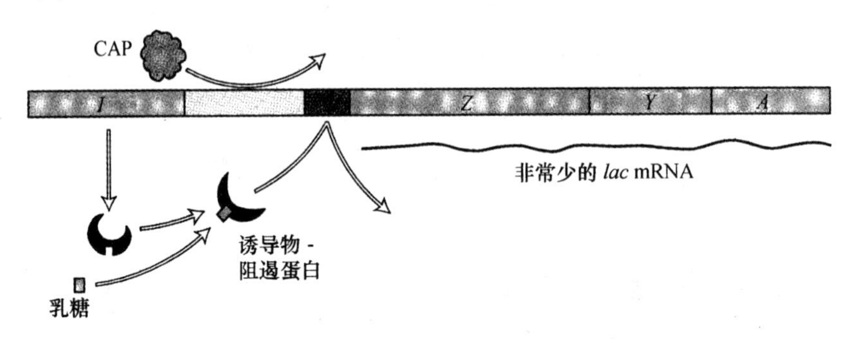

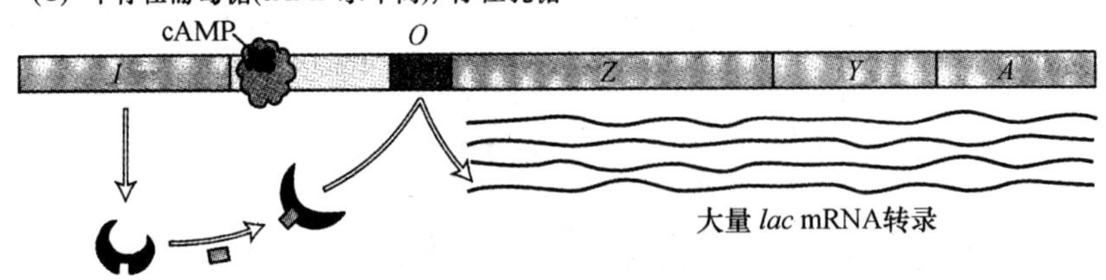

图 4-7 乳糖操纵子转录的正、负调控

(A) 在缺少乳糖时,因为阻遏蛋白结合到操作子序列而阻止转录,故不产生 *lac* mRNA。(B) 在存在葡萄糖和乳糖时,乳糖阻遏蛋白与乳糖结合,引起构象改变,使之不能结合到操作子序列。然而,由于存在葡萄糖,cAMP 水平低,这样 cAMP-CAP 不能结合到 CAP 位点。最终结果是,RNA 聚合酶不能有效地与 *lac* 启动子结合,只有少量 *lac* mRNA 合成。(C) 当只存在乳糖,而缺少葡萄糖时,*lac* 阻遏蛋白不能结合到操作子处,cAMP 水平增高,cAMP-CAP 复合体结合到 CAP 位点,促进 RNA 聚合酶结合到启动子,起始转录,从而产生大量 mRNA。(引自 Lodish H, et al, 2000)

乳糖操纵子的正调控是通过 cAMP-CRP 复合体来实施的。如上所述，乳糖阻遏蛋白通过阻断 RNA 聚合酶与启动子结合而抑制乳糖操纵子转录的起始。与此相反，cAMP-CRP 通过增加 RNA 聚合酶对乳糖启动子的亲和力而激活转录。cAMP 是 3′,5′环化的腺嘌呤核苷单磷酸，是在 *E. coli* 处于葡萄糖饥饿状态下所产生的核苷酸分子，cAMP-CRP(cAMP receptor protein)称为环化 AMP 受体蛋白。由于 CRP 又称降解(代谢)物活化蛋白 CAP(catabolite activator protein)，所以 cAMP-CRP 复合体经常用 cAMP-CAP 表示(见图 4-7)。葡萄糖是 *E. coli* 最适的碳源。如图 4-7 所示，当培养基中只存在葡萄糖而不存在乳糖时，*lac* 阻遏蛋白阻断 *lac* mRNA 转录，此时 cAMP 含量低；当两种糖同时存在时，*E. coli* 优先利用葡萄糖，只有少量 *lac* mRNA 转录，此时 cAMP 含量依然低；当培养基中只有乳糖时，由于葡萄糖饥饿，细胞内合成大量 cAMP，此时 *lac* mRNA 大量表达。所谓乳糖操纵子转录的正调控是，RNA 聚合酶和 cAMP-CAP 自身对在 *lac* 启动子 DNA 中各自位点的亲和力都相对低。然而，当 CAP 和 RNA 聚合酶 α 亚基的氨基酸残基通过相互作用形成蛋白-蛋白复合体时，其对启动子 DNA 的结合就变得很稳定，即使它们能更有效地与在启动子 DNA 上各自相应的位点结合，通过这种协同作用激活 *lac* mRNA 的转录起始(图 4-8)。这就是激活蛋白因子在基因转录起始过程中正调控的基本特征。在基因表达载体的有关章节中，我们将介绍如何把转录起始水平的调控元件用于基因表达载体的组建。最后值得指出的是，无论是对原核还是真核基因而言，人们将以不同方式调控转录起始复合体组装速率的 DNA 调控序列称为顺式作用元件(*cis*-acting element)，而与其特异性相互作用的蛋白质因子称为反式作用因子(*trans*-acting factor)。

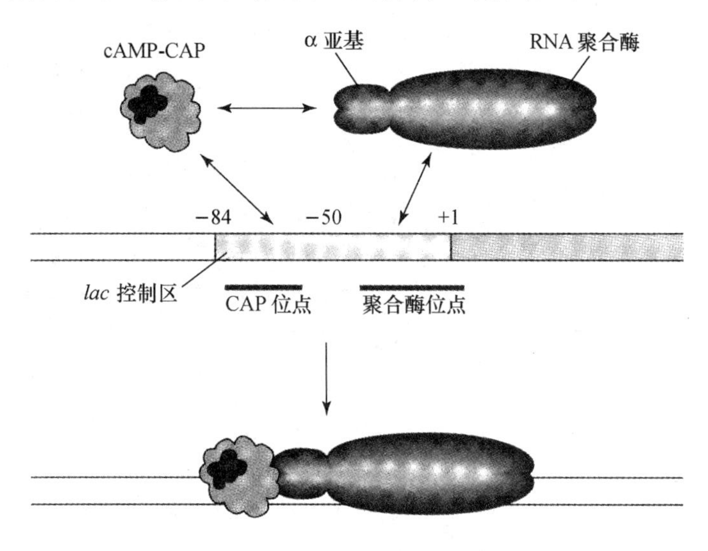

图 4-8 *E. coli* RNA 聚合酶和 cAMP-CAP 复合体与乳糖启动子的协同结合

(引自 Lodish H, et al, 2000)

4.4 原核生物基因转录的延伸和终止

4.4.1 原核生物基因转录的延伸

RNA 的合成速度大约 30～50 个核苷酸/s，但 RNA 链的延伸速度并不恒定，有时会出现延宕,这是延伸阶段的重要特点。减少 DNA 序列中的 G-C 碱基对的含量可以减少延宕的机会,这在基因合成的设计中是可参考的因素。与 DNA 复制不同,RNA 聚合酶的校对能力远不如 DNA 聚合酶。转录的精确性必须依靠 RNA 聚合酶在选取互补核苷酸或拒绝非互补核苷酸时的立体化学特性。在延伸过程中,正在合成的 RNA 链与 DNA 链之间只有一个结合部位,即 RNA 聚合酶把核苷三磷酸连接到 RNA 链 3′末端的地方。

4.4.2 原核生物基因转录的终止

原核生物基因转录的机制比较清楚。以 *E. coli* 为例,转录的终止需要一个信号,这个信号就是一个叫做转录终止区或终止子(terminator)的 DNA 序列。终止子序列存在于已被 RNA 聚合酶转录过的序列中。目前已知有两类终止子:一类是不依赖蛋白辅助因子而能实现转录终止的终止子,叫做 ρ-非依赖性终止子;另一类是依赖蛋白辅助因子 ρ 才能实现转录终止的终止子,叫做 ρ-依赖性终止子。转录终止子不是在 DNA 水平上终止转录,而是在 RNA 分子水平上发生作用的。终止子序列从 DNA 分子上转录后,其 RNA 链中的反向重复序列通过碱基配对产生由回环和茎状结构组成的"发卡"(hairpin)结构。如图 4-9 所示,ρ-非依赖性终止子有两个结构特点:由发卡组成的二级结构和处在终止子序列末尾的、大约由 6 个 U 组成的序列。这两种结构都为转录终止所必需。反向重复序列之间通过碱基配对形成"发卡"结构,其由非碱基配对的环和碱基配对的茎组成,在近茎的基部有富含 G-C 的碱基对序列。

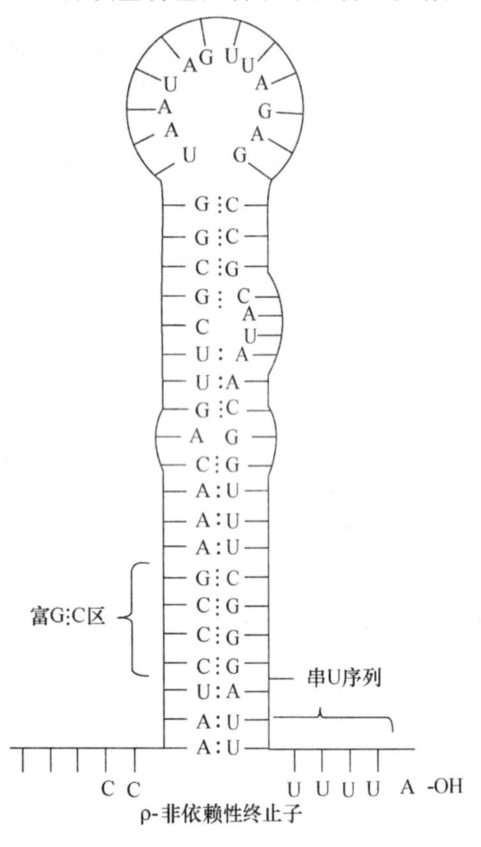

图 4-9 ρ-非依赖性终止子形成发卡结构的回文序列区

回文序列区的长度可为 7~20 个碱基不等,在茎环结构后是一串 U 序列。(引自 Lewin, B, 1990)

发生在实际终止位点前 35 个碱基对的突变(这种突变都发生在发卡结构的茎区,大部分导致碱基对的破坏,但有些突变不损害碱基配对)会妨碍转录终止。虽然发卡茎区的稳定性不是有效终止的唯一因素,但提高碱基配对的突变通常可增加终止效率。

在 ρ-依赖性和非依赖性终止子之间的差别并非是绝对的,但的确存在着量和质上的差别。可能存在一种以上类型的 ρ 非依赖性终止子。虽然 *E. coli* 基因组含有相对少的 ρ-依赖性终止子,但 ρ 因子则是 *E. coli* 细胞中的一个主要蛋白质。绝大多数已知的 ρ-依赖性终止子序列是在噬菌体基因组中发现的。ρ-依赖性终止子的序列和结构都没有一个共同的特点,不存在成串的 U 序列或富含 A-T 区。作为一般的规则,二级结构含量的减少能增强 ρ-依赖性终止,但并不清楚 ρ 因子识别什么样的序列和结构。在 ρ-

非依赖性转录终止时，终止子序列被转录后形成一个富含 G-C 的茎状“发卡”结构及一串 U 序列，RNA 聚合酶在“发卡”处通过相互作用使 RNA 转录延宕，而一连串的 U 提供了使聚合酶从模板上解离下来的信号而导致转录的终止。在 ρ-依赖性转录终止时，ρ 因子利用其 NTP 酶活性所产生的能量，结合到 RNA 链上后，沿 RNA 链“追捕”RNA 聚合酶，当聚合酶在“发卡”结构处被延宕时，ρ 因子同聚合酶相互作用而终止转录(图 4-10)。应该指出，ρ-非依赖性转录终止在有 ρ 因子参与时，终止效率提高；终止子序列的 RNA 转录物的茎环结构中G-C含量高时，终止效率高。

基因表达过程中，转录的有效终止是基因得以高效表达的关键因素之一。在基因工程中，分离设计高效的转录终止子序列是保证外源基因在宿主细胞中高效表达所必需的。

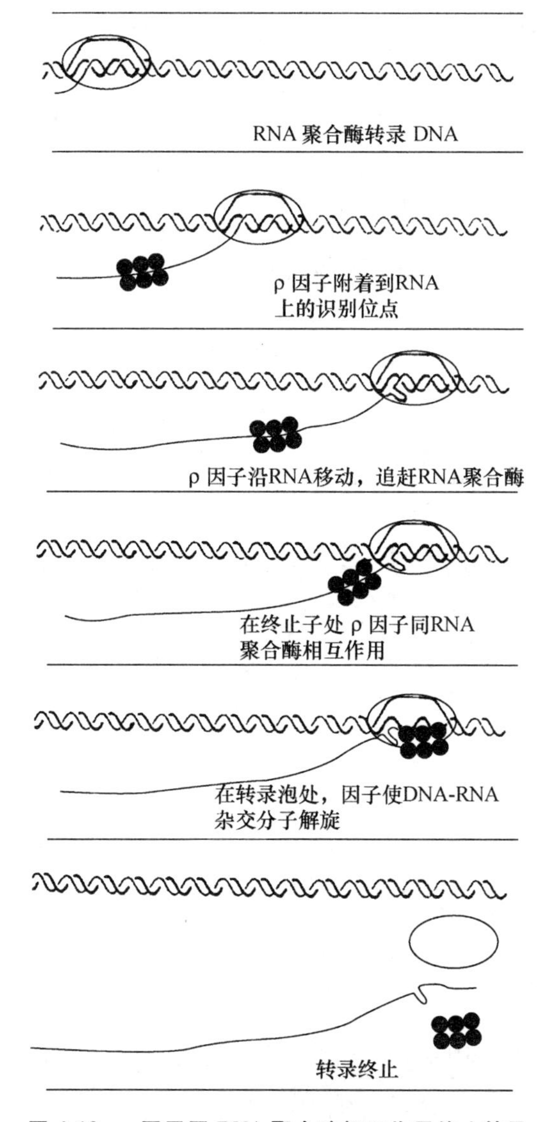

图 4-10 ρ 因子同 RNA 聚合酶相互作用终止转录

(引自 Lewin B，1990)

4.5 真核生物基因转录起始及调控

真核生物中为蛋白质编码基因的转录是由多个事件组成的;这些事件包括基因座的去凝缩(decondensation of the locus),核小体重构(nucleosome remodeling),组蛋白的修饰,转录激活蛋白和辅助激活蛋白因子(coactivator)对增强子和启动子的结合,以及在核心启动子(core promoter)处组建基础转录机器(basal transcription machinery)等。基础转录机器是由核心启动子序列、与其相互作用的 RNA 聚合酶Ⅱ及所谓的通用转录因子(general transcription factors, GTFs)组成。在体外转录体系中(*in vitro* transcriptional system),这些通用转录因子(GTFs)和 RNA 聚合酶Ⅱ构成从一个 DNA 模板上起始转录所需的最基本的材料。然而,在细胞内,这种基础转录机器是不能启动基因的表达的,还需要大量的其他蛋白因子,如中介蛋白复合体(mediator complex)、DNA 结合调节蛋白等的参与。因此,在细胞内基因的有效转录是通过蛋白质因子与 DNA 序列元件,以及蛋白质因子之间复杂的相互作用来完成的。

4.5.1 RNA 聚合酶Ⅱ核心启动子元件

真核生物的核心启动子是指在体外转录体系中,RNA 聚合酶Ⅱ能精确地起始转录所需要的最少的一组关键的 DNA 序列元件。核心启动子的长度一般从转录起始位点向上游和下游区延伸大约 35~40 个碱基对。图 4-11 给出组成核心启动子的 4 个基序(motifs)的共有序列、在核心启动子上的相对位置以及与它们相互作用的通用转录因子。核心启动子含有四个基序元件,它们分别是 TFⅡB 识别元件(TFⅡB recognition element, BRE)、TATA 盒元件(又称为 Goldberg Hogness 盒)、起始子元件(initiator, Inr)和下游启动子元件(downstream promoter element, DPE)。

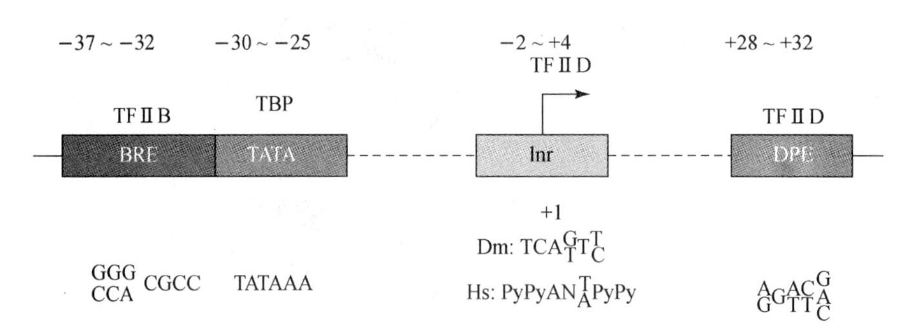

图 4-11 RNA 聚合酶Ⅱ核心启动子基序及其相对位置

不是所有的元件都必须存在于一个核心启动子中。TATA 盒可存在于不含 BRE、Inr 和 DPE 基序的启动子中。DPE 基序则需要 Inr 的存在。DPE 共有序列来自果蝇的核心启动子,Inr 共有序列分别来自于果蝇和哺乳类细胞。(引自 Garrett, Grisham, 2005)

TATA 盒是第一个被发现的真核蛋白质编码基因的核心启动子元件,普遍存在于植物、动物和真菌等核心启动子中。TATA 盒最明显的核苷酸序列特征是富含 AT 序列,其共有序列通常为 TATAAA,位于转录起始点上游的−30~−25 区。然而值得指出的是,并不是所有真核生物的核心启动子中都必须存在 TATA 盒元件。TATA 结合蛋白(TATA-binding protein, TBP)是其主要的结合蛋白,但至少有另外的一种称为 TBP-相关蛋白因子(TBPrelated factor，TRE)或类 TBP 蛋白因子(TBP-like factor，TLF)的蛋白对于多细胞动物蛋白质基因的表达是需要的。TATA 盒的主要功能是在决定启动子强度和转录起始位点中起重要的作用(图 4-11)。

Inr 元件作为核心启动子中的一员，其功能与 TATA 盒相似，可独立于 TATA 盒行使其功能。从这一元件起始的转录是从单一的起始点开始，此时即使在－30～－25 区存在富含 G-C 的核苷酸序列，对启动子活性影响都不大。Inr 元件的共有序列因物种不同而有些变化，如来自果蝇(Dm)的 Inr 元件为 $\mathrm{TC}\overset{+1}{\mathrm{A}}\substack{\mathrm{G}\\\mathrm{T}}\mathrm{T}\substack{\mathrm{T}\\\mathrm{C}}$，而人类(Hs)的 Inr 则为 $\mathrm{PyPy}\overset{+1}{\mathrm{A}}\mathrm{N}\substack{\mathrm{T}\\\mathrm{A}}\mathrm{PyPy}$。实验指出，位于－3～＋5 区的核苷酸序列对于 *in vitro* 和 *in vivo* 的精确转录是必需的，也是足够的。大量的蛋白因子识别研究表明 TFⅡD 对 Inr 元件的识别对于 Inr 活性是关键性的。除了 TFⅡD 外，RNA 聚合酶Ⅱ、TFⅡI 和 YY-I 也参与对 Inr 序列元件的识别。Inr 的功能与 TATA 盒相似，在决定转录精确起始和启动子的强度中起重要作用。在缺少 TATA 盒的核心启动子中，Inr 确能独立地指导活性转录复合体的组装。

DPE 是由于它能结合纯化后的 TFⅡD(RNA 聚合酶Ⅱ通用转录因子)而被确定的。DPE 元件从果蝇到人类都是很保守的，它是一个典型的但不是唯一的只存在于缺少 TATA 盒元件的核心启动子中的基序。如图 4-11 所示，DPE 与 Inr 相接，其核心序列精确地位于距 Inr 中＋1碱基 A＋28～＋32 的位置，DPE 基序的共有序列为 $\substack{\mathrm{A}\\\mathrm{G}}\mathrm{G}\substack{\mathrm{A}\\\mathrm{T}}\substack{\mathrm{C}\\\mathrm{T}}\substack{\mathrm{G}\\\mathrm{A}\\\mathrm{C}}$。典型的依赖 DPE 的启动子含有一个 Inr 和一个 DPE 基序。在 DPE 或 Inr 上的突变导致失去对 TFⅡD 的结合能力和基础转录活性。TFⅡD 通过协同地同 DPE 和 Inr 基序的结合而行使功能。因此，DPE 和 Inr 基序一起作为一个核心启动子单元行使其功能。在这方面 DPE 不同于 TATA 盒基序，TATA 盒能独立地行使其功能。DPE 和 TATA 盒之间既有相似性又有不一样的地方，DPE 和 TATA 盒都含有 TFⅡD 结合的识别位点，而不同之处在于 TATA 盒能独立于 Inr 基序行使功能，DPE 则必须与 Inr 协同作用。

TFⅡB 识别元件(TFⅡB recognition element，BRE)是在核心启动子基序中不为 TFⅡD 所识别的元件，位于 TATA 盒的上游并紧靠 TATA 盒的－37～－32 区，其共有序列为 $\substack{\mathrm{G}\\\mathrm{C}}\substack{\mathrm{G}\\\mathrm{C}}\substack{\mathrm{G}\\\mathrm{A}}\mathrm{CGCC}$。虽然古菌的 TFⅡB 和 BRE 之间的相互作用能增强前起始复合体(preinitiation complex)的组装和转录的起始，然而人类 TFⅡB-BRE 相互作用则与其非常不同。在一个由纯化的通用转录因子组建的 *in vitro* 体系中，人 TFⅡB-BRE 相互作用可促进 RNA 聚合酶Ⅱ的转录。然而在用核的粗抽提物组建的 *in vitro* 转录体系和 *in vivo* 转染测试体系中，BRE 对基础转录有抑制作用。这些结果指出，BRE 的功能在进化过程中可能有所扩展，在古菌中其可促进启动子活性，但在真核细胞中可能是抑制转录。

最后需要指出的是，虽然核心启动子有四个元件组成，但通常一个启动子只会有这四个元件中的 2 个或 3 个。这些顺式作用元件与各种通用转录因子(TFⅡ因子)以及 RNA 聚合酶相互协同作用完成了前起始复合体的组装。

4.5.2 真核基因转录模板

如前所述，真核染色质的结构是以 DNA 盘绕组蛋白八聚体所形成的核小体为基本单位。真核染色质的基本结构的确定使人们认识到，真核 DNA 的转录在结构上面临着比原核 DNA 转录复杂得多的问题。DNA 盘绕组蛋白八聚体所形成的核小体通常起着基因阻遏物

(general gene repressor)的作用,以确保细胞中那些在特定生命活动中尚不需要的基因处在非活性状态。这里首先要提出的第一个问题是:处在转录激活状态下的启动子DNA区的核小体结构是否真的被去除了呢?核酸酶对染色质限制酶解的实验结果显示,激活状态下的启动子DNA对核酸酶的可及性确实增加了,敏感性大大增加。这说明处在转录激活状态下的启动子DNA区的核小体结构应该发生解体。接下来的第二个问题是:这些参与核小体形成的组蛋白到哪里去了,它们经过乙酰化、磷酸化或甲基化的修饰后是否仍然结合在活化的启动子DNA上?之所以提出这样的问题,是因为上述的某些修饰作用,如乙酰化,对基因转录来说是必需的;而且,人们普遍相信,处在转录激活状态下的启动子依然与被修饰过的组蛋白相结合。然而R. Kornberg实验室利用拓扑学和核酸酶解分析指出:① 在转录激活状态下的启动子DNA区中的核小体结构是被去除了,而不只是通过某些修饰转化成一种活化的形式;② 转录激活并不使启动子区的染色质结构状态持续地发生改变,而是一个动态平衡的过程,在此过程中,核小体不断地从激活的启动子上解体(disassembly)和重新组装(reassembly)。一般而言,在转录激活过程中,启动子上的绝大多数核小体都会被解体。那些修饰过的组蛋白可能代表着核小体从激活的启动子上去除和重新组装循环中的一种中间体。第三个问题涉及的是核小体是通过什么机制从转录激活状态下的启动子上去除的?一种说法是核小体从转录激活状态下的启动子的TATA盒和转录起始位点上滑走,如果是这种情况,组蛋白八聚体依然结合在DNA上;另一种说法是组蛋白八聚体从DNA上去除。R. Kornberg实验室用重组酶将激活后的酵母*PHO5*基因进行环化后,利用拓扑学分析和核酸酶限制酶解方法对环状*PHO5*基因的小的核小体数目进行分析,结果证明核小体结构不是从启动子的TATA盒和转录起始位点滑到DNA分子的别处,而是通过结构解体的方式被去除的。最后的问题是,在转录过程中核小体是通过什么机制解体的呢?从目前的研究发现,这可能由染色质重构复合体(chromatin-remodeling complex)来完成的。染色质重构复合体可以是11个亚基组成的SWI/SNF复合体,也可能是15个亚基组成的RSC蛋白复合体等。这样,由于处在转录激活状态的启动子去除了核小体结构,RNA聚合酶Ⅱ转录起始复合体才能在这裸露的DNA区段上进行组装,从而起始转录。

4.5.3 RNA聚合酶Ⅱ起始转录需要通用转录因子的存在

与原核细胞不同,真核细胞有3种RNA聚合酶,负责合成不同种类的RNA。所有编码蛋白的基因都是由RNA聚合酶Ⅱ所转录。分离纯化出的RNA聚合酶Ⅱ由12个亚基组成,其功能是催化合成RNA和对新生的转录物进行校对。

如前所述,纯化的原核(*E. coli*)核心RNA聚合酶(即缺少σ亚基)在体外转录体系中不能起始转录;当核心RNA聚合酶与σ亚基结合形成RNA聚合酶全酶(holoenzyme)时,则能从强的启动子起始转录。这样,*E. coli* RNA聚合酶的σ亚基的功能是作为转录的起始因子,协同核心酶起始转录,待转录大约10个核苷酸时便从DNA模板上释放下来。与此相对应的是,真核RNA聚合酶Ⅱ的体外转录体系中,纯化的RNA聚合酶Ⅱ虽然远比原核RNA聚合酶复杂,由12个多肽链(亚基)组成,相对分子质量达500 000,但单独RNA聚合酶Ⅱ也不能起始转录。于是人们想到纯化的RNA聚合酶Ⅱ起始转录也需要类似原核σ亚基这样的转录起始因子。后来发现,RNA聚合酶Ⅱ转录起始确需要转录起始因子,它们共同作用将RNA聚合酶Ⅱ定位于核心启动子的转录起始位点上。真核细胞中的这些转录起始因子称为通用转录因子(general transcription factor, TF)。由于是RNA聚合酶Ⅱ转录起始所需,所以用TFⅡs表示。

研究得最详细的通用转录因子TFⅡs大部分来源于与TATA盒启动子相结合的蛋白因

子，分别用 TFⅡA、TFⅡB、TFⅡD 等表示。表 4-1 给出 RNA 聚合酶Ⅱ通用转录因子(GTF)的种类和亚基数目。

表 4-1 RNA 聚合酶Ⅱ通用转录因子

通用转录因子	亚基数目
TFⅡA	2
TFⅡB	1
TFⅡD(TBP+TAF)	1+11=12
TFⅡE	2
TFⅡF	3
TFⅡH	9

以上数据来自酵母，其他真核也很相似。

从表中我们看到除 TFⅡB 外，其他通用转录因子都是由多亚基组成，其中以 TFⅡD 的相对分子质量最大，为 750 000，由一个 TATA 盒结合蛋白(TATA box binding protein, TBP)和大约 11 个 TBP-相关因子(TBP-associated factors, TAFs)组成一个多亚基复合体。值得指出的是，参与真核基因转录调控的多个蛋白复合体都含有 TBP 或 TAFs 蛋白因子，而这些不同的蛋白复合体行使着不同的功能。例如，TAF 可以作为核心启动子的识别因子与 Inr 和 DPE 元件结合；而某些 TAFs 则可以是激活蛋白因子(activators)的靶位，与激活蛋白因子的激活结构域结合；一些 TAF 可具有酶活性，如 TAFⅡ250 具有激酶和组蛋白乙酰化转移酶(HAT)活性，提示其可能参与染色质的解开，从而在基因激活中起重要作用。图 4-12 示作为 TFⅡD 组成成分的 TAF 在基因转录起始中的七种可能的功能，也说明 TAF 蛋白因子的重要性。

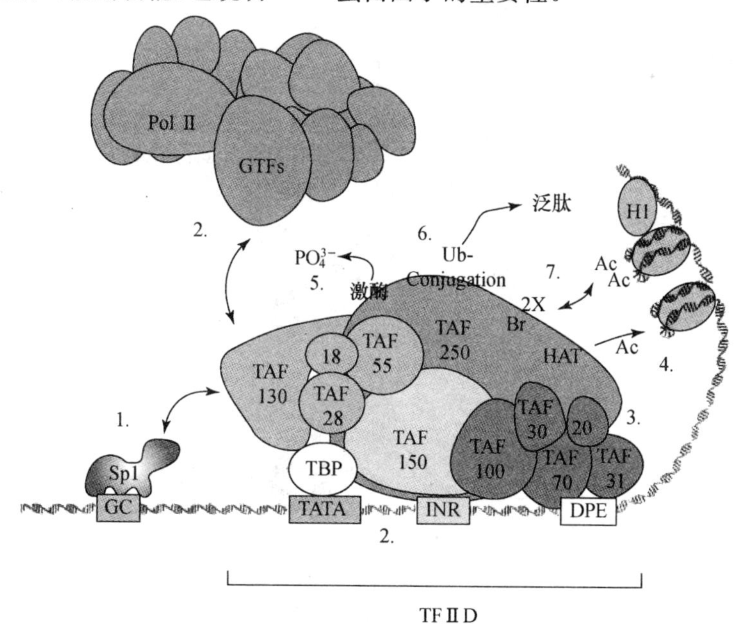

图 4-12 示组成 TFⅡD 通用转录因子中 TAFs 的七种功能

(1) 与近端增强子 GC 盒(proximal enhancer GC box)结合蛋白 SP1 相互作用；(2,3) 参与同核心启动子元件 TATA 盒、Inr 及 DPE 的结合；(4) TFA250 的组蛋白乙酰转移酶(HAT)使染色质中组蛋白乙酰化；(5) TFA250 中激酶活性使组蛋白 H_2B 中的丝氨酸 33 磷酸化；(6) TAF250 的组蛋白特异性泛素激活酶活性介导组蛋白 H1 的泛素化；(7) TAF250 含有两个相连的溴结构域(bromo domain)，其功能是选择性地与多个乙酰化后的组蛋白 H4 结合。(引自 Garrett, Grisham, 2005)

人和果蝇的通用转录因子已经被克隆并进行了序列分析,在各种情况下不同真核细胞来源的通用转录因子具有很高的保守性。虽然通用转录因子使得 RNA 聚合酶Ⅱ能在体外体系中起始 RNA 转录并与在细胞内的转录起始位点相同,但在细胞内转录的起始还必须有很多其他的蛋白因子参加。所以由核心启动子、RNA 聚合酶Ⅱ和通用转录因子所构成的在离体体系中所具有的转录活性叫做基础转录活性(basal transcription activity)。

4.5.4 组成 RNA 聚合酶Ⅱ转录起始复合体在体外的分步组装

由于分离纯化完整的 TFⅡD 多亚基复合体(图 4-12)很困难,所以 RNA 聚合酶Ⅱ转录起始复合体的体外组装实验用 TBP 开始。在含有 TATA 盒序列的启动子上结合 TBP 和其他通用转录因子后,通过 DNaseⅠ指纹图谱以及电泳移动改变的测定表明,RNA 聚合酶Ⅱ起始复合体在体外的组装是分步进行的。前一个蛋白因子的结合是后一个蛋白因子进入复合体的条件,而 TFⅡD 是前起始复合体(pre-initiation complex, PIC)组装的核心之一。如图 4-13 所

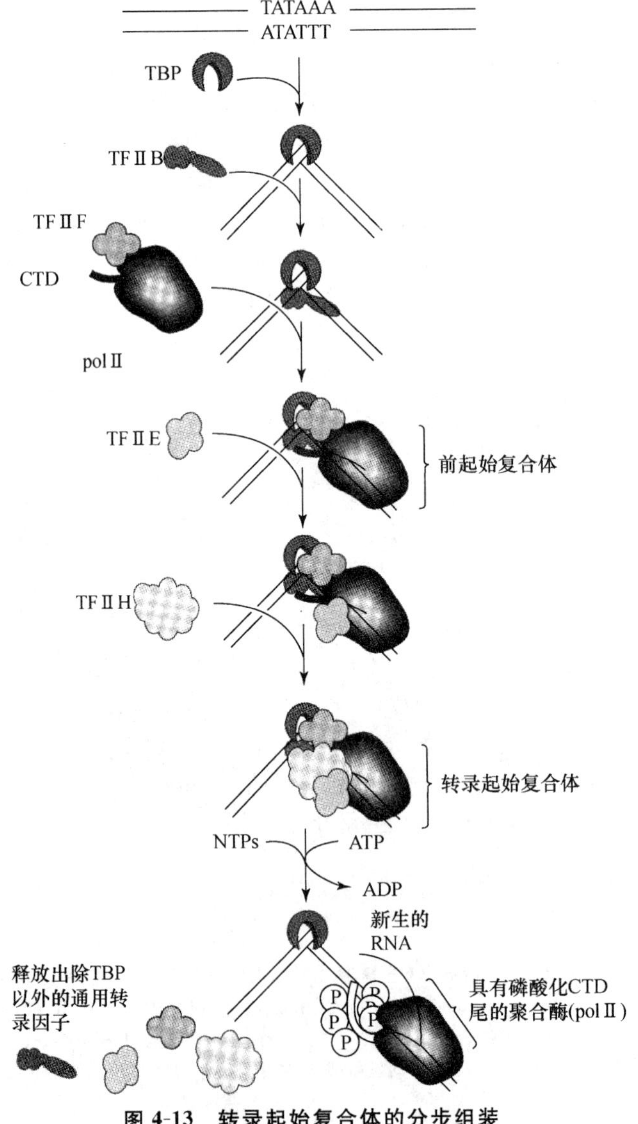

图 4-13 转录起始复合体的分步组装

(引自 Lodish H, et al, 2000)

示，TBP是第一个结合到TATA盒元件上的蛋白，所有已经进行序列分析的TBP的C末端结构域非常相似，TBP用一个插入TATA 盒双螺旋小沟的β折叠来实现对TATA 序列的结合并扭曲DNA。在与DNA结合时，TBP使小沟扩展为一个近乎平面的构象，同时使DNA产生80°的扭曲，这种构象的变化有利于使TATA 盒小沟之间的A=T碱基对打开。一旦TBP结合到TATA 盒，TFⅡB作为PIC组装中的另一个核心的通用转录因子就结合进来。TFⅡB是个单体蛋白，通过它的C端结构域与DNA(BRE元件)以及结合在TATA盒上的TBP相接触，而其N端结构域则伸向DNA转录起始位点。随着TFⅡB的结合，TFⅡF/RNA聚合酶Ⅱ复合体进入其结合位点。由TFⅡB、TFⅡF和RNA聚合酶Ⅱ共同作用将RNA聚合酶Ⅱ定位在转录起始位点。至此，由TBP、TFⅡB及TFⅡF/RNA聚合酶Ⅱ同核心启动子元件一起形成一个稳定的前起始复合体(pre-initiation complex，PIC)，又称为最低起始复合体(minimal initiation complex)(图4-13)。此时，RNA聚合酶Ⅱ的两个最大的亚基(L和L′)沿一个分别向转录起始位点上游和下游区伸展的大约长240 nm的通道与启动子DNA相互作用(图4-14)。

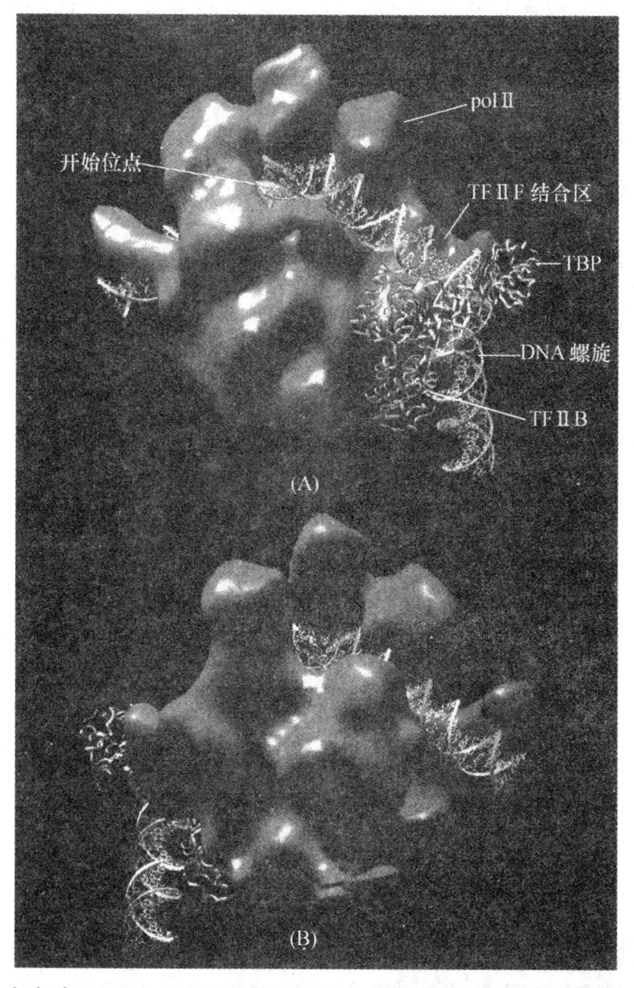

图4-14 由启动子DNA，TBP，TFⅡB和RNA聚合酶Ⅱ组成的复合体的结构模型

示出这些组成成分的相对大小以及TFⅡF结合区，示DNA沿RNA聚合酶(pol Ⅱ)两大亚基形成的通道与RNA聚合酶Ⅱ相互作用。对于绝大多数启动子而言，在DNA双链能被解开从而暴露出转录模板链之前，另外两个通用转录因子TFⅡE和TFⅡH必须结合到PIC复合体中。TFⅡE首先结合(图4-13)，为TFⅡH的结合提供进入位点。TFⅡH是由9个亚基组成的多聚蛋白，它的结合使在体外组建的转录起始复合体(transcription-initiation complex)得以完成。(A) 正面观；(B) 背面观。(引自Lodish H, et al, 2000)

TFⅡH中的两个亚基具有DNA解旋酶活性，在存在ATP的条件下DNA解旋酶在转录起始位点打开双链DNA，使RNA聚合酶Ⅱ形成一个开放型复合体。如果提供核苷三磷酸底物，RNA聚合酶Ⅱ则开始转录模板链。当转录起始和RNA聚合酶Ⅱ的转录离开启动子区时，另一个具有激酶活性的TFⅡH亚基使RNA聚合酶Ⅱ C端结构域(CTD)的多个位点磷酸化(图4-13)。CTD延伸成一个“尾巴”样结构，包含着一连串重复七肽序列：Tyr-Ser-Pro-Thr-Ser-Pro-Ser，酵母RNA聚合酶Ⅱ中的CTD含27个这样的重复序列，而人类的CTD含有52个，它们包含着特定蛋白激酶的磷酸化位点，其中一个激酶就是TFⅡH中的一个亚基。在只含有这些通用转录因子和纯化的RNA聚合酶Ⅱ的体外转录测定体系中，当RNA聚合酶Ⅱ转录离开启动子时，TBP(也许还有TFⅡB)仍然结合在TATA盒区，而其他的通用转录因子则解离下来。图4-15给出基础转录的四步曲：包括(A) PIC组装，形成最低起始复合体。(B)流产起始(abortive initiation)，在存在ATP的条件下，TFⅡE和TFⅡH加入，RNA聚合酶的CTD尾被磷酸化，从而形成活性转录复合体，即完成转录起始复合体的组装。此时聚合酶合成一连串短的转录物。(C) 启动子清除，如上所述，RNA聚合酶Ⅱ离开启动子进入延伸阶段。(D) 转录延伸，即形成转录延伸复合物。

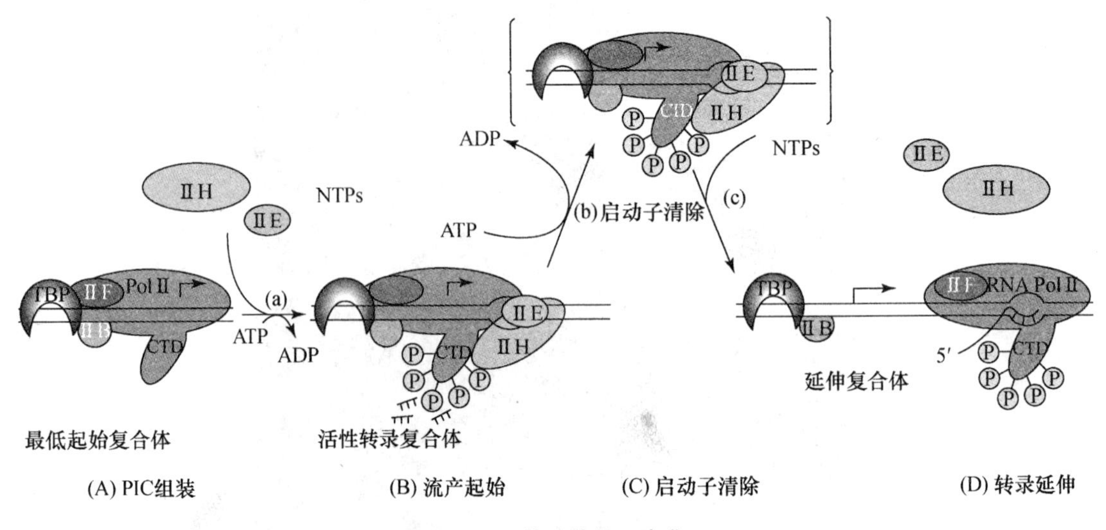

图4-15 基础转录四步曲

(http://molparm.wisc.edu/courses/pharm620/lecture_5.web.ppt)

以上概述了围绕着核心启动子、通用转录因子和RNA聚合酶Ⅱ组建成体外转录起始复合体的过程，这个复合体具有基础转录的活性。然而，在细胞内有效的转录还需要许多蛋白因子的参加，这些蛋白因子通过与相对应的顺式作用DNA元件以及蛋白因子之间的相互作用调节(上调或下调)基因转录起始的效率。

4.5.5 增强子、沉默子元件及与其结合的蛋白因子、中介子在基因特异性表达调控中的作用

在细胞内为RNA聚合酶Ⅱ行使转录所用的顺式作用元件(*cis*-acting elements)大体分为三类：① 近(基因)端元件(proximal elements)，即上述的核心启动子元件。② 远(基因)端元件(distal elements)，包括增强子(enhancers)及沉默子(silencers)；而增强子又可细分为近(启

动子)端增强子序列(proximal enhancers),如 GC 盒(GC box,参见图 4-12)。③ 在增强子和启动子之间发现存在另外的调控元件,称为边界元件(boundary elements)或绝缘子(insulators)。

增强子一类的远程调控序列元件有如下特性:① 这些元件距其调控的基因有相当远的距离,甚至可达 3000 bp 以上,有的还可处于不同的染色体上,但仍可增加所控基因的表达。② 增强子元件可在其任一方向上行使功能,这意味着反转序列(inverted sequence)也仍然作用于基因的表达。③ 增强子行使功能与其所处位置无关,增强子可处于被转录序列的上游、下游,甚至处在转录序列之中,但其总是以顺式行使其功能。如果在其附近有几个启动子,增强子可能优先地作用于最接近它的那个启动子。④ 增强子在行使功能时可具有组织特异性或对给定细胞的特定分化阶段发挥作用。⑤ 增强子不仅与同源基因相连时有功能,而且与异源基因相连时也有功能。正是这一特性,人们利用增强子元件组建高效真核基因表达载体。

除了增强子这样上调(或正调)基因表达的元件外,还存在着下调(或负调)元件,称为沉默子。图 4-16 给出这些调控元件如何通过各种蛋白因子相互作用调控基因转录的。激活蛋白因子(activators)与增强子序列结合,然后通过与辅助激活蛋白因子(coactivator)相互作用帮助决定哪些基因将被开启并加快这些基因的转录速率。同样,阻遏蛋白因子(repressor)选择

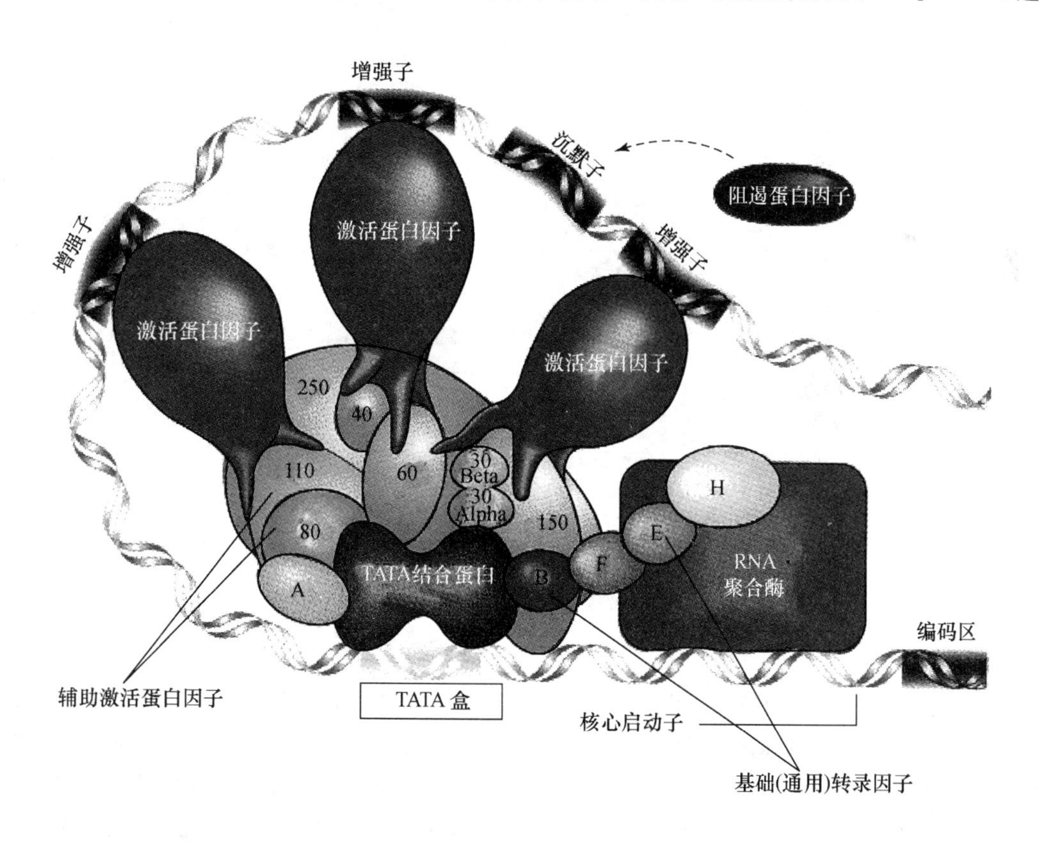

图 4-16　真核基因转录复合体的组成

示增强子-激活蛋白因子,沉默子-阻遏蛋白因子,辅助激活蛋白因子及基础转录复合体,RNA 聚合酶Ⅱ及 TATA 盒之间的关系。(http://biology.kenyon.edu/courses/biol114/chap10/eukprot.gif)

性地与沉默子序列结合，干扰激活蛋白因子的功能，从而使基因转录减慢。从图4-16可以看出，无论是激活还是阻遏蛋白因子都不直接作用于基础转录复合体(basal factors)，而是通过辅助激活蛋白因子作为转换器(adaptors)分子，整合来自于激活和阻遏蛋白因子的信号，将对基因表达的调控结果传递到基础转录复合体。由此可见，由激活蛋白因子或阻遏蛋白因子与增强子或沉默子形成的复合体所传递的信息是不能直接作用于基础转录复合体的，而是通过辅助激活蛋白因子的桥梁作用(bridge)对基础转录进行调控。辅助激活蛋白因子又可作为执行分子桥(molecular bridge)以及染色质重构(chromatin remodeling)等双重功能的复合体。图4-17和4-18给出辅助激活蛋白因子复合体的各种功能。由此可知，辅助激活蛋白因子是具有多种功能的多蛋白因子复合体。后来，人们将其归纳为三个主要类型：① TAFs，包括TBP-相关因子(TBP＋TAFs)，含有TBD和含有TAFs的多蛋白复合体。② 中介子(mediators)，包括中介子及RNA聚合酶Ⅱ相关蛋白(SRB)复合体。中介子是在真核基因表达调控中RNA聚合酶Ⅱ的关键辅助因子，其功能被认为是作为一个辅助激活蛋白因子，将基因特异性激活蛋白因子与基础RNA聚合酶Ⅱ转录起始机器或复合体连接起来。③ 通用辅助因子，即一些非相关辅助因子(non-associated cofactors)。

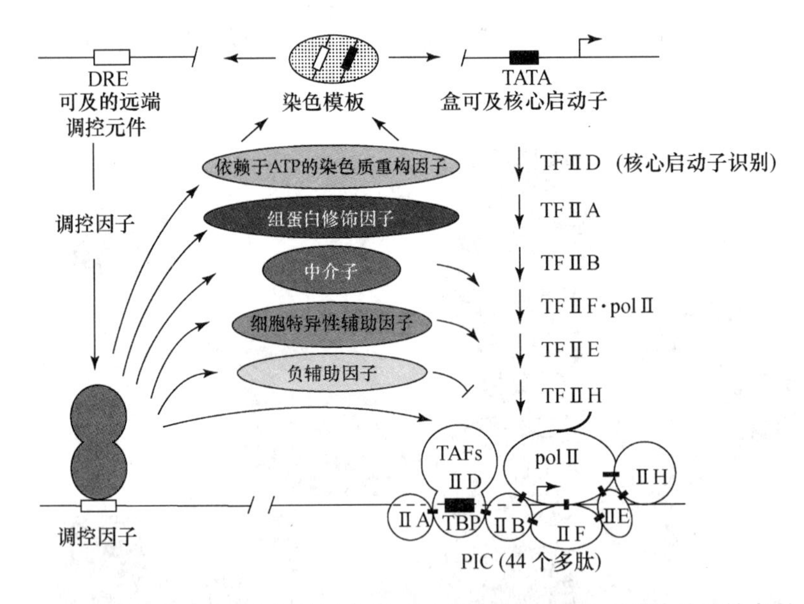

图4-17 动物细胞中转录的调控及各种辅助激活蛋白因子在基因表达调控中所执行的多种功能(图中间部分)

(Roeder RG, 2005)

值得指出的是，对于将激活蛋白因子(或阻遏蛋白因子)与基础转录复合体相联系的辅助激活蛋白因子(或辅助阻遏蛋白因子)的命名各实验室之间一直不十分统一，多数就用辅助激活蛋白因子(coactivator)来表示。直到在2006年R. Kornberg介绍关于真核基因转录机制的研究中才采用了中介子(mediator)的命名，如图4-19所示，RNA聚合酶Ⅱ转录机器被确定为由三大部分组成：① 由12个亚基组成的RNA聚合酶Ⅱ，其功能是催化合成RNA和对新生的转录物进行校对；② 由TFⅡB、TFⅡD、TFⅡE、TFⅡF和TFⅡH构成的一组通用转录因子，负责识别启动子和解开启动子DNA螺旋；③ 由20个亚基组成的中介(蛋白)因子

(mediaton),这个多亚基复合体负责把来自激活蛋白因子(activator)和阻遏蛋白因子(repressors)的调控信息传递给 RNA 聚合酶Ⅱ。在此需要指出的是,如果把通用转录因子的功能比作原核 RNA 聚合酶 σ 亚基,那么 RNA 聚合酶Ⅱ和通用转录因子都可以在原核细胞中找到其对应物,唯有中介子(蛋白)对于真核细胞来说是独有的。中介子的发现为深入研究真核基因特异性的转录调控机制奠定了基础。从图 4-17 中所示的辅助激活蛋白因子(即中介子)的各种功能也能清楚看到中介子蛋白复合体在真核基因特异性表达调控中应该起着十分关键的作用。

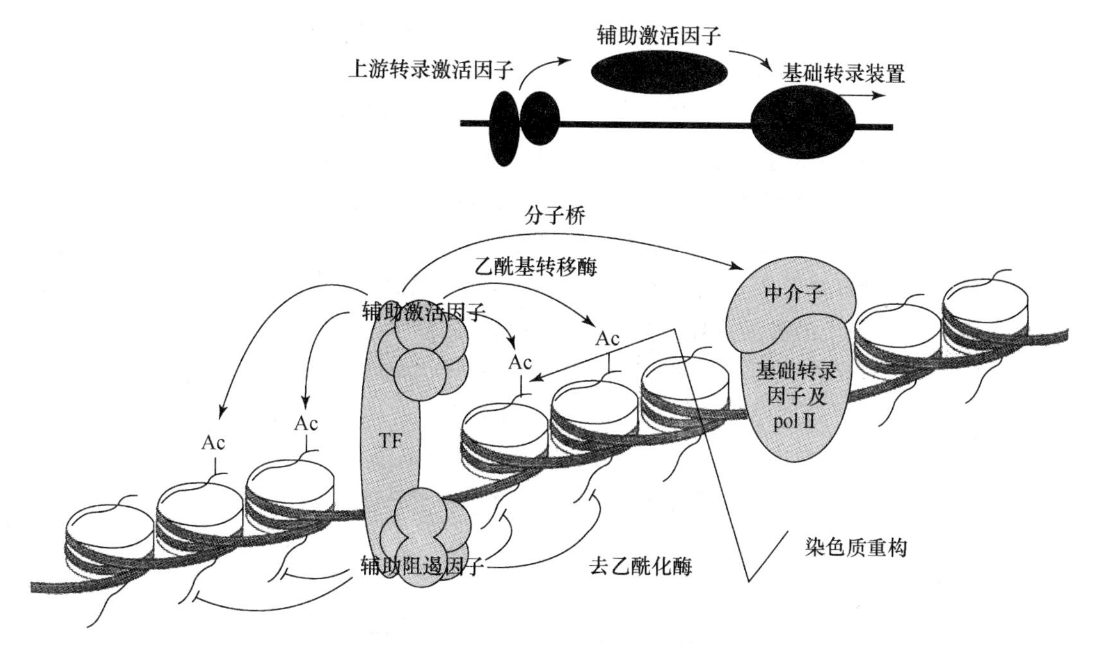

图 4-18 辅助激活蛋白因子通过其分子桥的功能参与乙酰化和去乙酰化酶的功能调控

(引自 Garrett, Grisham, 2005)

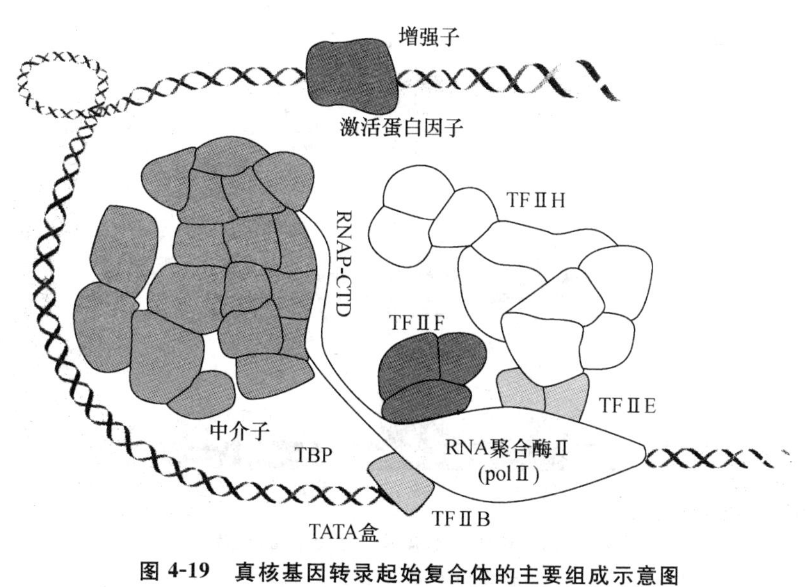

图 4-19 真核基因转录起始复合体的主要组成示意图

(引自 http://www.nobel.prize.org)

4.5.6 边界元件——绝缘子的功能

前面我们提到在增强子和启动子之间存在着另外一种调控元件,称为边界元件或绝缘子。虽然通过DNA序列的折回机制(looping)(图4-16,4-19)可以解决远距离DNA顺式作用元件(如增强子、沉默子序列)如何结合激活蛋白因子或阻遏蛋白因子,通过中介子与基础转录复合体相互作用,上调或下调真核基因转录的频率的问题,但远距离的激活产生了另一个问题:当结合于一增强子时,也许有几个基因都在这个激活蛋白因子的作用范围之内,如果一个增强子能激活几万个碱基对以外的特定基因,那么,是什么阻止它激活那些启动子在这个距离内的其他基因呢?后来发现有一种称为边界元件或绝缘子的DNA序列控制着结合在增强子上的激活蛋白因子的行动。当绝缘子元件置于增强子和启动子之间时,绝缘子将抑制这个增强子对其下游基因转录的激活作用。图4-20给出绝缘子如何执行其功能的示意图:(A)当增强子与启动子之间不存在绝缘子时,结合在增强子上的激活蛋白因子对其下游的启动子(实际上是基础转录复合体)产生激活作用。(B)当一个绝缘子置于增强子和启动子之间时,在适当的蛋白质与绝缘子结合后,尽管激活蛋白因子与增强子结合,然而由于绝缘子及其结合蛋白的存在阻断了增强子对启动子的激活作用。(C)绝缘子只能阻断紧靠其两侧的增强子对启动子的激活作用(如4-20B所示的情况),但是,无论结合在增强子上的激活蛋白因子,还是启动子,都不会因为绝缘子及其结合蛋白的活动而失去原有的生物活性。此图示结合在增强子上的激活蛋白因子能够激活另一个启动子。(D)起始的启动子能被其下游的另一个增强子上结合的激活蛋白因子所激活。绝缘子及与其特异性结合的蛋白因子在真核基因表达调控中的作用仍然是正在研究中的问题,这里给出的只是绝缘子元件如何执行其功能的可能机制。

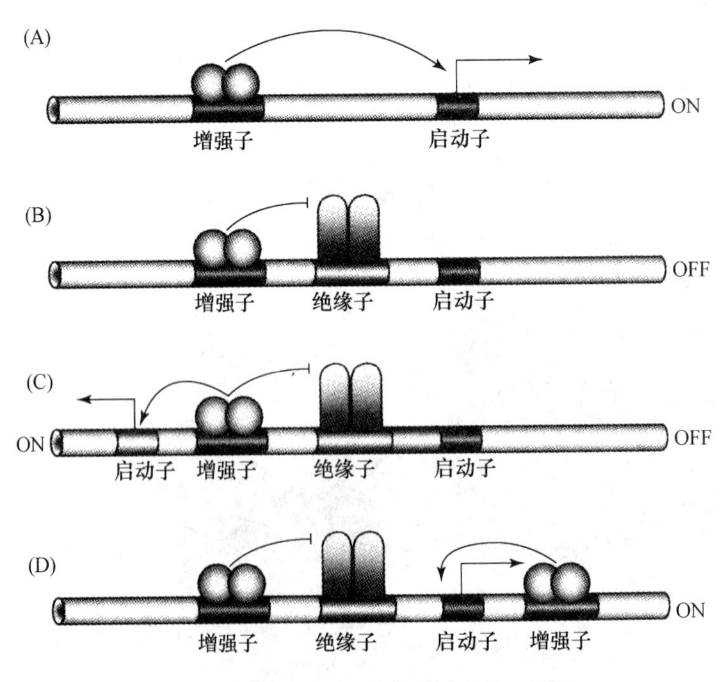

图4-20 绝缘子如何执行其功能的示意图

(引自 Watson J, et al, 2004)

4.5.7 在细胞内 RNA 聚合酶Ⅱ可能以全酶多蛋白复合体的形式行使其功能

RNA 聚合酶全酶的概念早在 1994 年就由 Koleske 和 Young 提出来了。他们从酵母中分离出一个包括 RNA 聚合酶Ⅱ在内的、相对分子质量较高的多蛋白复合体。现在知道，这个复合体由 RNA 聚合酶Ⅱ、中介子复合体以及各种通用转录因子及其相关因子（如图 4-19 所示）等共 60～70 个多肽组成，整个分子的相对分子质量达 3 000 000，其大小与真核细胞的核糖体相当。这个多蛋白复合体在缺少启动子 DNA 时也是稳定的，作为起始转录的一种存在形式，多蛋白复合体中的 RNA 聚合酶Ⅱ的 C 末端结构域缺少磷酸化的尾，而其新生链的延伸形成具有磷酸化的尾。人们推测，这种全酶多蛋白复合体在细胞内通过与启动子序列结合而行使其功能。精简地了解 RNA 聚合酶Ⅱ全酶的概念，可帮助我们深入理解在活细胞内各种蛋白质生命大分子是如何通过有机的相互作用协同地执行其生命功能的。

在此需要补充一点，在介绍 RNA 聚合酶Ⅱ相关的通用转录因子（TFⅡX）时提出TFⅡA（参见表 4-1），然而在基础转录复合体体外体系分步组装时却没有 TFⅡA 的参与（图4-13）。这是因为 TFⅡA 对体外转录起始是不需要的，而对于 RNA 聚合酶Ⅱ在细胞内的转录起始是必需的。

4.5.8 X 射线晶体学分析揭示了真核细胞转录的精细分子机制

如上所述，完整的 RNA 聚合酶Ⅱ转录机器由 60～70 个多肽链（或亚基）组成，其相对分子质量超过 3 000 000。对这样庞大的复合体进行结构解析的确是一个巨大的挑战。然而，考虑到 RNA 聚合酶Ⅱ是这个转录机器的核心，是转录机器组成成分的装配平台，R. Kornberg 实验室利用 X 射线晶体学方法对一系列 RNA 聚合酶Ⅱ及其与 DNA、RNA、核苷酸的复合体进行解析，揭示了 RNA 聚合酶Ⅱ的分子结构。

RNA 聚合酶Ⅱ的 0.28 nm 分辨率晶体结构包含 10 个亚基。从这个结构中可以观察到，结合双链 DNA 的钳状结构处于张开构象，以利于 DNA 启动子区进入而起始转录。钳状结构附近有 31 个柔性区，其功能可能是负责转录后 RNA 从 DNA 上解离和 DNA 双链的重新生成。从对结构的分析中认定了 RNA 聚合酶Ⅱ催化转录反应的活性区和重要的氨基酸残基。后来的实验进一步明确，mRNA 从 DNA 模板上分离是由 RNA 聚合酶Ⅱ中最大的两个亚基、Rbp1 和 Rbp2 中的 3 个柔性区完成的。

在 RNA 聚合酶Ⅱ与 DNA 和 mRNA 复合体的结构分析中，可以观察到双链 DNA 进入 RNA 聚合酶Ⅱ，在离催化活性区 3 个碱基对的地方，双链被打开，转录在模板上进行（图 4-21）。一段含有 9 个核苷酸的 mRNA 已经合成并仍与 DNA 模板链形成双链，其 3′端正处于 RNA 聚合酶Ⅱ催化核苷酸聚合的位点，等待新的核苷酸的掺入。对 RNA 聚合酶Ⅱ活性位点结构进一步分析认定，活性位点附近的一个天冬酰胺残基保证了是核糖核苷酸而不是脱氧核糖核苷酸被聚合到 mRNA 分子上。当脱氧核糖核苷酸或与模板链不匹配的核糖核苷酸进入时，RNA 聚合酶可通过“倒退”或“退回”（backtrack）机制，将在空间构象上不稳定的错误核苷酸去除。

通过对 RNA 聚合酶Ⅱ及其复合体的晶体结构分析，人们逐渐从分子水平上搞清 RNA 转录过程的一些步骤。如聚合反应中核苷酸的移位是通过 Rbp1 和 Rbp2 间，来自于 Rbp1 的 α 螺旋的构象变化，将核酸分子移动 0.3 nm，正好相当于一个碱基对的长度。对于 RNA 转录过程中正确选择核苷酸掺入的问题，R. Kornberg 实验室提出了核苷酸选择的“旋转”机制：核苷

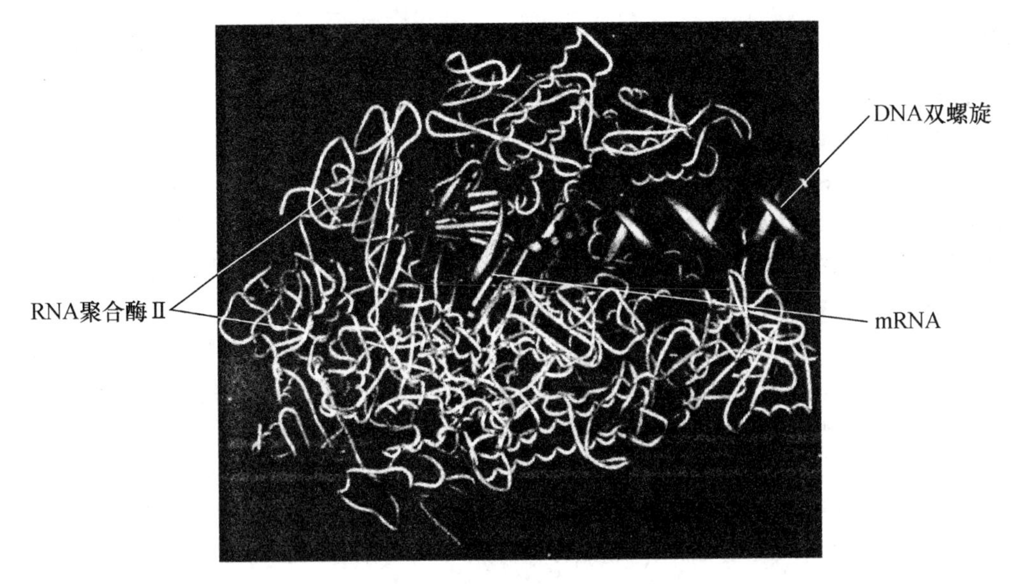

图4-21 处于转录状态的RNA聚合酶Ⅱ

示DNA模板，新合成的mRNA，RNA聚合酶Ⅱ的两个亚基Rbp1和Rbp2的相对位置。(http://www.nobel prize.org)

酸分子以碱基朝外的方式进入RNA聚合酶Ⅱ漏斗状通道，在与聚合酶分子产生非共价结合后，核苷酸分子在通道里旋转，如果它的碱基与DNA模板链+1位的碱基相匹配，它与mRNA分子间的磷酸二酯键就会形成，使mRNA链向前延伸一个核苷酸。否则，由于错误核苷酸与DNA模板上核苷酸非互补的立体化学特性造成转录复合体结构不稳定，从而阻止了非匹配核苷酸在mRNA链3′-OH端发生聚合反应。

X射线晶体学方法为我们从生物大分子结构分析出发，了解其结构与功能的关系做出重要的贡献。对一系列RNA聚合酶Ⅱ复合体的结构解析，使人们第一次观察到RNA转录过程中RNA聚合酶如何选择与DNA模板相匹配的核苷酸；如何通过位移，产生聚合反应，使新生mRNA链延伸的；新合成的mRNA分子又是如何从DNA模板链上分离的。在此要指出的是，生物大分子晶体学的研究虽然为了解生物大分子的结构和功能提供了重要的结构基础，但所用的实验条件毕竟不是在生理条件下进行的，要想全面地了解一个生物大分子复合体的结构与功能，应该将结构生物学、分子生物学、生物化学及遗传学的方方面面结合起来进行研究。

4.6 真核生物基因转录的延伸和终止

4.6.1 真核基因转录的延伸与延伸因子及转录RNA的校对机制

如前所述，一旦RNA聚合酶Ⅱ起始了转录，便转入延伸阶段(参见图4-15)。这一转变包括大部分起始因子，如通用转录因子和中介子的解离。然而转录延伸阶段却需要另外一些蛋白因子，这就是延伸因子(elongation factors)。有多个蛋白质可以激活RNA聚合酶Ⅱ的延伸反应，其中之一是激酶(kinase)P-TEFb，它通过将聚合酶的CTD结构域重复序列中两处丝氨酸残基磷酸化、激活延伸因子hsPT5以及使另一个延伸因子TAT-SF1加入聚合酶延伸复合体等三种方式激活延伸反应。

TFⅡS 是一个必须提及的 RNA 聚合酶Ⅱ延伸因子，其功能有二：一是加快转录延伸的总体速度，这是通过缩短 RNA 聚合酶Ⅱ在转录过程中出现的暂停(pausing)时间来实现的；一是协助 RNA 聚合酶Ⅱ对转录物进行校对。在本部分开始，我们简单地介绍了转录的校对(参见4.1)的两种机制，TFⅡS 是通过"倒退"和水解两步实施对转录的校正的(图 4-22)。

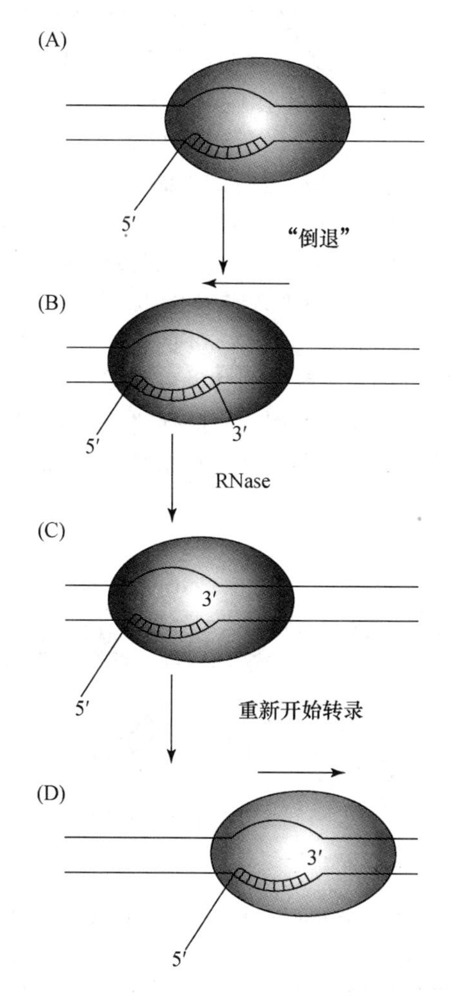

图 4-22　TFⅡS 协助 RNA 聚合酶Ⅱ对转录进行校对的三部曲

(A) RNA 聚合酶Ⅱ沿 DNA 模板进行转录。(B) 当转录出现错误时，TFⅡS 使 RNA 聚合酶从错误掺入点"倒退"。(C) 其 RNase 酶活性从 3′端水解去除错误掺入的核苷酸。(D) RNA 聚合酶Ⅱ沿 DNA 模板再重新起始转录。(引自 Garrett，Grisham，2005)

4.6.2　真核基因转录终止

转录经过起始、延伸之后就进入转录终止阶段。转录终止的意义在于：① 使 DNA 聚合酶从 DNA 模板上释放，得以重新进入 mRNA 的转录(recycling of RNA polymerase)；② 转录的终止时间要调控在恰到好处，终止得太晚会损害在同一染色体上其他基因的表达调控，终止得过早则会产生 3′端合成不完全的 mRNA(truncated mRNA)。因此，转录的终止应该是一个严格的调控过程。然而,对于真核 RNA 聚合酶Ⅱ转录终止的机制的研究仍然在进行之中。这里只就一些较确定的结果做一介绍。

(1) 对于真核 RNA 聚合酶Ⅱ转录终止,到现在尚未严格地确定终止序列,也就是还没有在 DNA 序列中确定作为转录终止位点(termination site)的具体信号,即常说的顺式作用元件或共有 DNA 序列。

(2) 在绝大多数的基因上,转录终止的发生并非从特定的位点开始,而是发生在基因的 poly(A)位点下游区的各种不同的部位处。这些部位可距 poly(A)位点几百或几千个碱基。

(3) RNA 聚合酶Ⅱ转录终止需要 poly(A)信号(mRNA 3′端的多聚腺苷酸化,即加 poly(A)的机制将在下面介绍)。真核编码蛋白质的基因具有 poly(A)信号,由此确定了 mRNA 3′末端并介导由 RNA 聚合酶Ⅱ所进行的下游转录终止。当 RNA 合成中所需的延伸因子(elongation factors)碰到 poly(A)信号时,便从 DNA 模板上解离,由此产生称为终止感受态(termination-competent)的 RNA 聚合酶Ⅱ。当通过识别 poly(A)信号位点,mRNA 前体 3′端加工复合体将 mRNA 切割后,在 mRNA 前体的 3′端产生无帽子结构保护的 RNA 5′端(详细过程参见 4.7.1),此时一个称为 Rat1/Xrn2 的 5′→3′的外切核酸酶通过将此 RNA 降解,从而诱发 RNA 聚合酶Ⅱ从 DNA 模板上解离并使转录终止。这种机制被称为 Torpedo 模型(torpedo model)。Rat1/Xrn2 5′→3′外切核酸酶促进 RNA 聚合酶Ⅱ转录的终止已被很多实验所证实。Torpedo 模型就是依据这些事实提出来的(图 4-23)。

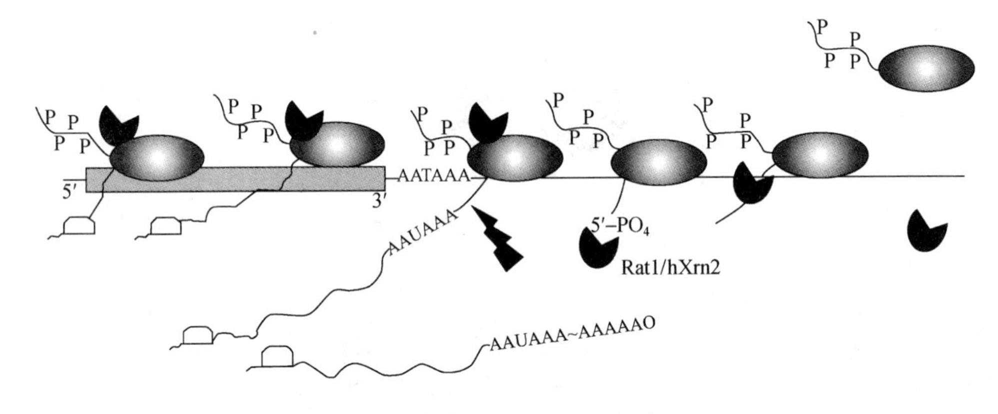

图 4-23 真核基因转录终止的 Torpedo 模型

示 mRNA 在 poly(A)信号位点下游被切割后,5′→3′的外切核酸酶 Rat1/Xrn2 从 5′降解 RNA 并诱发 RNA 聚合酶Ⅱ从 DNA 模板上解离,从而使转录终止。hXrn2 指来自人的 Xrn2。(引自 Garrett, Grisham, 2005)

(4) 转录终止需要 RNA 聚合酶Ⅱ的 C 末端结构域(CTD)。CTD 是 RNA 聚合酶Ⅱ最大的亚基,由很多共有序列(YSPTSPS 七肽重复序列)组成。CTD 上不同的磷酸化模式,成为不同的 mRNA 加工因子结合时的识别位点。如在第二位丝氨酸残基(S2)被磷酸化的 CTD 可被与多聚腺苷酸化相关的蛋白因子所识别。而这些因子对转录的终止是必需的。RNA 聚合酶Ⅱ转录过 poly(A)信号位点后,在 poly(A)信号位点的下游区,mRNA 前体被 mRNA 前体 3′端加工复合体切断后,切割位点的下游区 RNA 被 Rat1/Xrn2 5′→3′的外切核酸酶所降解(如(3)所述)。由此可见 mRNA 前体通过其 mRNA 前体 3′端加工复合体在 poly(A)信号位点的切割及其后由 Rat1/Xrn2 等两种 5′→3′外切核酸酶对 mRNA 3′下游区的降解触发了转录终止。图 4-24 给出了转录终止的可能机制,其与 Torpedo 模型(图 4-23)相一致。

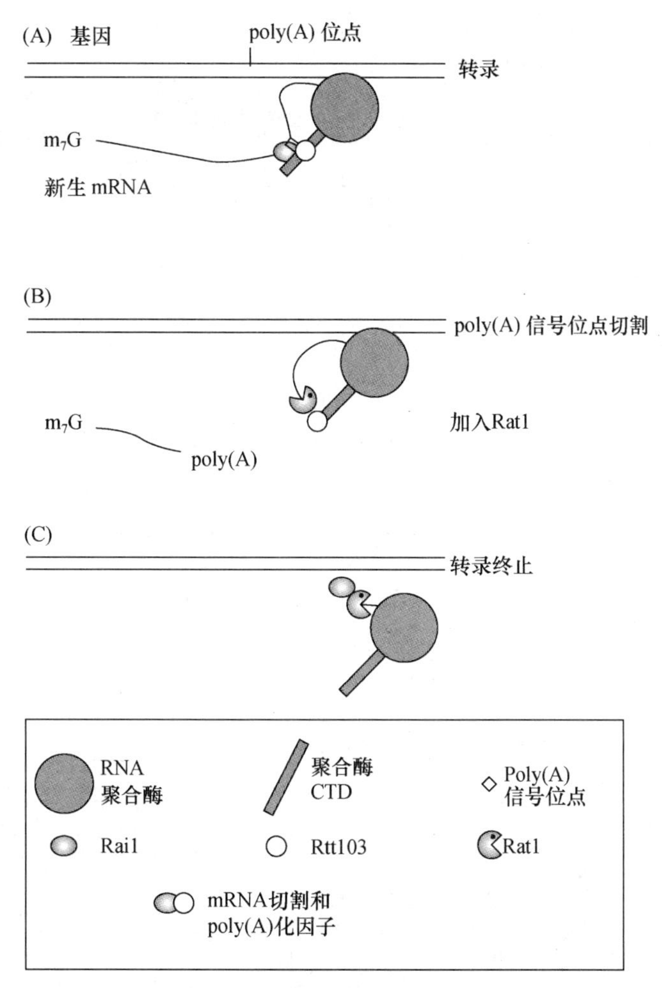

图 4-24 真核基因转录终止机制的示意图

(A) Rat1/Xrn2 失活稳定了 poly(A)信号位点下游的 RNA 片段;(B) 当 Rat1/Xrn2 用尽,转录不能终止;(C) Rat1/Xrn2 追赶 RNA 聚合酶Ⅱ,并一路降解 RNA 链,当其赶上聚合酶时诱发转录终止。

(引自 Garrett, Grisham, 2005)

4.7 在真核细胞中 mRNA 转录后加工

RNA 是细胞的生物大分子中的一个大家族,在生命活动中起着各种不同的重要作用(表 4-2)。它们在细胞中的合成和加工有着不同的方式。由于篇幅所限,这里仍以 mRNA 转录后加工为例加以介绍。

为蛋白质编码的 mRNA 的成熟过程在真核和原核生物之间明显不同:在原核生物中 mRNA 经 RNA 聚合酶从模板 DNA 链上转录下来之后,就是成熟的 mRNA,不需要转录后加工;在原核生物中 mRNA 的转录和翻译是偶联在一起的,在 mRNA 转录的过程中也随之进行蛋白质的合成。真核生物则不然,如前面所述,真核生物中绝大多数为蛋白质编码的 DNA 序列是不连续的,整个基因由所谓的外显子和内含子所组成。在细胞核中被 RNA 聚合酶Ⅱ合成的初级转录物(primary transcripts)又叫做核不均一 RNA(heterogeneous nuclear RNA, hnRNA)或mRNA前体(pre-mRNA)。hnRNA在核中要经过一系列的修饰、加工后才形成成熟的mRNA(mature mRNA)(图4-25)。

表4-2 真核细胞中RNA的基本类型

RNA类型	功能
mRNAs	为蛋白质编码
rRNAs	核糖体RNA,用以形成核糖核蛋白体的基本结构并催化蛋白质的合成
tRNAs	转移RNA,主要功能是作为mRNA和氨基酸之间的转配器(adaptors)参与蛋白质的合成
snRNAs	核小RNA,其功能是参与包括mRNA前体剪接在内的各种核加工
snoRNAs	核仁小RNA,参与rRNA的加工和化学修饰
其他非编码RNA(other non-coding RNAs)	参与包括端粒合成,X染色体失活、蛋白质向内质网(ER)转移等多种细胞功能

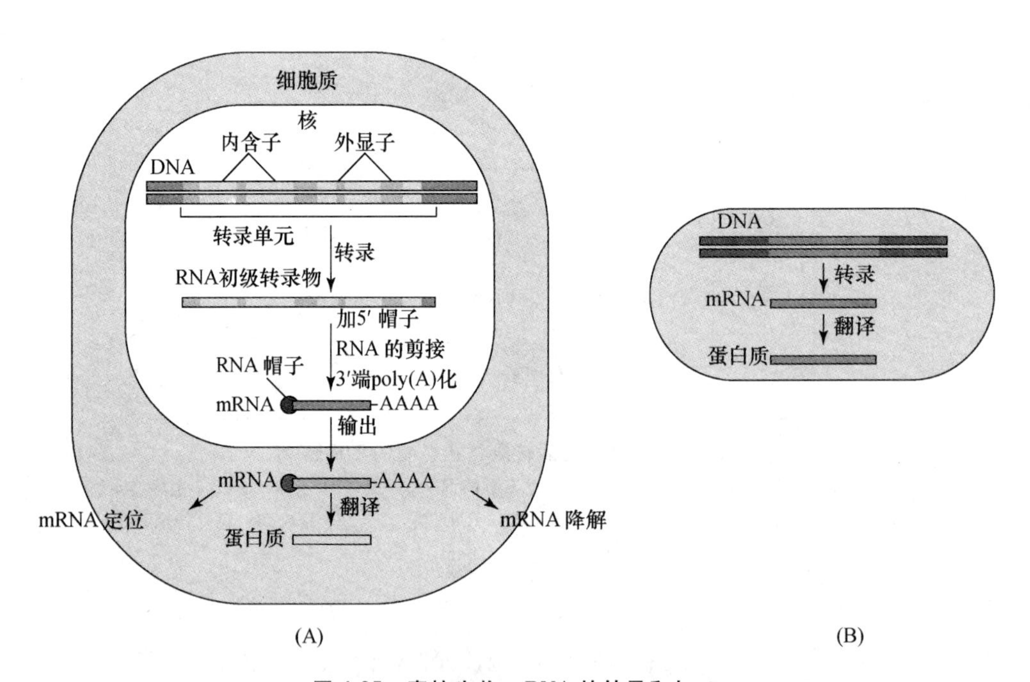

图4-25 真核生物mRNA的转录和加工

(A)示在真核细胞中细胞核内mRNA前体的转录,加5′帽子,3′端poly(A)化以及mRNA前体的剪接。成熟的mRNA在核中合成后输出到细胞质中进行翻译。(B)示原核细胞mRNA的转录。

4.7.1 真核细胞mRNA前体的修饰

真核细胞mRNA前体在进行剪接加工前,经过两次共价修饰:① 在mRNA初级转录物的5′端加上G残基的帽子(capping)并甲基化(methylation);② 在mRNA初级转录物的3′端加约200～250个腺苷酸组成的poly(A)序列(polyadenylation)。这两个过程都是与转录同时进行的。

1. 加帽和甲基化

mRNA 初级转录物(或 mRNA 前体、hnRNA)的加帽发生在 RNA 聚合酶Ⅱ转录刚刚开始,大约 30 个核苷酸被合成时。这一反应是在鸟苷酰转移酶(guanylyl transferase)催化下,以 GTP 为底物,与 mRNA 初级转录物 5′端的三磷酸发生缩合反应,在 RNA 的 5′端加上 G 残基帽子。整个反应为 $G_{PPP}+{}_{PPP}A_PN_PN_PN_P\cdots\rightarrow G_{PPP}A_PN_PN_PN_P\cdots+PP+P$。在 mRNA 初级转录物中,A 经常是起始核苷酸(图 4-26)。

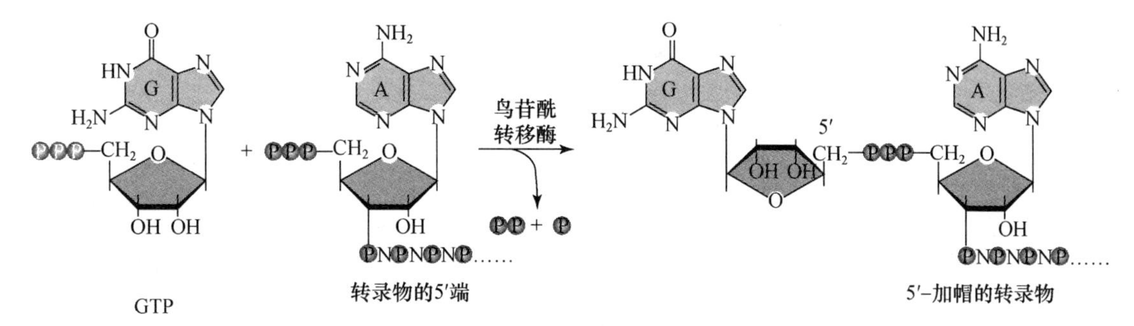

图 4-26 真核 mRNA 初级转录物加 5′-帽子

(引自 Garrett, Grisham, 2005)

位于真核细胞 mRNA 初级转录物 5′端的几个特异性位点上的甲基化是 mRNA 成熟的关键步骤。当甲基化只发生在鸟苷 G 的^{7}N 时,生成典型的 7-甲基鸟苷三磷酸的帽子结构,这个帽子称为"Cap0",这一甲基化发生在所有真核细胞 mRNA 中。如果甲基也加到帽子后第一个核苷酸中核糖的 2′-*O* 位置上,称为"Cap1"帽子结构。这是所有多细胞真核生物主要的帽子形式。某些物种中,可加第三个甲基到帽子后的第二个核苷的核糖 2′-*O* 位置,产生"Cap2"帽子结构。此外,如果帽子后的第一个碱基为腺嘌呤时,其 6-NH_2 也可被甲基化。在较高等真核生物的 mRNA 中,大约有 0.1%的腺嘌呤碱基的 6-NH_2 被甲基化(图 4-27)。

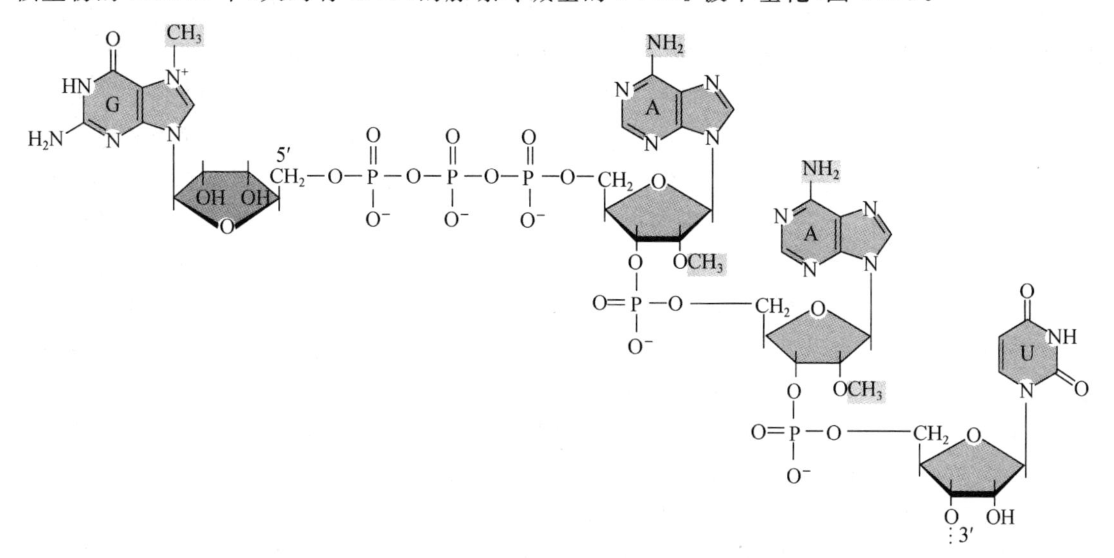

图 4-27 真核细胞 mRNA 5′端帽子结构及甲基化位点

5′端帽子的形成是多种酶参与的催化过程。如图 4-28 所示,包括有磷酸酶、鸟苷酰转移酶、鸟苷酰 7-甲基转移酶以及 2′-*O*-甲基转移酶,分别负责 mRNA 初级转录物 5′-磷酸的水解,鸟苷酸的转移,鸟苷 G 的^{7}N 位的甲基化以及核苷酸中核糖 2′-*O* 位的甲基化。

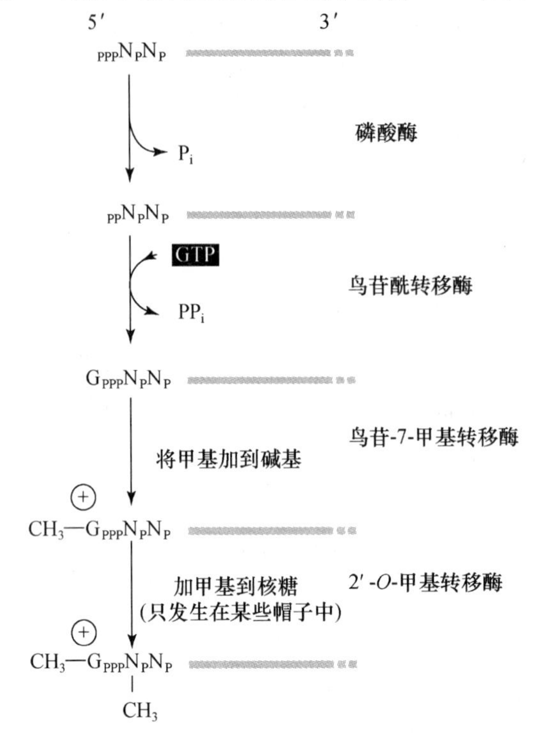

图 4-28　参与 5′帽子形成的酶蛋白

磷酸酶(phosphatase)、鸟苷酰转移酶、鸟嘌呤-7-甲基转移酶(guanine-7-methyl transferase)、2′-*O*-甲基转移酶(2′-*O*-methyl transferase),分别负责脱磷酸、鸟苷酰转移、将甲基转移到碱基 G 以及 3′核糖(2′-*O*)上。

在此需要指出的是 mRNA 的加工是同转录过程偶联的。如图 4-29 所示,mRNA 的加工需要 RNA 聚合酶Ⅱ的 C 末端结构域。这是因为 CTD 尾由 52 个七肽(YSPTSPS)重复序列组成,七肽中的 5 个残基含—OH 基团,在 RNA 延伸过程中可被不同的激酶根据需要在不同位点实施不同的磷酸化。CTD 的磷酸化为参与 5′帽子形成、剪接和 3′端多聚腺苷酸化所需的蛋白因子或酶提供结合位点,而这些蛋白因子或酶则在适当的时间转移到新合成的 RNA 上行使其功能。在转录的终止,CTD 则被去磷酸化,使 RNA 聚合酶重新起始下一轮转录反应。

那么,为什么真核细胞要在它们的 mRNA 上加上帽子结构,即帽子结构的功能是什么呢?这是因为:帽子结构为帽子结合蛋白(capbinding protein)所识别,而帽子结合蛋白的结合可协助或同其他翻译起始因子一起使 40S 的核糖体小亚基与 mRNA 5′端结合,从而提高翻译速度;帽子结构可以将 mRNA 同其他类型的 RNA 区分开来;mRNA 从细胞核到质的转运需要帽子结构和 poly(A)的存在;在细胞质中帽子结构能稳定 mRNA,防止被降解。因此,帽子结构是翻译所必需的结构,在蛋白质合成的起始中发挥重要的作用。

2. mRNA 初级转录物 3′端的多聚腺苷酸化

mRNA 3′端的多聚腺苷酸化(polyadenylation)是一个复杂的过程,是由包括 RNA 聚合酶Ⅱ在内的多种蛋白因子及特定的核苷酸序列信号协同相互作用完成的。

绝大多数 RNA 聚合酶Ⅱ转录物的 3′末端的序列并不是由转录终止确定的,而是通过发生在 RNA 转录物 3′端的加工过程确定的。就哺乳类 mRNA 3′端的加工而言,现在知道在

mRNA初级转录物(或mRNA前体)分子上的切割和poly(A)加入位点的上游和下游都要有特定的碱基序列信号。如图4-30所示,上游信号为AAUAAA序列,而下游信号是富含GU(GU-rich)或富含U(U-rich)的序列。这两个序列组成了mRNA前体3′端加工所需要的核心元件。此外,某些mRNA前体在AAUAAA上游区还有一个富含U的辅助序列,此序列是mRNA前体3′端加工反应的增强子(图未显示)。参与mRNA前体3′端加工的多种蛋白因子和酶就是以这些元件为核心位点形成复合体的。

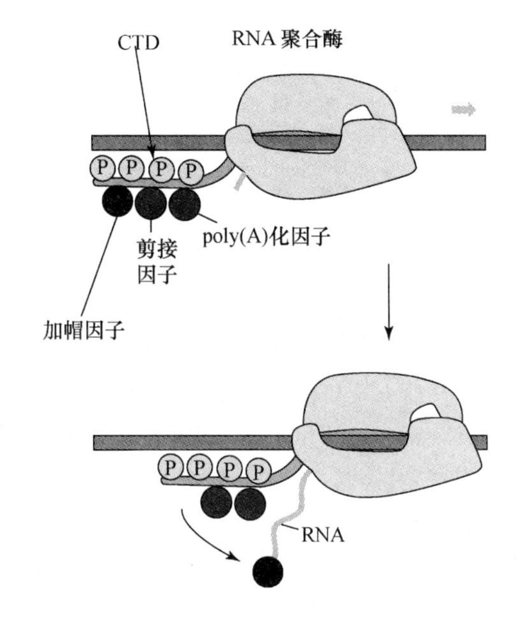

图 4-29　RNA聚合酶Ⅱ CTD结构域重复序列不同的磷酸化,为mRNA转录后加工的各种蛋白因子提供了特异性结合位点。这些因子在适当时间转移到新生RNA上行使功能

(引自Garrett, Grisham,2005)

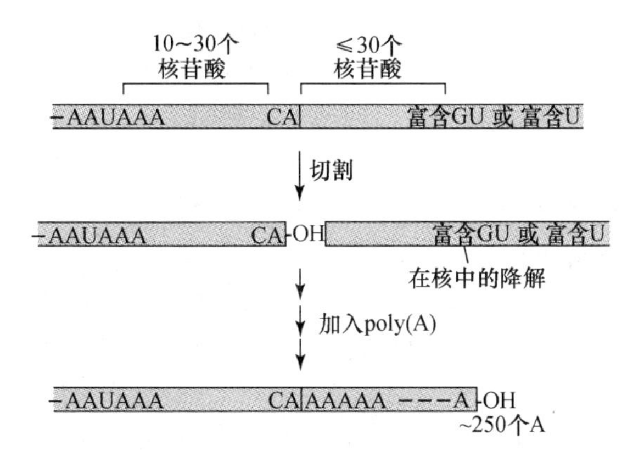

图 4-30　形成mRNA 3′端所需的碱基序列信号

参与mRNA前体3′端加工的蛋白因子和酶除了RNA聚合酶Ⅱ外,到目前为止,从HeLa细胞和小牛胸腺核抽提物中已分离出6种成分,并对其功能进行了研究(表4-3)。在这6种组成

表 4-3 参与哺乳类 mRNA 前体 3′端加工的成分

蛋白因子的名称	缩写	相对分子质量(M_r)	参与的反应及功能
poly(A)聚合酶	PAP	82 000	切割和聚腺苷酸化,催化 poly(A)的合成
切割和聚腺苷酸化特异性因子	CPSF	160 000 100 000 70 000 30 000	切割和聚腺苷酸化,特异性地与 AAUAAA 信号元件结合
切割刺激因子	CstF	77 000 64 000 50 000	切割,与富含 Gu 的下游信号元件富 GU 结合
切割因子	CFⅠm CFⅡm	25 000 68 000	切割,m 指来自哺乳类细胞
poly(A)结合蛋白Ⅱ	PABⅡ	49 000	poly(A)的延伸及长度控制,结合到正在生长的 poly(A)的尾部

成分中,有两个关键成分负责识别 RNA 底物,它们分别称为切割和聚腺苷酸化特异性因子(cleavage and polyadenylation specificity factor, CPSF)。CPSF 由 M_r 分别为 160 000,100 000,73 000 及 30 000 的 4 个亚基组成,其通过 160 000 的亚基(多半还有 30 000 的亚基)特异性地与 AAUAAA 信号元件相结合。切割刺激因子(cleavage stimulation factor,CstF)由 M_r 分别为 77 000,64 000 及 50 000 的 3 个亚基组成,并通过 M_r 为 64 000 的亚基与富含 GU 或富含 U 的下游信号元件相结合。CPSF 和 CstF 同时存在是它们执行各自的功能所必需的,CPSF 的存在是 CstF 同下游信号元件的结合所必需的,而 CstF 的存在则稳定了 CPSF 与 RNA 的相互作用。哺乳类 mRNA 前体 3′端加工的复合体如图 4-31 所示,由此可以看出 RNA 聚合酶Ⅱ的 CTD 亚基在 mRNA 前体 3′端加工复合体形成中起着重要作用。如图 4-32 所示,磷酸化的 CTD 作为结合位点首先与 CPSF 和 CstF 相结合。随着 RNA 的延伸,CPSF 和 CstF 分别从 CTD 转移到 RNA 链上与相应的序列元件相结合。最后切割因子 CFⅠ、CFⅡ(cleavage factor)和 poly(A)结合蛋白Ⅱ(poly(A)-binding protein Ⅱ,PABⅡ)加入形成 mRNA 前体 3′端加工复合体(图 4-31,4-33)。在复合体内的两个切割因子(CFⅠ和 CFⅡ)具有内切核酸酶水解活性。当其对 RNA 进行切割完成后,CstF、CFⅠ和 CFⅡ脱离 mRNA 前体 3′端加工复合体,而切下来的下游片段很快被降解。此时 poly(A)聚合酶 PAP 和 CPSF 仍与上游区的切割产物相结合进行下一步反应。在 ATP 和 Mg^{2+} 存在下,在距 AAUAAA 下游大约 10～30 个核苷酸处加入一个由大约 10 个腺苷酸组成的寡聚腺苷酸,此时 PABⅡ与寡聚腺苷酸的尾部相结合。PABⅡ的结合引起 poly(A)尾快速持续合成大约 250 个腺苷酸残基。PABⅡ的结合使 poly(A)延伸复合体成为由 mRNA 前体(具 AAUAAA 信号元件)、CPSF、PAP 和 PABⅡ组成的稳定四元复合体。PABⅡ的结合使 poly(A)延伸的速度提高了 300 倍,加入的腺苷酸由每分钟 5 个增加到 1500 个,这样就保证了 poly(A)的延伸在短时间内完成。如图 4-33 所示,在 poly(A)进行爆发式快速延伸时,正在生长的 poly(A)尾被新加入的 PABⅡ所包被。值得指出的是,PAP 本身对 RNA 的亲和力低,不能特异性地识别 mRNA 前体上特定的切割和加 poly(A)的位点,只有与 CPSF 相互作用后才被激活,变得具有序列特异性。mRNA 的多聚

腺苷酸化不需要模板，而 poly(A)尾在基因组中未被编码。poly(A)化的功能是，通过与 PAB Ⅱ相互作用，促进对蛋白质的有效翻译和防止 mRNA 被降解。所以 poly(A)尾的功能可促进翻译并控制 mRNA 的稳定性。

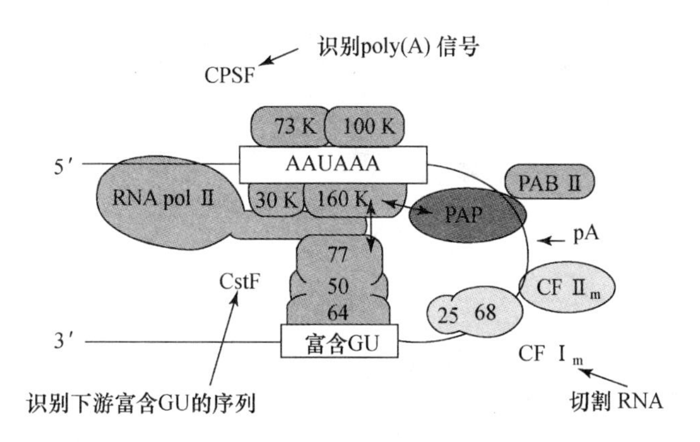

图 4-31 哺乳类 mRNA 前体 3′端加工复合体

(引自 Garrett，Grisham，2005)

在基因工程的操作方面，poly(A)的存在为我们利用 oligo(dT)或 poly(dT)亲和柱层析，通过碱基互补原理从细胞抽提液 RNA 中分离 mRNA 和 hnRNA，进而为获得所需的 cDNA 创造条件。由于原核细胞的 mRNA 3′端缺少 poly(A)，所以不能用这种方法分离纯化原核 mRNA，也不能将 mRNA、rRNA、tRNA 以及其他 RNA 分离出来。

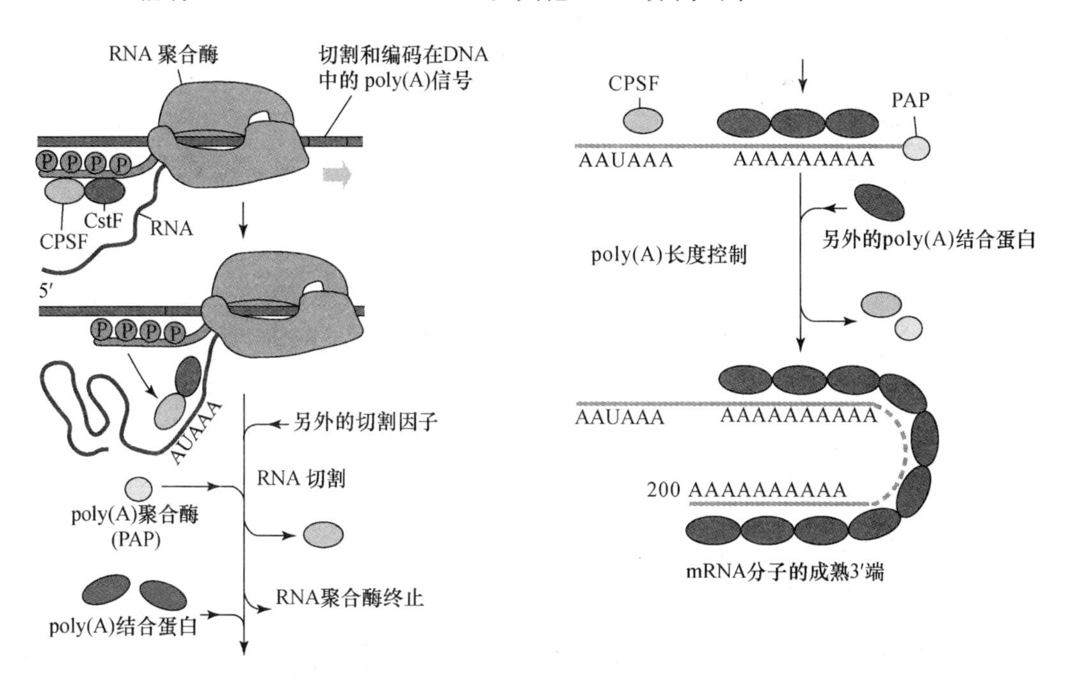

图 4-32 RNA 聚合酶Ⅱ CTD 如何参与 mRNA 前体 3′端加工复合体的形成

(引自 Garrett，Grisham，2005)

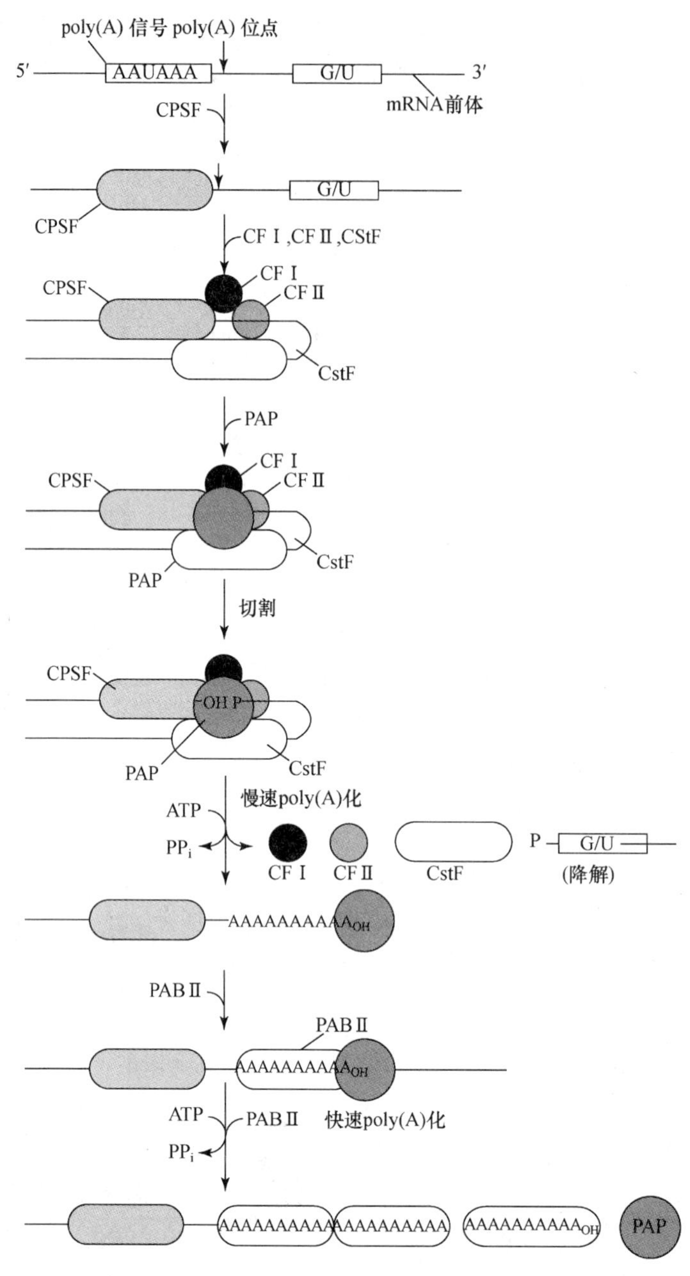

图 4-33　哺乳类细胞 mRNA 前体 3′端加工的过程

(引自 Keller W, 1995)

4.7.2　真核细胞 mRNA 前体的剪接

真核细胞 mRNA 前体通常缺少连续的开放读码框,这是因为 mRNA 前体是基因的忠实拷贝,其含有外显子和内含子序列,而内含子中经常出现翻译终止密码(stop codon)序列。除了上述的 mRNA 前体修饰或 5′→3′加工外,只有将内含子序列从 mRNA 前体中去除后,才成为特定蛋白质编码的成熟 mRNA。将从 mRNA 前体中去除内含子序列,并将外显子序列连接起来形成成熟 mRNA 的加工过程叫做 RNA 的剪接(RNA splicing)。图 4-34 给出鸡卵白蛋白的 mRNA 前体，通过 RNA 剪接将处在 mRNA 前体中间的 7 个内含子去除，形成鸡卵白蛋白编码的成熟 mRNA 的剪接过程。

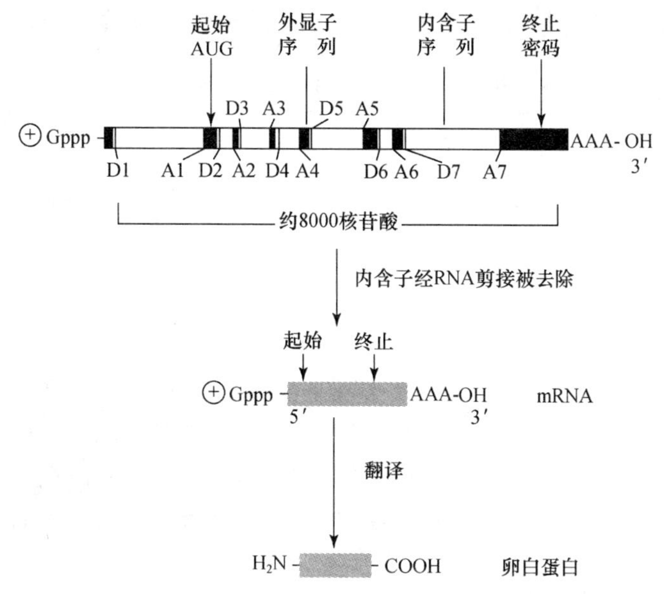

图 4-34 鸡卵白蛋白 mRNA 前体的剪接加工

示 7 个内含子序列通过 RNA 剪接被去除。D 表示 5′剪接位点(给体位点)；A 表示 3′剪接位点(受体位点)。(引自 Alberts B, et al, 1994)

如何从 mRNA 前体将内含子切除而使外显子正确相连成为成熟的 mRNA? 剪接是通过所谓的剪接体(spliceosomes)与处于内含子 5′端的 5′剪接位点(5′splice site)和 3′端的 3′剪接位点(3′splice site)相互作用而完成的。5′和 3′端的剪接位点又分别称为剪接供体位点(donor site)和剪接受体位点(acceptor site)。在较高等的真核生物中，这些位点的核苷酸序列很保守，以一种共有序列方式出现(图 4-35)。共有序列处于外显子/内含子接合部，在较高等真核生物中内含子的 5′端总是 GU，3′端总是 AG。所有内含子中都有一个分支点(branch site)，位于 3′剪接位点上游 18～40 个核苷酸，分支点 CURAYY 中的 A 通常更接近于 3′剪接位点。分支点序列对于 mRNA 前体的是必需的。

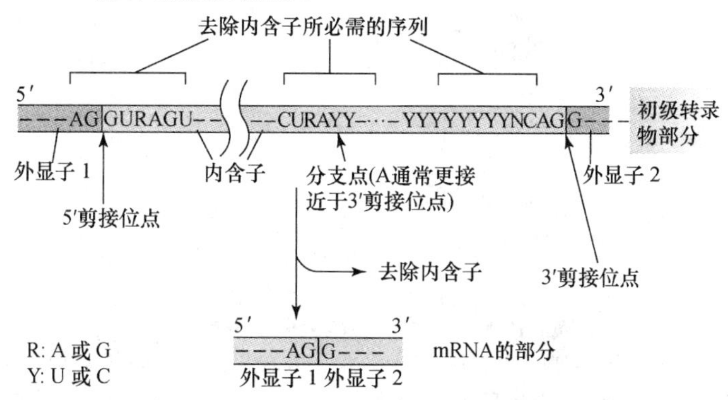

图 4-35 mRNA 前体剪接的共有序列

图中标出 5′剪接位点，分支点以及 3′剪接位点，这些序列对去除内含子是必需的。

(引自 Garret, Grisham, 2005)

剪接体是一类复杂的核糖核蛋白颗粒，由 snRNAs 和各种蛋白因子组成 RNA-蛋白复合体。参与 mRNA 前体加工的 snRNA 主要有五种，由于其分子内富含尿嘧啶核苷酸，所以分别称为 U_1、U_2、U_4、U_5、U_6，其长度和剪接靶位(splicing target)如表 4-4 所示：

表 4-4　在剪接体内发现的 snRNA

snRNAs	长度(核苷酸数)	剪接靶位
U1	165	5′剪接位点
U2	189	分支点，(A)为核心
U4	145	5′剪接位点，并
U5	115	指导分支点到
U6	106	5′剪接位点

在 5 个 snRNAs 中，除 U6 为 RNA 聚合酶Ⅲ的转录物外，其余都是 RNA 聚合酶Ⅱ的转录物。每个 snRNA 与大约 10 种(>7)蛋白质形成核小核糖核蛋白体(snRNPs)。10 种蛋白质中的一些蛋白质形成对所有 snRNPs 都共有的核心部分，而另一些对于每个特异 snRNP 来说则是特有的。这些 snRNP 分别称为 U1 snRNP、U2 snRNP、U4 snRNP、U5 snRNP 和

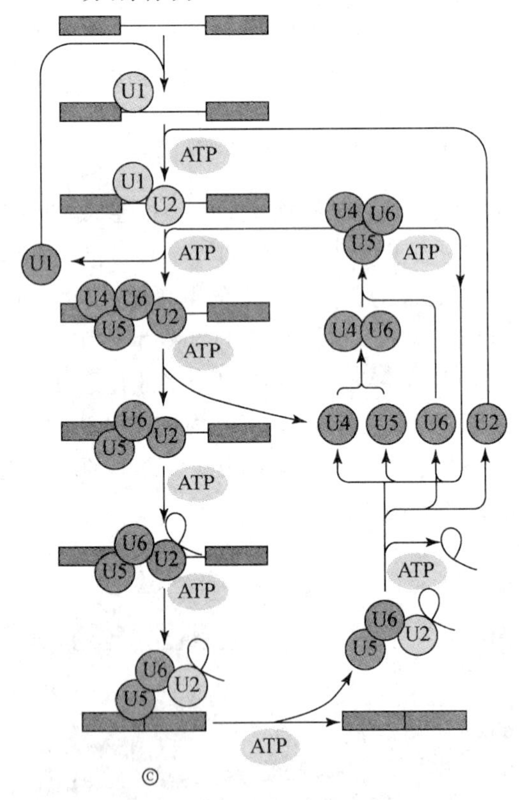

图 4-36　剪接体组装中的事件

随着 U1 snRNP 结合到 5′剪接位点后，U2 snRNP 与分支点序列 UACUAA* C 结合(此序列是图 4-35中 CURA* YY 序列的具体化)。U4/U6-U5 snRNP 三元复合体代替了在 5′剪接位点的 U1 snRNP 并指导分支点序列与 5′剪接位点并列，而 U4 snRNP 被释放。接下来套索形成，5′-外显子的游离 3′端与 3′-外显子的 5′端相连接后，U2、U5、U6 snRNPs 从套索上解离。要指出的是剪接体的组装、重排以及解体的每步需要 ATP 以及各种 RNA 结合蛋白(未标出)。Ux 代表 Ux snRNP。(引自 Staley JP, et al, 1998)。

U6 snRNP。在核中成熟的 U6 snRNA 通过与 U4 RNA 杂交后，与 U4 snRNP 结合形成 U4/U6 snRNP。U6 snRNA 是剪接体中的一个催化成分，其通过与 U4/U6 snRNP 中的 U4 snRNA 的反义杂交(antisense hybridization)而实现对其负调控。图 4-36 给出剪接体组装中所发生的事件。这图说明在剪接体参与 mRNA 前体剪接过程中如何组装、解离及重新组装的全过程，对于深入了解剪接体在 mRNA 前体加工机制是很重要的。

mRNA 前体的剪接过程：剪接过程的详细步骤如图 4-37 所示。U1 snRNP 通过其 snRNA

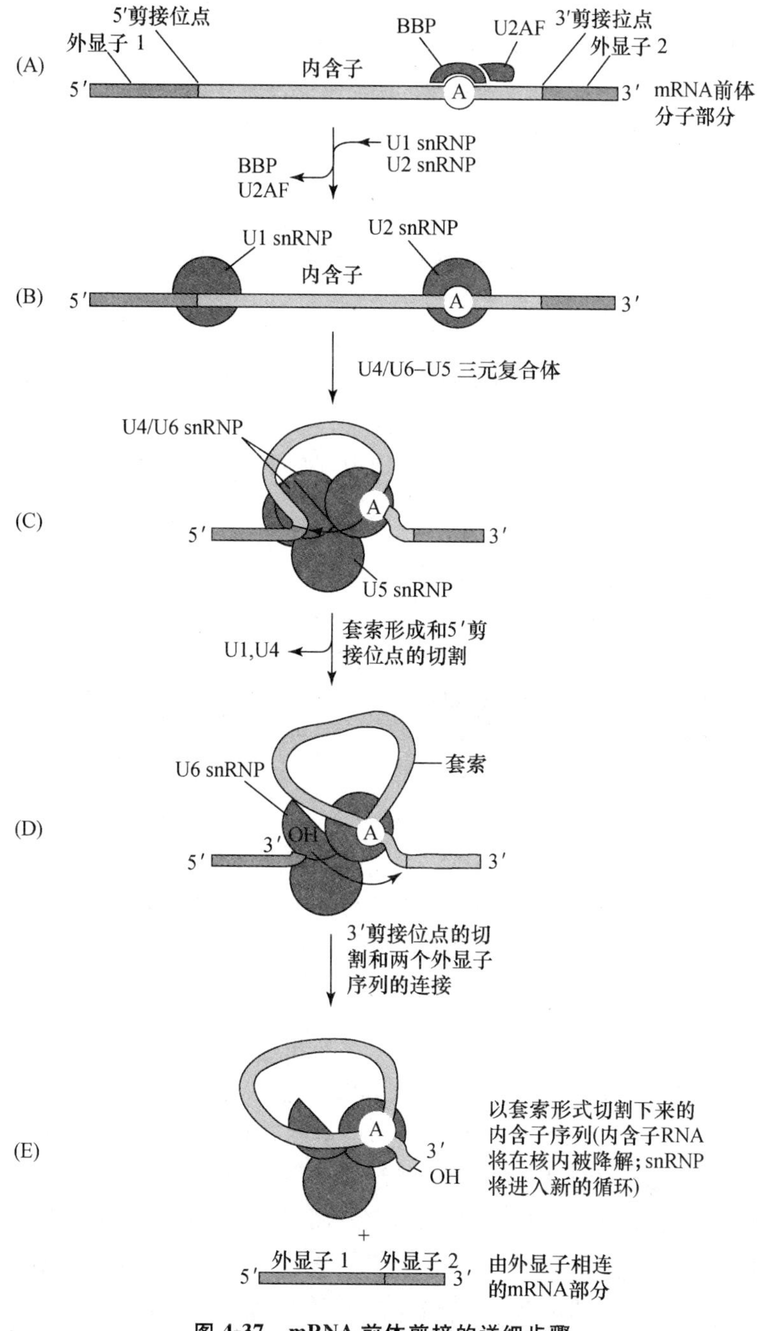

图 4-37　mRNA 前体剪接的详细步骤

(引自 Garrett，Grisharn，2005)

与 mRNA 前体之间的碱基配对识别 5′剪接位点(图 4-38)。U2 snRNP 对分支点的结合是通过两个蛋白因子协助完成的。分支点结合蛋白(branch-point-binding protein,BBP)首先识别分支点,然后在称为 U2AF 的蛋白因子的协助下,使 U2 snRNP 取代结合到分支点上的 BBP,完成了 U2 snRNP 对分支点的结合(图 4-37(A),(B))。U2 snRNP 对分支点的结合也是通过 U2 snRNA 中与分支点间的互补碱基序列配对来完成的(图示省略)。接下来 U4/U6-U5(参见图 4-36)三元复合体加入进来,在这个三元复合体中 U4 和 U6 snRNP 是通过其自身的碱基互补配对相结合,而 U5 snRNP 则是通过蛋白质间相互作用松散结合(图4-37(C))。如前所述,U6 snRNA 是剪接体中的催化成分,U6 snRNA 的活性被 U4 snRNA 通过反义杂交所抑制,所以此时套索结构尚未形成,只是使 5′、3′剪接位点及分支点中保守的 A* 碱基相接近(图 4-37(C))。随着 U1 和 U4 snRNP 的解离,U6 snRNP 的功能得以充分表达,并进入原 U1 snRNP 在 5′剪接位点的位置,并将其切开暴露出外显子 1(即上游外显子)的 3′-OH(图 4-37(D))。当在内含子 5′端保守的 G 残基(参见图 4-35)借其 5′-磷酸基团与在分支点中保守的 2′-OH 相连时,完成第一次转酯反应,生成套索中间体(图 4-37(D))。然后,在外显子 1 的 3′端(5′剪接位点)共有的 G 残基(参见图 4-35)与外显子 2(3′剪接位点)的 5′磷酸基团之间形成磷酸二酯键,完成第二次转酯反应,使外显子 1 和 2 相连并释放套索。值得指出的是,如上所述,虽然 5′的切割、套索的形成以及外显子的连接和套索的切除释放都是分步进行的,而在细胞核内应该是一个密切相关的过程。切下来的内含子序列以套索的形式存在并在核内很快降解,而 snRNP 则重新进入 mRNA 前体剪接循环中(图 4-36,4-37(E))。

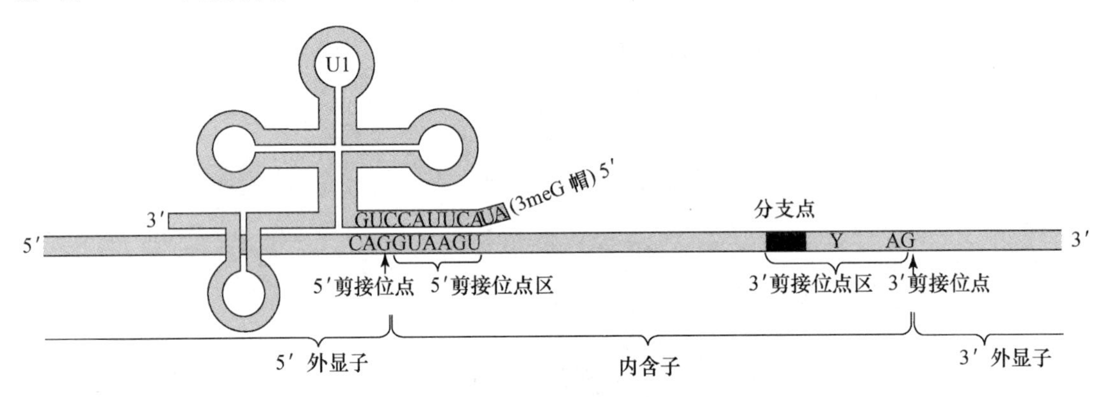

图 4-38 示 U1 snRNP 通过其 snRNA 与 mRNA 前体之间碱基配对识别 5′剪接位点

(引自 Trends in Biochemical Sciences,16: 187, 1991)

在 mRNA 前体剪接反应中,RNA 的切割和重新相连必须非常精确。这是因为即使是一个碱基的错误,都会造成 mRNA 分子读码框的改变。在正常情况下,RNA 加工机器应该确保每个 5′剪接位点只同处在其下游方向(5′→3′)的、紧靠着它的 3′剪接位点相匹配形成内含子套索。然而,在 mRNA 前体剪接中也可能出现差错,如图 4-39 所示,可能出现跳过一个外显子,而同下一个外显子相连接(exon skipping)的状况(图 4-39(A));也可能由于在一个外显子中存在隐秘剪接信号(cryptic splicing signals),使得剪接不能在真正的剪接位点进行(图 4-39(B))。外显子如何精确地相互识别,从而避免在剪接时出现外显子跳过或错误地选择剪接位点呢?能够增加剪接位点选择准确性的机制有二:一个机制,如图 4-29 所示,在将某个基因转录为 RNA 时，RNA 聚合酶Ⅱ携带了多种诸如加帽因子、多聚腺苷酸化因子以及剪接因子等。当在新合成的 RNA 分子上遇到 5′剪接位点时，参与剪接的蛋白因子就从 RNA 聚合酶Ⅱ的 CTD 转移到 mRNA 前体分子上。snRNPs 剪接体成分一旦组装到 5′剪接位点，它只有同即将转录出来的下一个 3′剪接位点的剪接体成分相互作用，这样，在更下游的任何竞争性 3′剪接位点被转录出来之前，剪接体成分就已经识别出了正确的 3′剪接位点。这种与转录同时进行的剪接体组装方式(即所谓的 odering influences)极大地减少了“跳过外显子”的可能性。另一个机制是外显子定位假说(exon definition hypothesis)。在转录过程中，一个蛋白质家族——SR 蛋白质(富含丝/精氨酸残基结构域)组装到外显子序列，通过区分每个 3′和 5′剪接位点来定位外显子。这是因为 SR 蛋白可有效地与外显子序列中所谓的外显子剪接增强子(exonic splicing enhancer，ESE)结合，使剪接更加精确，而 hnRNP 蛋白能优先与内含子序列结合，这样就进一步特异性地标出哪是外显子，哪是内含子，使剪接更准确(图 4-40)。

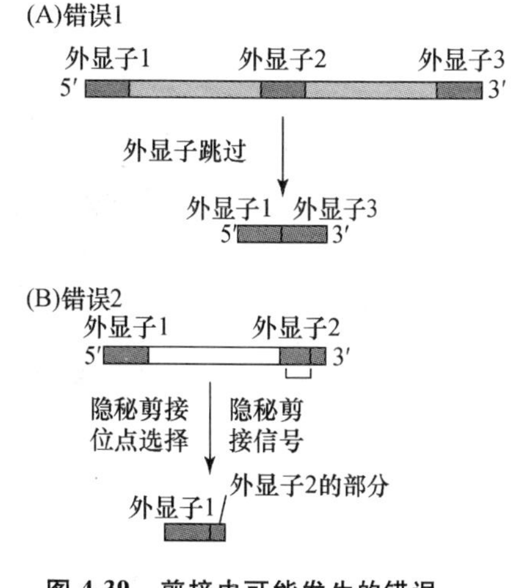

图 4-39 剪接中可能发生的错误

(引自 Alberts B, et al, 2002)

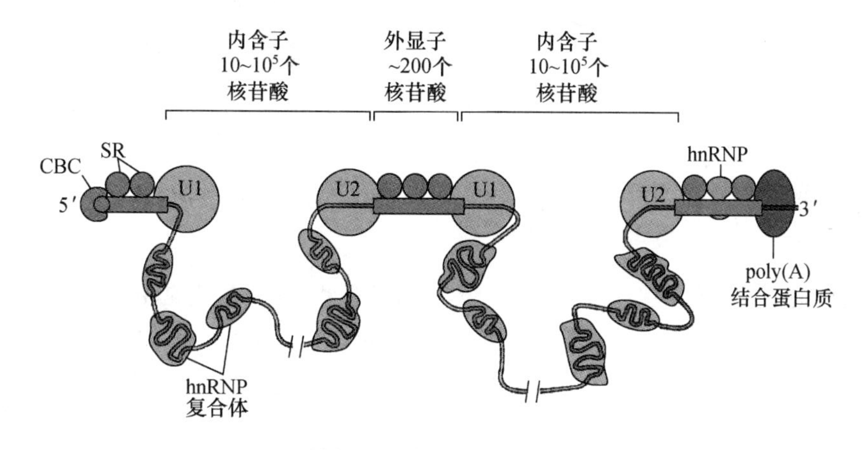

图 4-40 外显子定位假说

RNA 合成中，外显子被 SR 蛋白因子标明。CBC(5′-帽子结合复合物)及 3′poly(A)结合蛋白的结合位点也在图中指出。

(引自 Garrett, Grisham, 2005)

最后，介绍一个广为人知的防止错误剪接的机制。如图 4-41 所示，U6 snRNA 通过与 5′剪接位点和 U2 snRNA 进行碱基配对，增加 5′剪接位点选择的精确性；而 U5 snRNA 将两个外显子拉得更接近，从而使剪接更精确。

在此要指出的是，除了上述 mRNA 前体剪接机制(图 4-37)外，少数内含子是由另外一组 snRNP 组成的剪接体来剪接。在这个剪接体中是以低丰度的 U11 和 U12 代替主要剪接体中的 U1 和 U2，分别识别 5′剪接位点 AU 和 3′剪接位点 AC，而不是前述的 GU 和 AG；分支点仍是 A。在这类剪接体中也包含有 U4，U6 和 U5 snRNP。此处不再赘述。

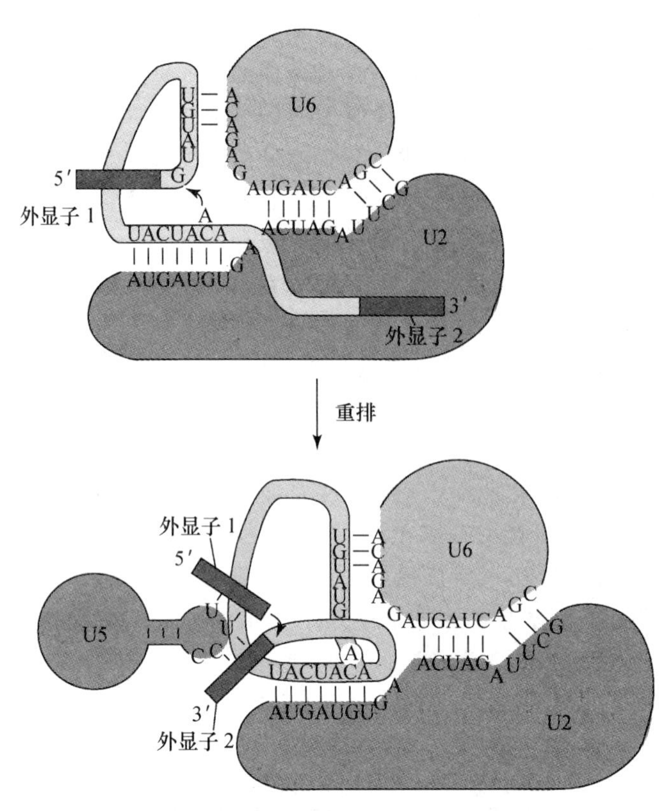

图 4-41 U6 snRNA、U2 snRNA 的碱基配对重排及 U5 的参与防止错误剪接的机制

(引自 Garrett, Grisham, 2005)

4.7.3 自剪接内含子与 RNA 剪接

上面概括地介绍了细胞核内 mRNA 前体的剪接过程,这一过程是由 Ux snRNP 组成剪接体催化完成的。现在发现,存在自剪接内含子,这是通过 RNA 前体中的内含子序列自身折叠成一种特殊的构象,然后催化自身释放的化学过程。自剪接的定义是,在没有任何蛋白质或其他 RNA 分子存在的情况下,内含子可以在试管内将自身从 RNA 前体分子中剪接除去。人们根据其结构和作用机制将自剪接内含子分成两类:即Ⅰ类和Ⅱ类自剪接内含子,其作用机制如表 4-5 及图 4-42 所示。

表 4-5 RNA 前体剪接的三种类型

类型	丰度	机制	催化机器
细胞核 mRNA 前体	存在于大多数真核基因中	两步转酯反应分支点为 A	剪接体
Ⅱ类自剪接内含子	罕见,存在于某些细胞器的真核基因及原核基因中	两步转酯反应分支点为 A	内含子编码的核酶
Ⅰ类自剪接内含子	罕见,存在于真核 rRNA、细胞器基因及少量原核基因中	两步转酯反应分支点为 G	与Ⅱ类自剪接内含子相同

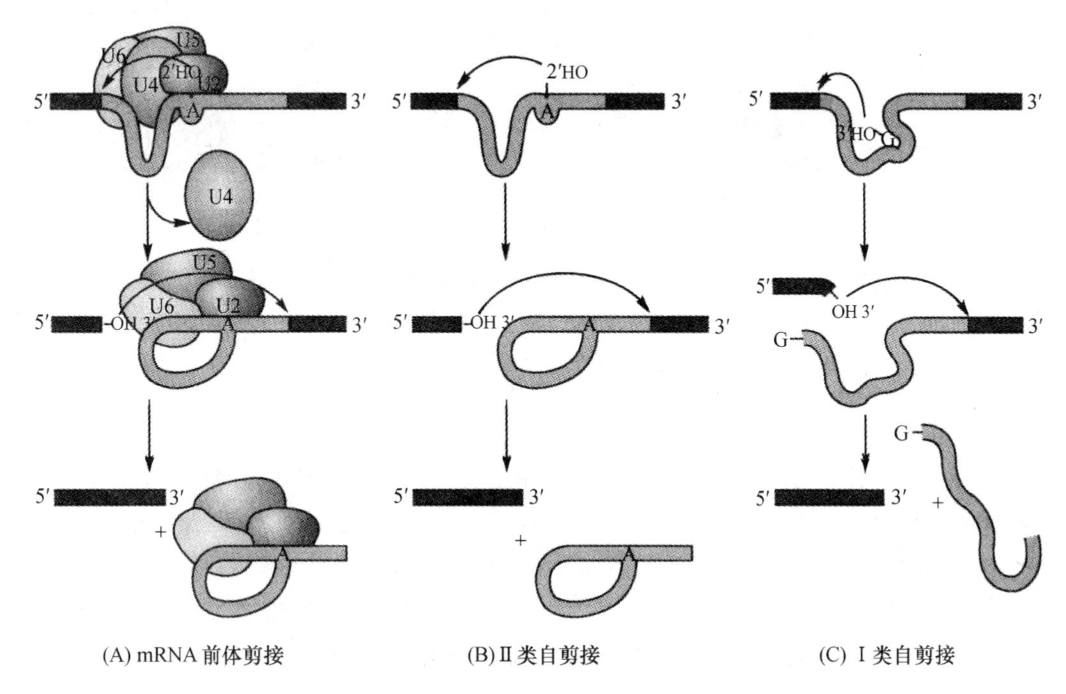

(A) mRNA 前体剪接　　(B) Ⅱ类自剪接　　(C) Ⅰ类自剪接

图 4-42　Ⅰ类和Ⅱ类自剪接内含子与 mRNA 前体剪接的比较

本图比较了Ⅰ类和Ⅱ类自剪接内含子完成的剪接反应与前述的剪接体介导的剪接反应。Ⅱ类自剪接的化学过程与剪接体介导的剪接反应过程基本相同，由内含子内高度活泼的腺苷酸启动剪接过程，并形成套索状产物。对于Ⅰ类自剪接内含子，其 RNA 通过折叠形成一个鸟苷结合口袋，从而结合一个游离的鸟苷用以启动剪接过程。虽然这类内含子在体外无需蛋白质协助就能够进行自身剪接，但在体内环境下，它们通常需要蛋白质组分来激活剪接反应。(Watson J, et al, 2004)

值得指出的是，RNA 上述这些罕见的剪接方式，一方面反映出在 RNA 剪接水平上的生物多样性，另一方面也可能反映出生物大分子在进化中的遗迹。原始的类似Ⅱ类自剪接内含子有可能是现代 mRNA 前体剪接的进化起始点。与Ⅱ类自剪接内含子不同，Ⅰ类自剪接内含子剪接下来后转化为核酶，而细胞内高浓度的鸟苷以及其他的一些相关机制(省略)共同作用，有效地防止其通过核酶活性参加逆反应。

4.7.4　组成性和可变性 RNA 剪接

mRNA 前体的剪接分为组成性(constitutive)和可变性(alternative)RNA 剪接。所谓组成性剪接，如上所述，通过剪接使每个内含子都被去除，而每个外显子则毫无例外地进入到成熟的 mRNA 中，得到一种形式的成熟 mRNA。

可变剪接是指，mRNA 前体通过不同方式进行剪接，产生多种形式的成熟 mRNA，从而翻译出不同的蛋白质。在某些例子中，从单个基因所能得到的剪接变异体的数，可达几百个(如大鼠的 *S10* 基因)，甚至几万个(如果蝇的 *DSCAM* 基因可有 38 016 个可能的剪接模式)。

以哺乳类肌钙蛋白 T 为例，显示不同的可变剪接可从一个 mRNA 前体剪接成为两个不同的成熟 mRNA(图 4-43)。此 mRNA 前体含有 5 个外显子，通过可变剪接使每个 mRNA 去除一个不同的外显子，留下 3 个共同的外显子，同时各携有一个独有的外显子，即一种 mRNA 含外显子 1,2,3,5，而另一种 mRNA 含外显子 1,2,4,5。

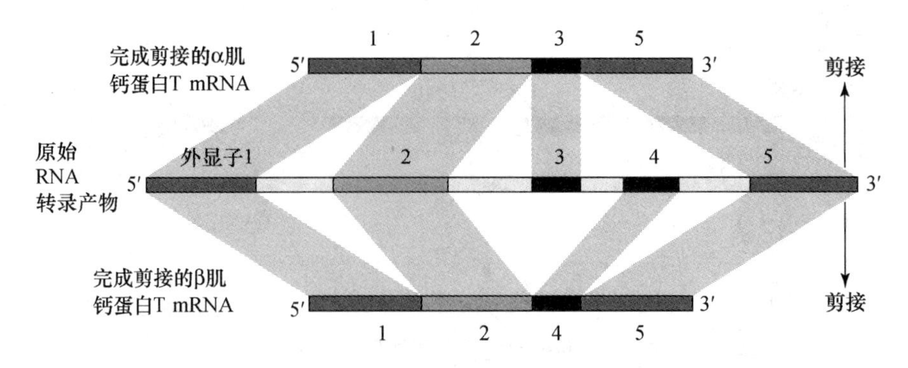

图 4-43　肌钙蛋白 T 基因的可变剪接

(引自 Watson J, et al, 2004)

可变剪接可由许多方式形成。除了选择不同的外显子,还可以延长或跳过(遗漏,missing)某个外显子。内含子也可不被剪除而保留在成熟的 mRNA 分子中,从而使蛋白质产物的多样性增加。图 4-44 给出这些剪接方式的可能机制以及成熟 mRNA 中所含的不同组成成分,梗概地介绍 mRNA 前体可以通过不同方式的可变剪接,产生出多种不同的 mRNA,如可以通过细胞类型特异性剪接,在不同的类型细胞中产生一个蛋白质的各种版本。mRNA 前体的剪接更详细的内容,请参阅有关分子生物学专著。

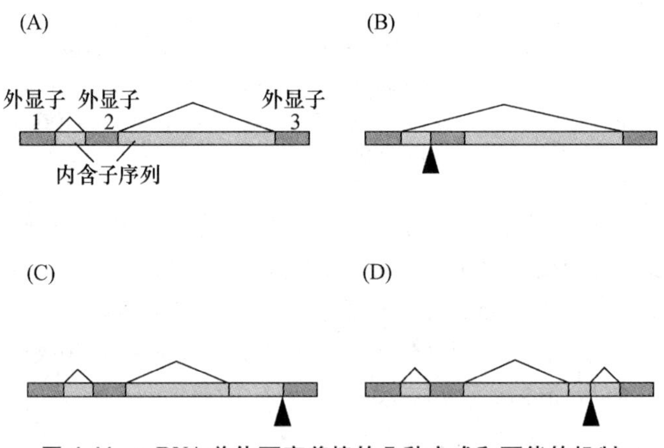

图 4-44　mRNA 前体可变剪接的几种方式和可能的机制

(A) 示正常的成体β球蛋白 mRNA 前体,通过剪接去除二个内含子,形成由 1、2、3 三个外显子组成的成熟 mRNA。(B) 由于单核苷酸改变,破坏了一个正常的剪接位点(箭头),引起外显子跳过,造成 mRNA 中外显子 2 丢失。(C) 由于单核苷酸改变,破坏了一个正常的剪接位点(箭头),但产生出一个隐秘剪接位点,使成熟的 mRNA 含有一个"延长"的外显子 3。(D) 由于单核苷酸改变,产生出新剪接位点,引起一段新的外显子插入到原外显子 2 和 3 之间。(引自 Alberts B, et al, 2002)

4.7.5　可变剪接的正、负调控

可变剪接受激活和阻遏蛋白因子的调控,这是通过剪接调控蛋白结合到称为外显子/内含子剪接增强子(exonic/intronic splicing enhancer, ESE or ISE)或者外显子/内含子剪接沉默

子(exonic/intronic splicing silencer，ISS)的特定序列上而实现的。前者增强附近的剪接位点的剪接，而后者正好相反。图 4-45 给出可变剪接正、负调控的可能机制。这一机制指出，在组织 1 中当不存在阻遏(或抑制)蛋白因子时，mRNA 前体剪接成为成熟的 mRNA，而在组织 2 中，由于阻遏蛋白结合到阻遏蛋白因子结合位点，使剪接不能进行(图 4-45(A))。同样，对于正调控而言，如图 4-45(B)所示，只有当激活蛋白因子结合到激活位点时，才使剪接能在组织 2 中进行。因此，通过可变剪接的正、负调控，也可以实现组织、细胞类型特异性的剪接，从而在不同类型的组织和细胞中产生不同版本的蛋白质。

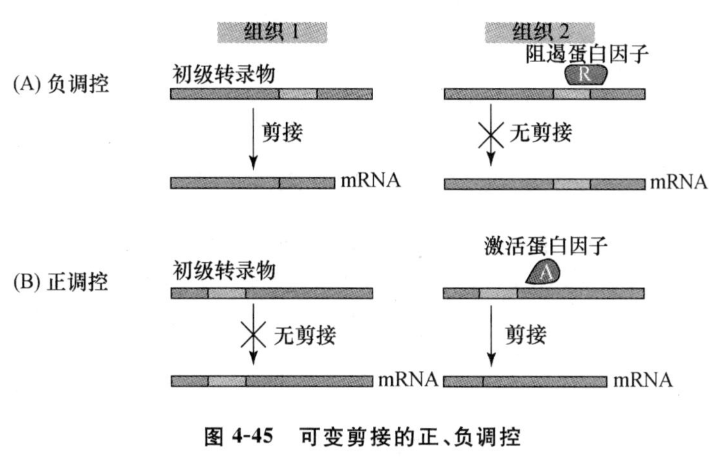

图 4-45 可变剪接的正、负调控

(引自 Alberts B，et al，2002)

最后需要指出的是，内含子序列大量存在是真核基因组有别于原核基因组的最大特点之一。在一些书籍中对内含子和外显子的定义有所出入：认为外显子就是为蛋白质编码的核苷酸序列，而内含子则是非编码序列。实际上这不完全正确，外显子应该是除 5′帽子区和 3′多聚腺苷酸(poly(A))区以外的、存在于成熟 mRNA 序列中的所有核苷酸序列，包括 mRNA 中 5′和 3′的非翻译区。对于一个特定基因而言，内含子就是通过各种剪接机制去除的核苷酸序列。

4.8 RNA 编辑

RNA 编辑(RNA editing)是 1986 年首先从锥虫细胞线粒体中的细胞色素氧化酶亚基Ⅱ基因中发现的。在被此基因编码的细胞色素氧化酶亚基Ⅱ(coxⅡ)蛋白的 170 位氨基酸残基附近有一移码突变。当将 coxⅡ基因与其转录物的核苷酸序列进行比较时发现，在转录物的序列中出现 4 个不被基因 DNA 所编码的额外尿苷酸(UMP)残基，而这 4 个 UMP 刚好校正了基因的移码突变。人们当时就把这种 RNA 转录后改变 mRNA 遗传信息的加工方式称为 RNA 编辑(图 4-46)。RNA 编辑可以使 RNA 在转录之后改变其核苷酸序列，因而以此翻译出来的蛋白质与根据基因 DNA 序列所推导出来的不同。

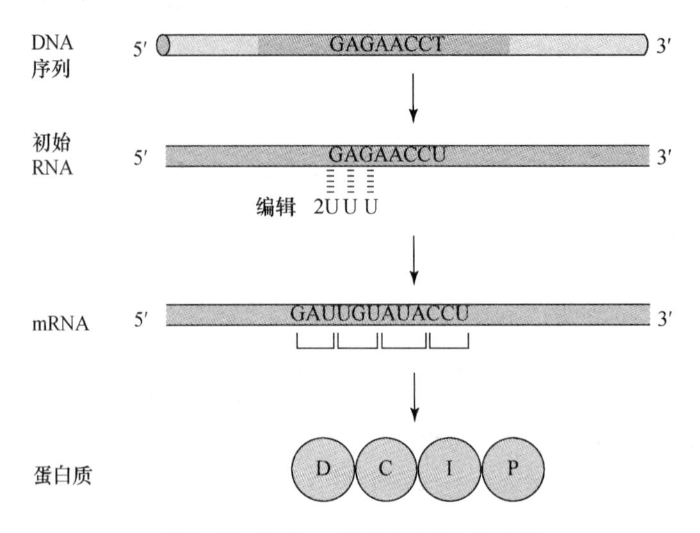

图 4-46 锥虫 coxⅡ基因 RNA 的编辑

示插入到 mRNA 前体中的 4 个 UMP(2UUU)的位置。RNA 的这种编辑方式,使由于移码突变在 mRNA 分子上产生的读码框的破坏得以恢复,从而在 mRNA 上形成正确的读码框。(引自 Watson J, et al, 2004)

介导 RNA 编辑的机制有两种:① 位点特异性脱氨基作用;② 引导 RNA(guide RNA, gRNA)指导的尿嘧啶插入或删除。位点特异性脱氨基作用(deamination)的一个例子是来源于哺乳动物载脂蛋白 B 基因,它是通过将胞嘧啶脱氨变成尿嘧啶来进行 RNA 编辑的。如图 4-47所示,在小肠细胞中,由于特异性脱氨基作用将密码子 CAA 中的 C→U,即 CAA→UAA。C→U 的改变使得本来编码谷氨酰胺(Gln)的 CAA 密码子变成了终止密码子,导致蛋白质翻译在 2153 个氨基酸残基后终止。在肝脏中,由于无 CAA→UAA 的 RNA 编辑,则产生由 4563 个氨基酸残基组成的全长载脂蛋白 B。在小肠中的小蛋白参与运输饮食中获得的脂类物质到各种组织中,而在肝脏中产生的大蛋白则参与内源合成的胆固醇和甘油三酯的转运。由此可见,这种 RNA 编辑具有组织或细胞特异性,通过 RNA 编辑,产生不同的成熟 mRNA,翻译成不同蛋白,在特定的组织和细胞中执行不同的功能。所谓 gRNA 指导的尿嘧啶插入或删除机制如图 4-48 所示:尿嘧啶是由 gRNA 插入到 mRNA 中去的。作为 gRNA,其全长约 40~80 个核苷酸,由锚区、编辑区和多聚尿嘧啶等三个区段组成,分别负责指引 gRNA 定位于所要编辑的 mRNA 的靶位,尿嘧啶插入的定位和(有可能是)将 gRNA 固定在所要编辑的 mRNA 上游的富含嘌呤碱基的序列上。gRNA 首先与要编辑的 mRNA 形成双链,且在将要插入尿嘧啶的对应位置处形成外突的单链环状结构。然后,一种核酸内切酶在不配对区将 mRNA 切开。最后,以 UTP 为底物,在 3′端尿苷酰转移酶的催化下,mRNA 通过碱基配对,并通过连接酶连接将尿嘧啶编辑入 mRNA 中。

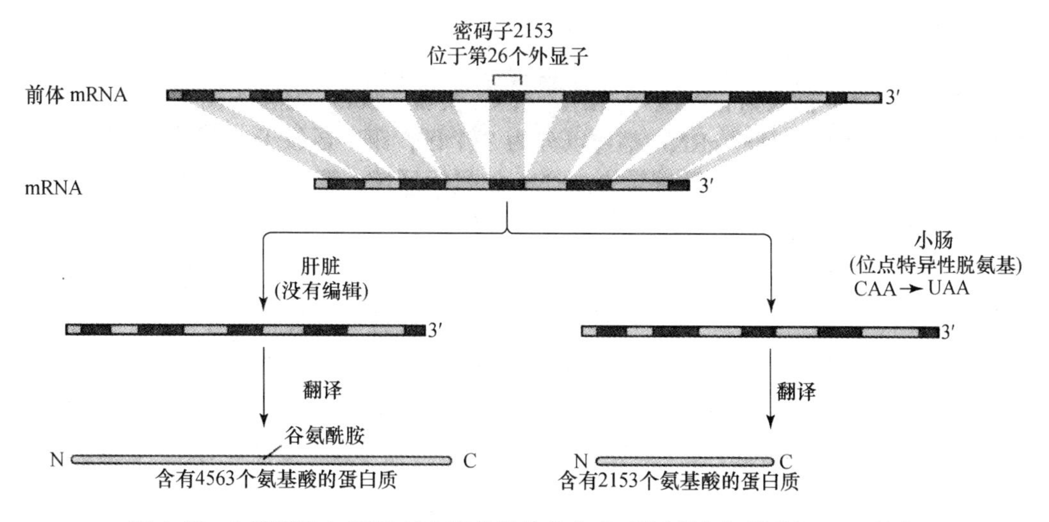

图 4-47　人载脂蛋白 RNA 以组织特异性的方式,通过脱氨机制进行 RNA 编辑

(引自 Watson J, et al, 2004)

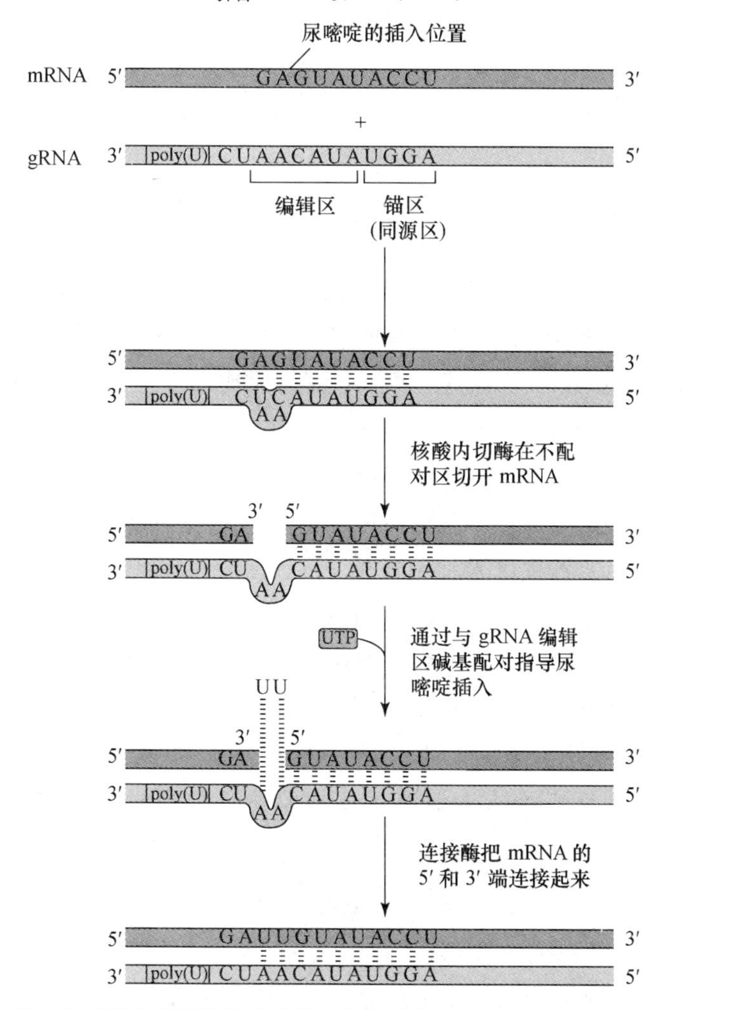

图 4-48　由 gRNA 介导的尿嘧啶插入机制进行的 RNA 编辑(参见图 4-46)

(引自 Watson J, et al, 2004)

至今已发现包括 U 的插入和删除,C、G、A 的插入,C 转变成 U 构建出终止密码子,C 变 U 或 U 变 C 改变密码子的含义,C 变成 U 构建成起始密码子以及 G 取代 A 等 8 种类型的 RNA 编辑。RNA 编辑的生物学意义是多种多样的,通过编辑校正基因的移码突变,故可以把 RNA 编辑看成是有机体应付有害突变的一种手段;通过 RNA 编辑可以在基因原来的起始密码前构建新的 AUG 起始密码,如果新构建的起始密码与原起始密码间有一段核苷酸序列,这就扩展了原基因所编码的 mRNA 的翻译序列,因此 RNA 编辑又是扩充遗传信息的一种手段。RNA 编辑是以不同于 RNA 剪接方式改变 mRNA 前体编码特性的 RNA 修饰手段,是一种很普遍的 RNA 加工方式。从病毒到高等脊椎动物,从细胞核到线粒体,从 mRNA、tRNA 到 rRNA 都发现 RNA 编辑的存在。值得指出的是,RNA 编辑是对中心法则的一个非常重要的补充,它使得从基因序列推测蛋白质序列的问题显得更加复杂,也使基因表达调控变得更加复杂。

4.9 mRNA 功能的质量控制和 mRNA 转运

真核细胞蛋白质是通过 mRNA 的翻译过程而产生的,而 mRNA 的产生则是严格地通过 mRNA 前体的转录、各种 mRNA 前体的加工(加 5′帽子、3′的 poly(A)化以及 mRNA 前体剪接等)等多步质量控制而获得的。当转录物不能成功地成为成熟的 mRNA 时,转录物即被降解或不能参加蛋白质合成。mRNA 正是通过多步的质量控制(quality control of mRNA)保证基因表达的有序进行。mRNA 质量控制反映出基因转录的组成成分、mRNA 前体加工、mRNA 转运和 mRNA 翻译机器之间的物理相互作用。当这些相互作用处于适当的时空状态时,保证了转录物不被降解;然而当这些相互作用错后或处于不正常状态时,转录物则阻滞在细胞核中或在核、质中降解。

mRNA 一旦加工完毕,就会运出细胞核,到达细胞质中进行蛋白质合成。事实上,完成加工的 mRNA 只占细胞核内全部 RNA 的很少一部分,那些受到损伤、加工错误以及大量内含子序列 RNA 是不能任意进入细胞质的,一旦错误进入将导致细胞致死。所以 mRNA 的转运应该是一个受到精确调控的过程。在细胞核中的 mRNA 前体、成熟 mRNA 本身都不是裸露的 RNA 分子,而自始至终都是同特定的蛋白质相结合,正是这些蛋白质决定了 mRNA 转运的归宿。mRNA 的转运是一个主动、可控的过程,是通过称为核孔复合体(nuclear pore complex, NPC)来完成的。M_r 小于 50 000 的小分子可自由通过核孔;但生物大分子及其复合体(包括 mRNA 及其相关蛋白),则需要通过主动转运进入细胞质中(图 4-49)。

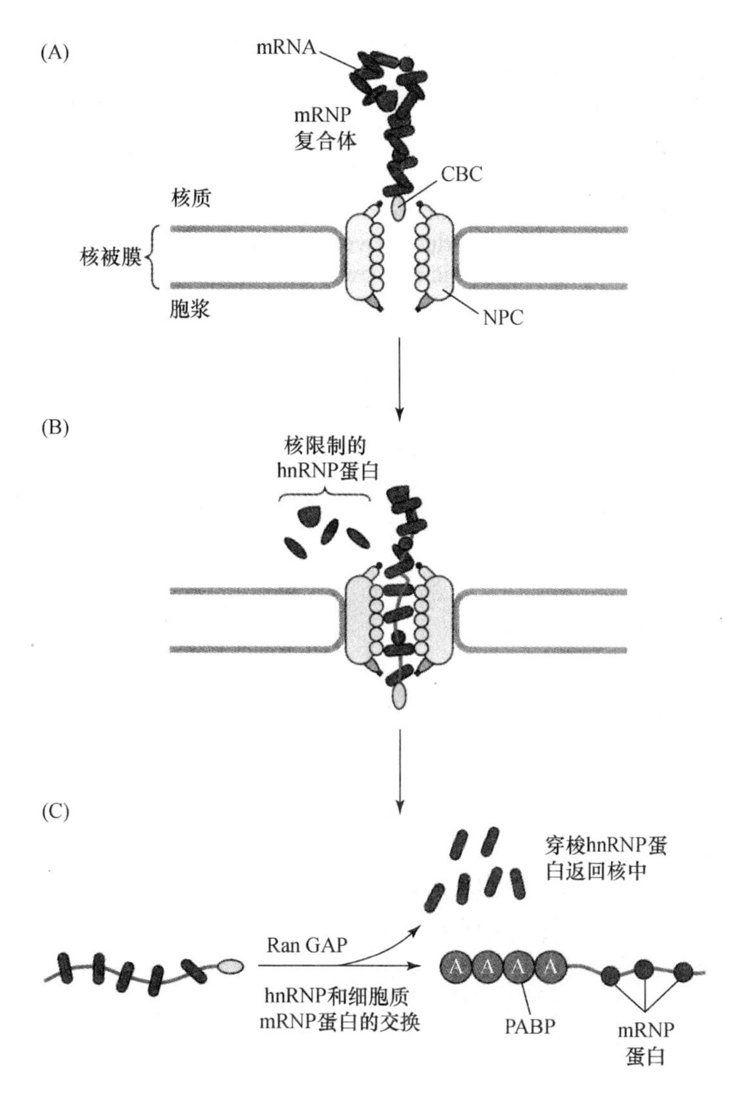

图 4-49 hnRNP 蛋白质介导的 mRNA 从核到细胞质的转运

(A) 完全加工好的 mRNA-hnRNP 蛋白复合体(mRNP complex)的 5′端与帽子结合复合体(CBC)结合，首先通过核孔复合体(nuclear pore complex, NPC)。(B) 当 mRNP 通过 NPC 转运到细胞质时，缺少核转运信号的 hnRNP 将留在核中。(C) 含有核转运信号的 mRNA-RNP 中的 hnRNP 和细胞质中的 mRNP 蛋白质进行交换后，负责核转运的穿梭 hnRNP 蛋白返回核中，而结合了 mRNP 蛋白质的成熟 mRNA 以 mRNP 的形式(如 poly(A)区与 PABP 结合，mRNA 与 mRNP 蛋白结合)在细胞质中进行蛋白质翻译。Ran GAP 为 GTP 酶激活蛋白，参与 mRNA 转运过程。(引自 Lodish H, et al, 2000)

4.10 反转录和反转录酶

反转录(reverse transcription)是相对于转录而言，我们将以 DNA 为模板，在 RNA 聚合酶(依赖于 DNA 的 RNA 聚合酶)的催化下合成 RNA 的过程叫做转录，而将以 RNA 为模板，在反转录酶(依赖于 RNA 的 DNA 聚合酶)催化下合成 DNA 的过程叫做反转录。反转录酶是一类特殊的DNA聚合酶,被反转病毒(retrovirus)RNA所编码,在反转病毒的生活周期中,负责将病毒RNA反转录成DNA/RNA,进而成为双螺旋DNA/DNA,整合到宿主细胞的染色体DNA中(参见图1-2)。

从HIV-1(AIDS病毒)发现的反转录酶的三维结构已经解出,其含有一个聚合酶结构域和RNase H结构域,分别负责DNA链的合成和RNA链的降解。此酶可用赖氨酸的tRNA($tRNA^{lys}$)作为引物起始cDNA合成。

反转录和反转录酶的发现,使得我们可以用mRNA作为模板,通过反转录而获得为特定蛋白质编码的基因(图4-50)。利用反转录酶所建立的cDNA文库(cDNA library)为真核基因的分离、重组以及真核基因在原核细胞中表达提供了重要的技术手段,而反转录-多聚酶链反应(RT-PCR),则又使这一技术锦上添花。

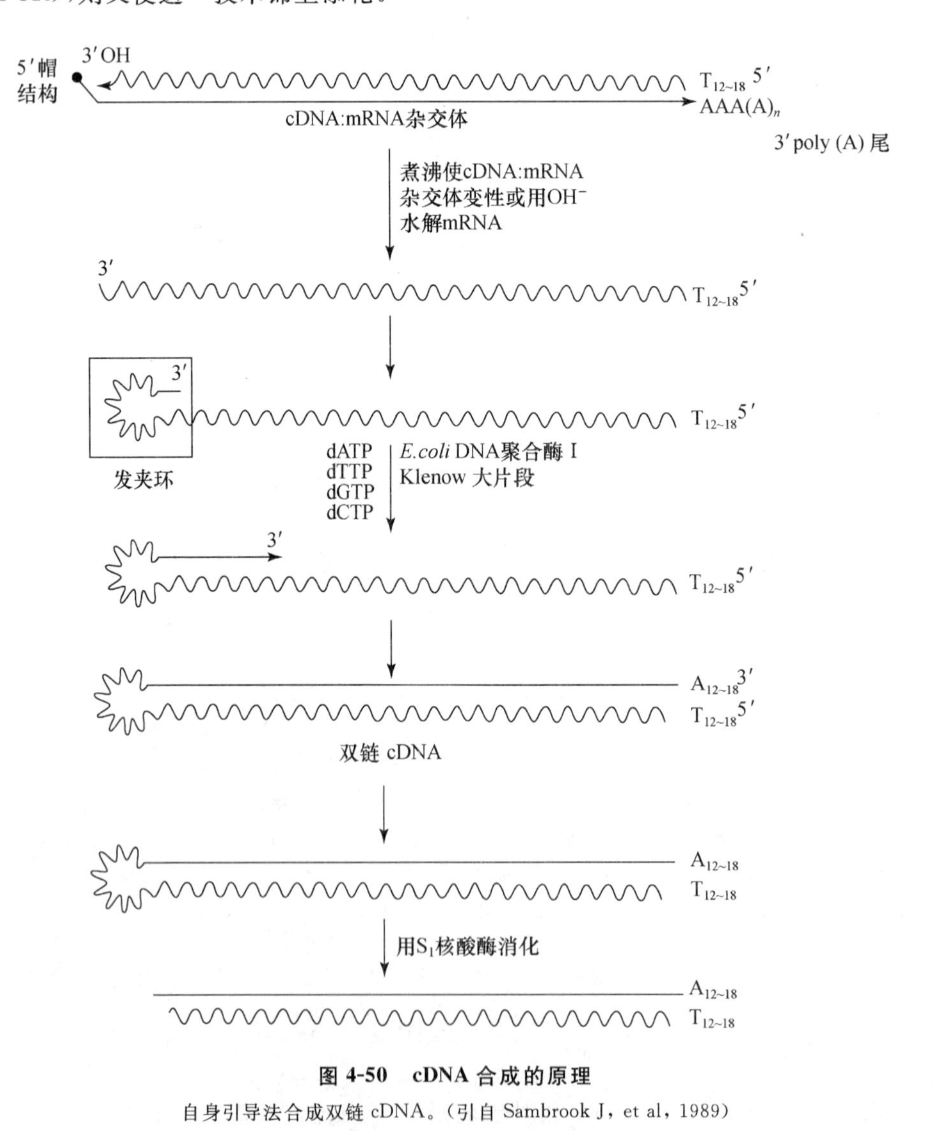

图4-50 cDNA合成的原理

自身引导法合成双链cDNA。(引自Sambrook J, et al, 1989)

5 翻译及翻译过程中的调控

翻译是RNA指导下的多肽链的合成。这个过程需要所有三类RNA。虽然肽键形成的化学相对简单，但多肽链合成中形成肽键的过程却是极其复杂。mRNA作为多肽链合成的模板，使每个氨基酸残基能按其遗传密码所规定的顺序正确加入。tRNA和rRNA都是蛋白质生物合成的必需成分。tRNA携带激活后的氨基酸进入核糖体，而由rRNA和核糖体蛋白组成的核糖体与mRNA结合，保证了激活tRNA的正确进入，并通过其自身所具有的酶活性催化肽键的形成。

5.1 遗传密码

生命体精确的遗传密码是用体外翻译体系(*in vitro* translation systems)和多聚核糖核苷酸模板所进行的各种实验而确定的。表5-1为遗传密码(genetic code)表。从表中可以看出，3个核苷酸序列决定一个氨基酸，即所谓的三联体密码。密码表中共有64个密码子(4^3)，除UAA、UAG、UGA 3个密码子作为多肽链合成时的终止密码子(stop codon)不为氨基酸编码外，其余61个密码子分别为20个氨基酸编码。这一结果指出某些氨基酸被一个以上的三联密码(triplet condon)编码。遗传密码通过tRNA将编码在mRNA中的遗传信息与多肽链中的氨基酸序列连接起来。翻译过程就是将储存在核酸中的遗传信息转变成为多肽链中特定的氨基酸序列的过程。

表5-1 遗传密码表

第一个核苷酸(5′端)	第二个核苷酸				第三个核苷酸(3′端)
	U	C	A	G	
U	UUU Phe	UCU Ser	UAU Tyr	UGU Cys	U
	UUC Phe	UCC Ser	UAC Tyr	UGC Cys	C
	UUA Leu	UCA Ser	UAA Stop	UGA Stop	A
	UUG Leu	UCG Ser	UAG Stop	UGG Trp	G
C	CUU Leu	CCU Pro	CAU His	CGU Arg	U
	CUC Leu	CCC Pro	CAC His	CGC Arg	C
	CUA Leu	CCA Pro	CAA Gln	CGA Arg	A
	CUG Leu	CCG Pro	CAG Gln	CGG Arg	G
A	AUU ILe	ACU Thr	AAU Asn	AGU Ser	U
	AUC ILe	ACC Thr	AAC Asn	AGC Ser	C
	AUA ILe	ACA Thr	AAA Lys	AGA Arg	A
	AUG* Met	ACG Thr	AAG Lys	AGG Arg	G
G	GUU Val	GCU Ala	GAU Asp	GGU Gly	U
	GUC Val	GCC Ala	GAC Asp	GGC Gly	C
	GUA Val	GCA Ala	GAA Glu	GGA Gly	A
	GUG Val	GCG Ala	GAG Glu	GGG Gly	G

* 亦为起始密码子。

5.1.1 遗传密码的特性

作为生命有机体的遗传密码具有如下特性：

(1) 遗传密码的通用性。自然界所有的生命形式，都共用这本密码。生命界在这点上的统一，为人们通过基因工程的手段，使来源于不同物种的基因在不同的宿主细胞中得以表达提供了可能。

(2) 遗传密码的简并性，遗传密码的简并性(degeneracy)是指，一个氨基酸有一个以上的密码子为其编码。如表5-1所示，为亮氨酸编码的密码子有6个，分别是UUA、UUG、CUU、CUC、CUA、CUG。遗传密码的简并性意味着，要么一个氨基酸有多于一个的tRNA与其相对应，要么一个tRNA分子可识别一个以上的密码子。事实上这两种情况都存在。对于某些氨基酸有一个以上的tRNA与其相对应，而某些tRNA分子上的反密码子仅与mRNA上密码子的前两个核苷酸形成精确的碱基配对，而在第三位则产生非Watson-Crick碱基配对，也就是mRNA密码子的3′-核苷酸和tRNA上的反密码子5′-核苷酸之间形成非Watson-Crick碱基配对。这种现象称为Wobble假说，即摆动假说。表5-2给出了在反密码子和密码子以及密码子与反密码子相互作用中摆动位置(Wobble positions)的非Watson-Crick碱基配对。按照这种标准的摆动配对来推算，对于20种氨基酸所对应的61个密码子，最少需31种tRNA分子。

表5-2 Wobble假说中碱基间的非Watson-Crick配对

在反密码子和密码子相互作用中Wobble位的碱基配对					
反密码子	C	A	G	U	I*
密码子	G	U	C/U	A/G	C/U/A
在密码子和反密码子相互作用中Wobble位的碱基配对					
密码子	C	A	G	U	
反密码子	G/I	U/I	C/U	A/G/I	

* I为次黄嘌呤。

遗传密码的简并性为基因工程的设计提供了方便，人们可以通过改变基因序列中的核苷酸而不使其编码的氨基酸发生变化，从而产生或消除必要的限制性核酸内切酶的酶切位点，便于进行基因工程操作。也可以利用密码简并来增加基因(特别是化学合成基因)中的常用密码子的数量以及改变基因特定部位的碱基组成，来提高外源基因的表达水平。还可以通过已知蛋白质的一小段氨基酸序列设计并合成具有各种可能性编码的寡核苷酸探针或PCR引物，用于基因的分离和鉴定。当然密码简并性也具有非常重要的生物学意义，可以使生物体减少有害的突变，在保持物种的稳定性上具有重要作用。上述这些特点，在后面有关章节中我们也将提到。

(3) 遗传密码使用的偏倚性(codon usage bias)。遗传密码的简并性决定了一个氨基酸可以有不止一个密码子为其编码。然而，在蛋白质生物合成时对简并密码子使用的频率是不同的。对于一个给定的氨基酸而言，有的密码子使用频率明显高于其他密码子，这就是所谓的遗传密码使用的偏倚性。表5-3给出不同物种在遗传密码使用偏倚性的统计结果。知道了密码使用的偏倚性，在基因的化学合成中，我们则可以通过选择性地使用“高频”密码，改善基因在宿主细胞中的表达水平。

表 5-3 6个物种中密码子使用频率的差异

		E. coli		*B. subtilis*		*S. cerevisiae*		*S. pombe*		*Drosophila*		人	
		高	低	高	低	高	低	高	低	高	低	G+C-rich	A+T-rich
Phe	UUU	0.34	1.33	0.70	1.48	0.19	1.38	0.44	1.28	0.12	0.86	0.27	1.20
	UUC	1.66	0.67	1.30	0.52	1.81	0.62	1.56	0.72	1.88	1.14	1.73	0.80
Leu	UUA	0.06	1.24	2.71	0.66	0.49	1.49	0.28	1.79	0.03	0.62	0.05	0.99
	UUG	0.07	0.87	0.00	1.03	5.34	1.48	2.16	0.80	0.69	1.05	0.31	1.01
Leu	CUU	0.13	0.72	2.13	1.24	0.02	0.73	2.44	1.55	0.25	0.80	0.20	1.26
	CUC	0.17	0.65	0.00	0.93	0.00	0.51	1.13	0.31	0.72	0.90	1.42	0.80
	CUA	0.04	0.31	1.16	0.34	0.15	0.95	0.00	0.87	0.06	0.60	0.15	0.57
	CUG	5.54	2.20	0.00	1.80	0.02	0.84	0.00	0.68	4.25	2.04	3.88	1.38
Ile	AUU	0.48	1.38	0.91	1.38	1.26	1.29	1.53	1.77	0.74	1.27	0.45	1.60
	AUC	2.51	1.12	1.96	1.14	1.74	0.66	1.47	0.59	2.26	0.95	2.43	0.76
	AUA	0.01	0.50	0.13	0.48	0.00	1.05	0.00	0.64	0.00	0.78	0.12	0.64
Met	AUG	1.00	1.00	1.00	1.00	1.00	1.00	1.00	1.00	1.00	1.00	1.00	1.00
Val	GUU	2.41	1.09	1.88	0.83	2.07	1.13	1.61	2.04	0.56	0.74	0.09	1.32
	GUC	0.08	0.99	0.25	1.49	1.91	0.76	2.39	0.65	1.59	0.93	1.03	0.69
	GUA	1.12	0.63	1.38	0.76	0.00	1.18	0.00	1.06	0.06	0.53	0.11	0.80
	GUG	0.40	1.29	0.50	0.92	0.02	0.93	0.00	0.24	1.79	1.80	2.78	1.19
Ser	UCU	2.81	0.78	3.45	0.77	3.26	1.56	3.14	1.33	0.87	0.55	0.45	1.63
	UCC	2.07	0.60	0.00	0.81	2.42	0.81	2.57	0.52	2.74	1.41	2.09	0.80
	UCA	0.06	0.95	1.50	1.29	0.08	1.30	0.00	1.56	0.04	0.84	0.26	1.23
	UCG	0.00	1.04	0.00	0.94	0.02	0.66	0.00	0.67	1.17	1.30	0.68	0.13
Pro	CCU	0.15	0.75	2.29	0.99	0.21	1.17	2.00	1.21	0.42	0.43	0.58	1.50
	CCC	0.02	0.68	0.00	0.27	0.02	0.75	2.00	0.83	2.73	1.02	2.02	0.83
	CCA	0.42	1.03	1.14	1.08	3.77	1.38	0.00	1.51	0.62	1.04	0.36	1.57
	CCG	3.41	1.54	0.57	1.66	0.00	0.70	0.00	0.45	0.23	1.51	1.04	0.10
Thr	ACU	1.87	0.76	2.21	0.39	1.83	1.23	1.89	1.52	0.65	0.70	0.36	1.45
	ACC	1.91	1.29	0.00	0.98	2.15	0.78	2.11	1.04	3.04	1.58	2.37	0.92
	ACA	0.10	0.68	1.38	1.64	0.00	1.38	0.00	1.04	0.10	0.77	0.36	1.45
	ACG	0.12	1.28	0.41	0.98	0.01	0.60	0.00	0.40	0.21	0.95	0.92	0.18
Ala	GCU	2.02	0.61	2.94	0.78	3.09	1.07	2.30	1.79	0.95	0.91	0.45	1.59
	GCC	0.18	1.18	0.08	1.14	0.89	0.76	1.49	0.50	2.85	1.93	2.38	0.92
	GCA	1.09	0.79	0.60	1.19	0.03	1.49	0.21	1.14	0.09	0.59	0.36	1.38
	GCG	0.71	1.42	0.38	0.89	0.00	0.68	0.00	0.57	0.14	0.57	0.82	0.11
Tyr	UAU	0.38	1.28	0.50	1.29	0.06	1.13	0.48	1.24	0.23	0.96	0.34	1.17
	UAC	1.63	0.72	1.50	0.71	1.94	0.87	1.52	0.76	1.77	1.04	1.66	0.83
ter	UAA	—	—	—	—	—	—	—	—	—	—	—	—
	UAG	—	—	—	—	—	—	—	—	—	—	—	—
His	CAU	0.45	1.21	2.00	1.28	0.32	1.16	0.56	1.44	0.29	0.86	0.30	1.28
	CAG	1.55	0.79	0.00	0.72	1.68	0.84	1.44	0.56	1.71	1.14	1.70	0.72

续表

		E. coli		*B. subtilis*		*S. cerevisiae*		*S. pombe*		*Drosophila*		人	
		高	低	高	低	高	低	高	低	高	低	G+C-rich	A+T-rich
Gln	CAA	0.12	0.76	1.71	0.88	1.98	1.10	1.85	1.67	0.03	0.88	0.21	0.98
	CAG	1.88	1.24	0.29	1.13	0.02	0.90	0.15	0.33	1.97	1.12	1.79	1.02
Asn	AAU	0.02	1.12	0.47	1.21	0.06	1.28	0.30	1.41	0.13	1.13	0.33	1.20
	AAC	1.98	0.88	1.53	0.79	1.94	0.72	1.70	0.59	1.87	0.87	1.67	0.80
Lys	AAA	1.63	1.50	1.83	1.47	0.16	1.24	0.10	1.27	0.06	0.81	0.34	1.17
	AAG	0.37	0.50	0.17	0.53	1.84	0.76	1.90	0.73	1.94	1.19	1.66	0.83
Asp	GAU	0.51	1.43	0.53	1.16	0.70	1.38	0.78	1.56	0.90	1.10	0.36	1.29
	GAC	1.49	0.57	1.47	0.84	1.30	0.62	1.22	0.44	1.10	0.90	1.64	0.71
Glu	GAA	1.64	1.28	1.40	1.27	1.98	1.29	0.69	1.20	0.19	0.73	0.26	1.33
	GAG	0.36	0.72	0.60	0.73	0.02	0.71	1.31	0.80	1.81	1.27	1.74	0.67
Cys	UGU	0.60	0.94	0.00	0.94	1.80	1.10	0.14	1.56	0.07	0.71	0.42	1.09
	UGC	1.40	1.06	2.00	1.06	0.20	0.90	1.86	0.44	1.93	1.29	1.58	0.91
ter	UGA	—	—	—	—	—	—	—	—	—	—	—	—
Trp	UGG	1.00	1.00	1.00	1.00	1.00	1.00	1.00	1.00	1.00	1.00	1.00	1.00
Arg	CGU	4.47	1.71	3.11	0.54	0.63	0.64	5.17	1.89	2.65	0.69	0.38	0.64
	CGC	1.53	2.41	1.78	1.21	0.00	0.39	0.83	0.26	3.07	1.55	2.72	0.36
	CGA	0.00	0.52	0.00	0.74	0.00	0.65	0.00	0.86	0.07	1.12	0.31	0.81
	CGG	0.00	0.80	0.00	0.81	0.00	0.34	0.00	0.43	0.00	1.12	1.53	0.51
Ser	AGU	0.13	1.01	0.45	0.56	0.06	0.97	0.14	1.48	0.04	0.89	0.31	1.26
	AGC	0.93	1.62	0.60	1.63	0.16	0.70	0.14	0.44	1.13	1.01	2.22	0.94
Arg	AGA	0.00	0.37	1.11	2.02	5.37	2.51	0.00	1.71	0.00	0.56	0.22	2.40
	AGG	0.00	0.19	0.00	0.67	0.00	1.47	0.00	0.86	0.21	0.95	0.84	1.28
Gly	GGU	2.27	1.29	1.38	0.54	3.92	1.32	3.36	1.87	1.34	0.91	0.34	0.84
	GGC	1.68	1.31	0.97	1.30	0.06	0.92	0.59	0.27	1.66	1.65	2.32	0.76
	GGA	0.00	0.64	1.66	1.24	0.00	1.22	0.05	1.60	0.99	0.98	0.29	1.79
	GGG	0.04	0.76	0.00	0.92	0.02	0.55	0.00	0.27	0.00	0.46	1.05	0.61

(引自 Sharp PM, et al, 1988)

注:① 表中给出的数值是相对同义密码子使用值(relative synonymous codon usage values, RSCU Values),是通过观察到的密码子数目与对给定的氨基酸而言,其所有密码子的使用频率都是相同的情况下,所期望的密码子数之比值。

② 表中的高、低分别代表在细胞内高效表达和低效表达基因的密码子使用频率。

③ 关于 G+C-rich 和 A+T-rich 请参看文献(Aota SI, et al, 1986)。

(4) 密码子的不重叠性和阅读方向。对于给定的多肽链而言,其密码子是不可重叠的,其读码框是由该多肽链的起始密码子设定的,严格地按照三个核苷酸决定一个氨基酸的方式依次读下去。密码阅读的方向与 mRNA 编码的方向相一致,从 $5'\rightarrow3'$ 进行。

(5) 应注意到在酵母、无脊椎动物、脊椎动物的线粒体中以及在支原体(*M. capricolum*)中的遗传密码同遗传密码表相比出现一些偏离。如 UGA 不再是终止密码子,而是为色氨酸编码的密码子;在哺乳类细胞线粒体中的 AGA、AGG 不是精氨酸的密码子,而是作为终止密码子,这样哺乳类的线粒体密码中有 UAA、UAG、AGA 和 AGG 等 4 个终止密码子。哺乳类、果蝇及酵母线粒体中的 AUA 不再为异亮氨酸编码，而是为甲硫氨酸编码，所不同的是在前两者中 AUA 作为起始密码子，而在酵母线粒体中 AUA 作为延伸的密码；酵母线粒体中的 CUA 和果蝇线粒体中的 AGA 分别为苏氨酸和丝氨酸编码，不再为亮氨酸和精氨酸编码。这些改变应该是生命进化过程中存留的遗迹或发生的偏离。在基因工程的操作中，当想在不同受体细胞中表达上述来源的基因时，要注意校正这些密码子的偏离。

5.1.2 遗传密码的突变和校正

遗传密码的突变可引起其所编码的蛋白质不能正确的表达，或改变蛋白质的活性等。遗传密码的改变可由三种点突变引起：即错义突变（missense mutation）、无义突变（nonsense mutation）或终止突变（stop mutation）、移码突变（frameshift mutation）。错义突变是指，为一种特定氨基酸编码的密码子由于点突变成为为另一种氨基酸编码的密码子，其结果是使此基因所编码的蛋白质中的一个氨基酸被另一个氨基酸取代。根据被取代氨基酸在蛋白质分子中所处的位置，这类突变可造成该蛋白质构象（有专门章节介绍如何测定蛋白质溶液构象）的改变，从而造成蛋白质活性的改变。对于一个酶蛋白而言，氨基酸取代的突变可能使此酶的活性失活、降低或升高。无义突变又称终止突变，此类突变导致一个终止密码的出现，如 U$\overset{*}{U}$A→U$\overset{*}{A}$A的突变使为亮氨酸编码的 UUA 变成终止密码子 UAA。这类突变使得多肽链的延伸提前终止，从而产生不完全的肽链。移码突变是插入或者缺失一个或者几个碱基对，从而改变读码框。由于密码的不重叠性，当插入或缺失一个或两个碱基时，则可引起突变位点及其下游区遗传密码的改变。当在一个基因的相近位点处插入 3 个额外碱基时，只造成插入位点及其之间的遗传密码发生改变，而不影响 3 个插入碱基的下游部分基因的编码。从所要表达蛋白质的性质来说，前两个移码突变可造成整个蛋白质读码框改变，也可能导致突变基因编码的蛋白质生物合成提前终止等；而第三种突变虽然不破坏突变点下游的读码框，但至少造成一个氨基酸的插入或缺失。如果这个氨基酸处于多肽链或蛋白质功能表达的关键位置，则对该蛋白质的结构和功能造成改变。

然而，生物有机体为了对付这些突变造成的负面效应，进化出各种方式对突变进行校正或抑制突变。通常，有害突变的效应可以被第二个遗传突变逆转，如简单的逆转突变（reverse mutation）把改变了的碱基序列变回到原来的序列。然而，生物界存在另一种抑制突变的方式，即突变发生在染色体的不同位置，通过在 B 位点产生一个遗传变化来抑制或消除发生在 A 位点的突变所带来的负面效应。至今研究得最清楚的就是通过产生校正 tRNA（suppressor tRNA）来抑制在 mRNA 密码子上产生的错义突变、无义突变和移码突变。图 5-1 给出如何通过产生校正 tRNA 来抑制无义突变。校正 tRNA 可通过使为一个 tRNA 编码的基因发生突变产生。例如，野生型 *tyrT* 基因编码一个 tRNA，其识别 mRNA 中的 5′-UAC-3′密码子并将酪氨酸插入到延伸的多肽链中。然而，由于 5′-UAC-3′的突变使其变为 5′-UAG-3′。为了校正 mRNA 上产生的这一无义突变，tRNA 反密码子产生突变，由 5′-GUA-3′→5′-CUA-3′，即 G→C。这样，所产生的校正 tRNA 就可识别 mRNA 上的终止密码子 UAG，并将酪氨酸残基插入到多肽链的相应位置，而不引起翻译的终止。*tyrT* 基因的这种突变形式称为 *supF*。通过校正 tRNA 来抑制无义突变的机制可以看做是校正 tRNA 和参与蛋白质翻译终止的释放因子之间的竞争，当一个终止密码子进入核糖体 A 位点（见翻译过程），是通读还是多肽链终止，取决于这两个中的哪一个优先到达该位置，当校正 tRNA 首先进入时，其将特定氨基酸残基插入到多肽链中，则翻译不会终止。

图5-2给出校正移码突变的校正tRNA。此校正tRNA的反密码子由4个碱基组成，抑制由于在mRNA中插入一个G碱基产生的移码突变。

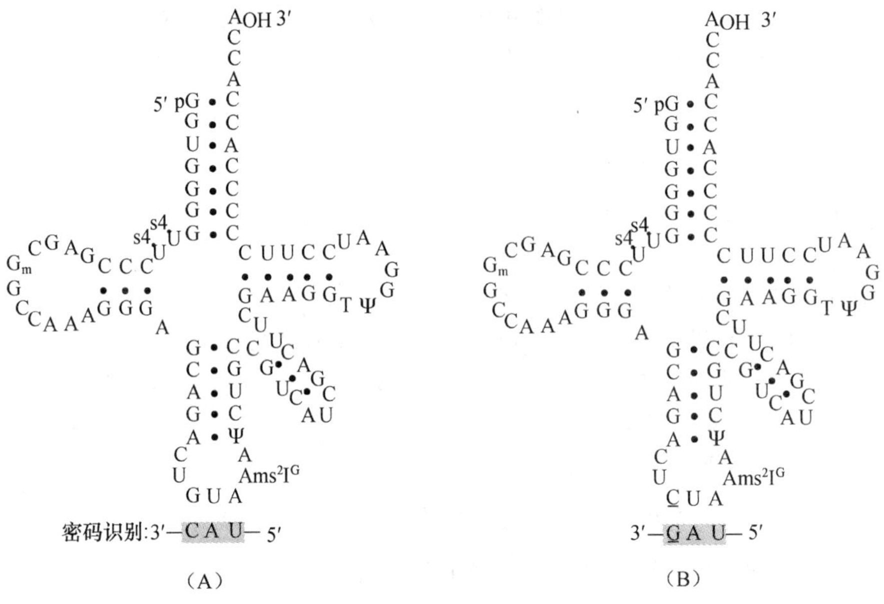

图5-1 用校正tRNA来校正mRNA分子上产生的无义突变

示*E. coli tyrT* tRNA(A)及其校正tRNA(*supF* tRNA)(B)。

(引自Neidhardt F, 1996)

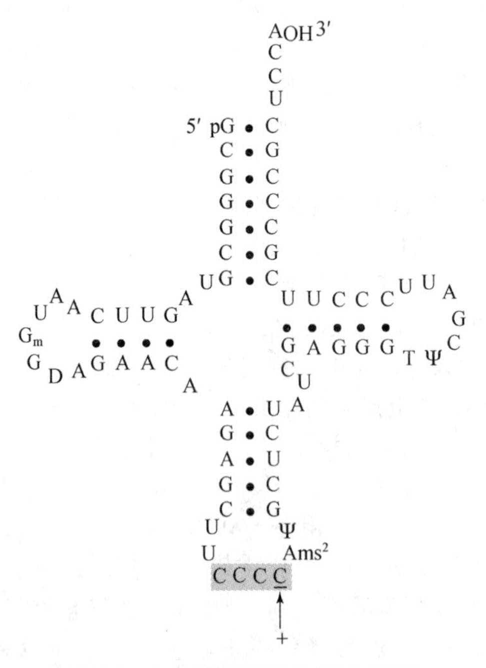

图5-2 校正移码突变的校正tRNA

在mRNA上的密码子GGG后由于突变插入一个G碱基，使其后面的读码框产生移码突变，为了克服这一突变，产生出反密码子由4个C(CCCC)组成的校正tRNA。此tRNA称为*sufD* tRNA，为移码校正tRNA。

(引自Neidhardt FC, 1996)

5.2　参与蛋白质生物合成的生物大分子及其功能

翻译过程是一个非常复杂的生物反应过程，需要大约 200 种以上的生物大分子，其中包括核糖体、mRNA、tRNA、氨酰 tRNA 合成酶、各种可溶性的蛋白因子（起始因子、延伸因子、释放因子、核糖体再循环因子）等参加的协同作用。在此只能予以梗概介绍。

1. 转移 RNA（transfer RNA，tRNA）

tRNA 是由 60～90 个核苷酸组成的小分子 RNA，大部分 tRNA 含 76 个核苷酸。图 5-3 给出一部分去折叠的 tRNA（苯丙氨酸 tRNA，$tRNA^{Phe}$）分子的结构。整个结构呈三叶草形，总是由 3 个茎环（分别称为 D 环、T（TφC）环、反密码子环）结构和一个氨基酸接受臂组成，其三维结构呈倒“L”形。tRNA 在翻译中的功能是通过其 3′端的氨基酸接受臂 CCA 序列中 A 的 3′-OH 同由 mRNA 分子上密码子所限定的氨基酸上的羧基脱水缩合，形成氨酰 tRNA。这种相连不但使携带着特定氨基酸的 tRNA 通过它的反密码子环上的反密码子与 mRNA 上相应的密码子相识、配对，将 mRNA 上的核苷酸序列转变为多肽链上的氨基酸序列，而且由于在氨基酸羧基和 tRNA 之间所形成的高能键，使氨基酸活化，便于同延伸的多肽链上的氨基酸之间形成肽键。

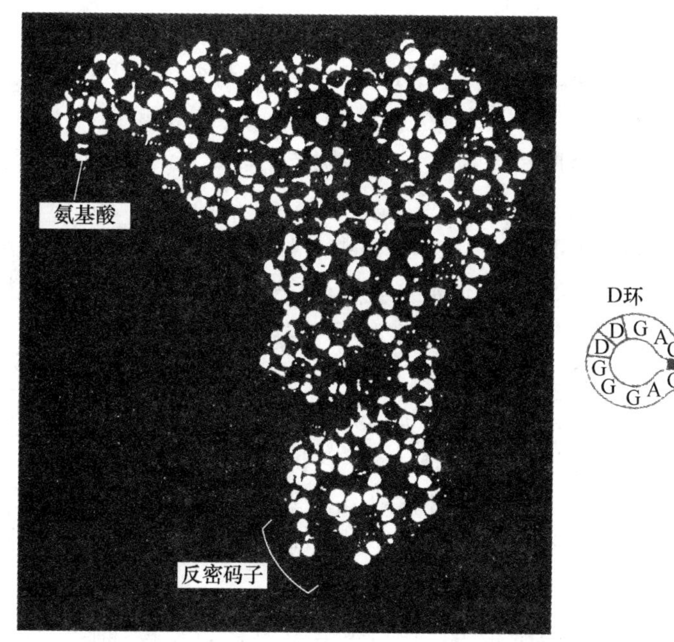

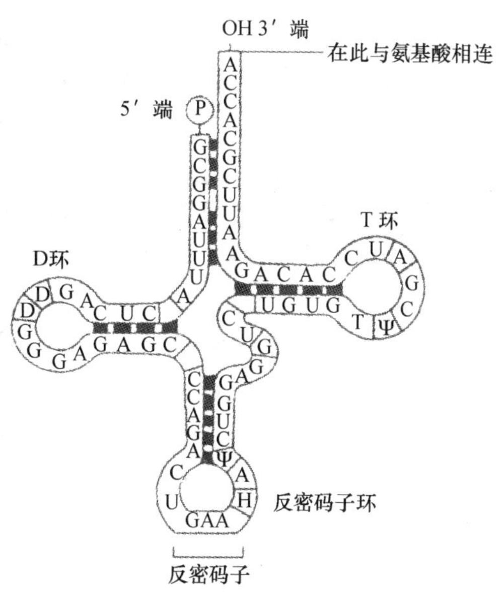

图 5-3　tRNA 的结构简图

（A）典型 tRNA 分子的折叠结构，示 tRNA 分子呈倒“L”形；（B）苯丙氨酸 tRNA 的三叶草形结构。

（引自 Alberts B，et al，1994）

2. 氨酰 tRNA 合成酶

氨基酸如何被活化，并同相对应的 tRNA 之间生成氨酰 tRNA 呢？这个任务就是由氨酰 tRNA 合成酶（aminoacyl-tRNA synthetase）来完成。每种 tRNA 及其携带的氨基酸都被一种氨酰 tRNA 合成酶所识别。这意味着至少存在 20 种不同的氨基酰 tRNA 合成酶，而实际上至少存在21种不同的氨基酰tRNA合成酶。这是因为无论原核还是真核细胞的起始甲硫氨酰tRNA(initiator Met-tRNA)与非起始甲硫氨酰-tRNA由不同的氨酰tRNA合成酶产生。氨酰tRNA合成酶通过氨基酸活化和氨酰tRNA形成这两步来产生氨酰tRNA:

(1) 氨基酸(AA)活化:

$$AA+ATP+E \rightleftharpoons (E\text{-}AA\sim AMP)+PPi$$

由此可见氨基酸的活化所需的能量由ATP提供,在氨酰tRNA合成酶(E)的催化下,形成氨酰-腺苷酸中间产物,即E-AA~AMP,释放出焦磷酸PPi。

(2) 氨酰tRNA的生成:

$$(E\text{-}AA\sim AMP)+tRNA \rightleftharpoons AA\sim tRNA+AMP+E$$

这步反应是氨酰tRNA合成酶催化氨基酸转移到tRNA的3′末端腺苷残基的核糖的2′-OH或3′-OH上,产生活化的氨酰tRNA。虽然这些反应是可逆的,但由于焦磷酸的偶联水解,有利于正反应的进行。

对于每种氨酰tRNA合成酶来说,精确地识别正确的氨酰以及tRNA是不同的。因为不同的氨基酸含有不同的R(侧链)基团,对应于每种氨基酸的酶具有相应的结合"口袋"。对于tRNA而言,并不是其上的反密码子决定了合成酶选择哪个tRNA。最大的可能是tRNA上的特异性修饰的碱基以及tRNA的二级结构为氨酰tRNA合成酶正确地选择tRNA提供了必要的标识。

氨酰tRNA合成酶必须在氨酰tRNA从其上释放之前,正确地区分是否选择识别了正确的氨基酸和tRNA。这是因为氨酰tRNA产物一旦释放,就没有办法对其校对。如果tRNA携带的是一个错误的氨基酸,那就引起氨基酸错误地掺入到多肽链中。至今,如何保证氨酰tRNA合成酶正确选择氨基酸和tRNA的精确机制仍不清楚。

最后需要指出的是,氨酰tRNA合成酶可分为两类:第一类是将氨基酸加到tRNA氨基酸接受臂茎的3′端CCA中A核糖的2′-OH,此类酶通常是单体;第二类是将氨基酸加到A核糖的3′-OH,此类酶是典型的二体或四体。tRNA的氨基酸接受臂茎和反密码子环可能决定了tRNA合成酶将哪种氨基酸加到这个tRNA上。

这样,遗传密码通过两个依序的转接子(sequential adaptors)将核苷酸序列转成多肽链中的氨基酸序列。其中第一个转接子就是氨酰tRNA合成酶,它将特定的氨基酸同相应的tRNA偶联;第二个转接子是tRNA,通过其反密码子同mRNA上的适当的密码子形成碱基配对。氨酰tRNA合成酶在对遗传密码解码(decode)过程中,起着与tRNA同样重要的作用。

3. mRNA

mRNA是蛋白质生物合成中遗传信息的携带者。图5-4给出原核和真核细胞中成熟mRNA分子的结构简图,从图中可以看出二者在结构上的不同。

对于一个成熟的mRNA分子要记住下面的几个特点:

(1) ORF:即开放读码框(open reading frame)。每个mRNA的蛋白质编码区是由一连续的、不重叠的一长串密码子组成的,叫做ORF。每个ORF为一个蛋白质(或多肽链)编码,从起始密码子开始到终止密码子结束。

(2) 在细菌中,绝大多数mRNA以5′-AUG-3′作为起始密码子,也有的以5′-GUG-3′和5′-UUG-3′作起始密码子。

(3) 真核生物总以5′-AUG-3′作为起始密码子。

(4) 起始密码子的功能并不只是在翻译过程中为加入的第一个氨基酸编码，而且确定了随后密码子的读码框。

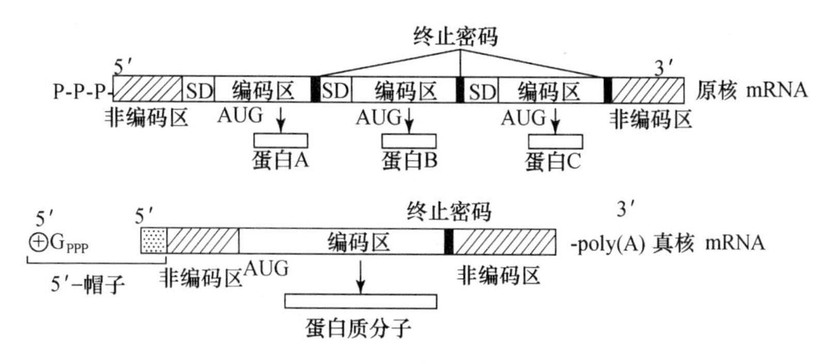

图 5-4 原核和真核细胞 mRNA 的结构简图

示原核 mRNA 是以多顺反子的形式存在。

(5) 真核 mRNA 多数含有一个 ORF(即单顺反子 mRNA)，而原核 mRNA 通常是由多个 ORF 组成(即多顺反子)。

(6) 原核 mRNA 含有一个核糖体结合位点(RBS)，也称 SD 序列(Shine-Dalgarno sequence)。这个 SD 序列与小核糖体亚基中 16S rRNA 的3′端序列互补(图 5-5)。

(7) 真核 mRNA 含有5′-帽子结构，其在起始蛋白因子帮助下与核糖体结合，一旦与核糖体结合，核糖体对 mRNA 进行探查(scanning)，直到发现第一个5′-AUG-3′。真核细胞中的翻译可被 Kozak 序列 5′-G/A NNAUGG-3′和 poly(A)尾的存在所增强。

(8) 无论是原核还是真核 mRNA，都存在5′或3′的非翻译区(untranslated region，5′UTR或3′UTR)。

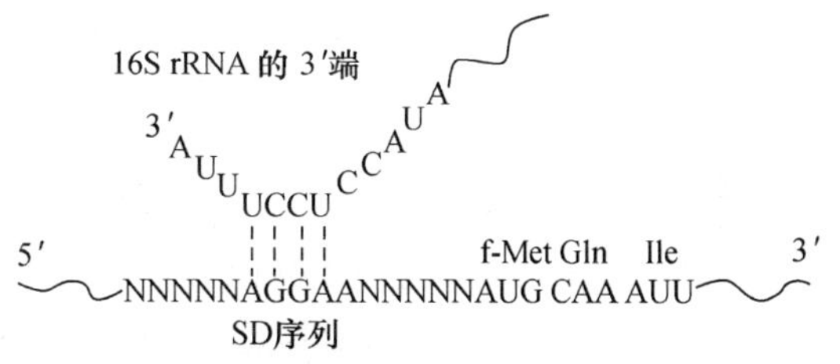

图 5-5 SD 序列(或 RBS)位于原核多顺反子 mRNA 中起始密码子 AUG 5′侧，其与靠近于核糖体中 16 S rRNA 的 3′端的序列互补

(King MW, 1996)

对基因组的分析指出，人和其他较高等的真核基因组中，只有大约 1.5%的遗传物质组分是为蛋白质编码。绝大多数基因组 DNA 是参与基因表达调控。因此 mRNA 只约占细胞总 RNA 的 1%～5%，为细胞内核酸中很少的组分。

4. 核糖体

核糖体是由核糖体 RNA 和蛋白质组成的、总相对分子质量达百万的 RNA-蛋白复合体，其功能是指导蛋白质的合成。表 5-4 给出原核和真核细胞核糖体的分子组成。核糖体由大小亚基组成。在细菌中小亚基为 30S，大亚基为 50S，整个核糖体为 70S；真核细胞中小亚基为 40S，大亚基为 60S，整个核糖体为 80S。一条 mRNA 可结合多个核糖体，称为多聚核糖体(polyribosome or polysome)，一个核糖体大约与 mRNA 上 30 个核苷酸相接触，而作为多聚核糖体(或多体)，其结合核糖体的密度是每隔 80 个核苷酸结合一个核糖体。

表 5-4 核糖体的分子组成

核糖体		亚基		RNA 分子组成	蛋白质数目/个
真核	80S ($M_r=4.2\times10^6$)	小	40S ($M_r=1.4\times10^6$)	18S (1900 nt)	约 33
		大	60S ($M_r=2.8\times10^6$)	28S 5S 5.8S (4700 nt) (120 nt) (160 nt)	约 49
原核	70S ($M_r=2.5\times10^6$)	小	30S ($M_r=0.9\times10^6$)	16S (1540 nt)	21
		大	50S ($M_r=1.6\times10^6$)	23S 5S (2900 nt) (120 nt)	34

注：nt 核苷酸；S：沉降常数。

核糖体中 RNA 不仅是核糖体的结构成分，也是催化多肽链合成的功能中心。核糖体的大亚基含有肽基转移酶中心，催化肽键的形成；小亚基含有解码中心。这些功能中心的催化成分完全或几乎完全由 RNA 组成。mRNA 是通过小亚基中的两个狭窄的通道进出解码中心。

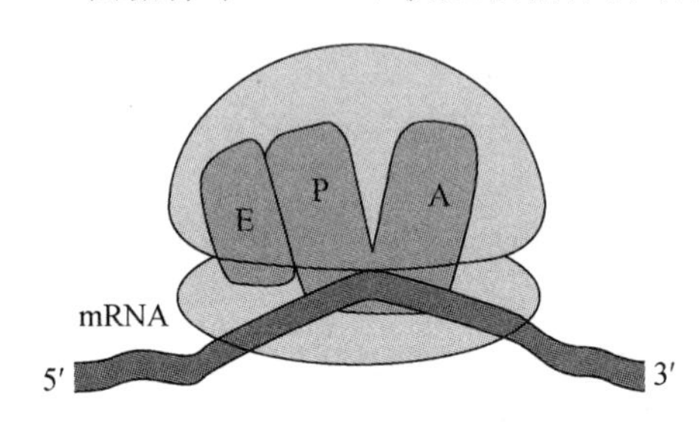

图 5-6 核糖体上的 3 个 tRNA 结合位点

示横跨两个核糖体亚基的 3 个 tRNA 结合位点：A、P、E 分别结合氨酰 tRNA，肽基 tRNA 和结合肽键形成后释放的 tRNA，E 还作为 tRNA 的出口。(Watson J, et al, 2004)

核糖体上有三个 tRNA 结合位点，分别为 A、P、E 位点。A 位点是氨酰 tRNA 结合位点，P 位点是肽基 tRNA 结合位点，E 位点是延伸的多肽链转移到氨酰 tRNA 后，释放出的无负载的(uncharged)tRNA。(图 5-6)。每个结合位点都在大亚基和小亚基交界面形成。因此结合的 tRNA 能够横跨大亚基的肽基转移酶中心和小亚基的解码中心。

对于核糖体中的两种组成成分而言，RNA 位于核糖体内部，而大多数核糖体蛋白质位于核糖体周边。这进一步印证了为什么肽基转移酶中心和解码中心都埋于完整的核糖体内(图 5-7)。

5. 各种蛋白因子

翻译过程由四个关键步骤组成：起始、延伸、终止及核糖体再循环(ribosome recycling)。每一步都必须有相应的蛋白因子的参加，分别称为起始因子(initiation factors, IF 或 eIF)、延伸因子(elongation factors, EF 或 eEF)、释放因子(release factors, RF 或 eRF)和核糖体再循环因子(ribosome recycling factor, RRF)。

(1) 起始因子。原核细胞有三种起始因子，即 IF-1、IF-2、IF-3。IF-3 结合到核糖体小亚基上并阻止小亚基与大亚基结合或阻止其结合负载(charged)tRNA；IF-3 也参与核糖体再循环，具有使核糖体大小亚基保持解离状态的活性。IF-1 直接结合到小亚基未来 A 位点的位置上，防止在翻译起始中，负载的 tRNA 与 A 位点结合。IF-2 是一个 GTP 水解酶(GTPase)，它与小亚基、IF-1 和原核起始甲酰甲硫氨酰 tRNA(fMet-$tRNA_i^{Met}$)

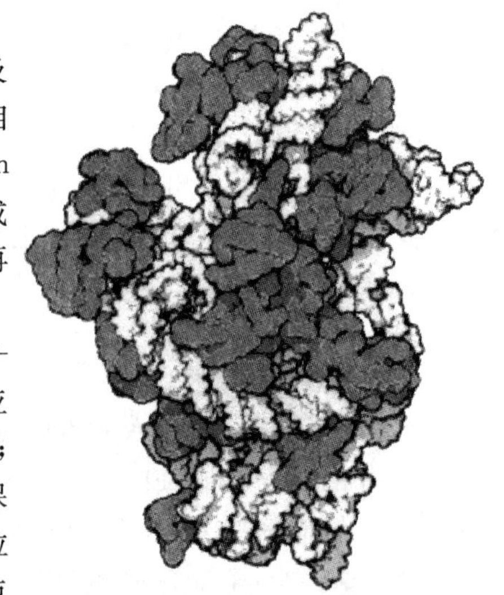

图 5-7 核糖体中蛋白质和核酸的分布

示 RNA 位于核糖体(浅色)的内部，而蛋白质(深色)位于核糖体的周边。

相互作用。通过这些相互作用IF-2催化了fMet-tRNA$_i^{fMet}$和小亚基结合，并阻止其他负载tRNA（即其他氨基酰tRNA）与小亚基结合。如图5-8所示，起始因子IF-3、IF-1和IF-2分别结合到小亚基的3个tRNA结合位点或其附近。IF-1直接结合到A位点，IF-2同IF-1结合并伸向P位点与fMet-tRNA$_i^{fMet}$结合，而IF-3则占据E位点的位置。这种结合模式保证了在起始阶段只有P位点能结合fMet-tRNA$_i^{fMet}$。

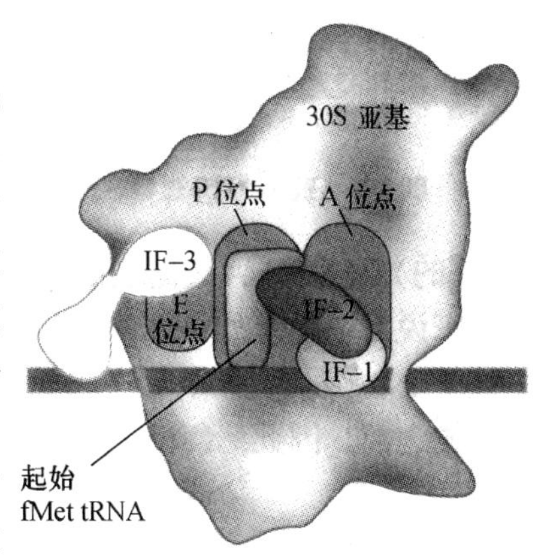

图5-8　起始因子IF-1、IF-2和IF-3与30S核糖体小亚基结合的示意图

（引自Watson J, et al, 2004）

真核细胞中的起始因子比原核多，用eIFs表示，大约30种以上的蛋白因子参与了真核细胞翻译的起始。在此，我们只介绍几个，说明真核翻译起始的复杂性：

● 真核eIF-3和eIF-1A的作用与原核中的IF-3和IF-1相似，分别与小亚基上tRNA结合位点的A位点和E位点相结合，并参与大、小亚基间的解离。

● eIF-4F由eIF-4E、4G、4A三个亚基组成，其中eIF-4E亚基是识别5′-帽子结构；eIF-4A亚基具依赖于ATP的RNA解旋酶（RNA helicase）活性；eIF-4G亚基首先作为网架，使eIF-4A、eIF-4E亚基组装入eIF-4F，形成由eIF-4A、4E、4G三亚基组成的eIF-4F复合体。此时，eIF-4B辅助因子加入，促进eIF-4A的RNA解旋酶活性，在ATP存在下解开近帽子区mRNA上任何的二级结构（如发卡结构）（图5-9）。mRNA 5′端二级结构的解开是其与小核糖体亚基结合的前提。eIF-4G亚基另一个重要作用是与包围在poly(A)外的poly(A)结合蛋白（PABP）相互作用，从而介导mRNA 5′端及3′端相互作用，使mRNA维持一种环状构象。这使得一旦核糖体完成了通过poly(A)尾而环化的mRNA的翻译，新释放且大、小亚基解离的核糖体亚基将被理想地置于同一mRNA的起始翻译位点上（图5-10）。从此我们可以看到，mRNA的5′-帽子结构和3′端的poly(A)是如何通过相互作用增加mRNA的翻译效率的。

● 两个GTP结合蛋白eIF-2和eIF-5B的功能：eIF-2与Met-tRNA，即真核起始tRNA Met-tRNA$_{Met}$结合，形成eIF-2·GTP·Met-tRNA$_i^{Met}$三元复合体，在eIF-5B·GTP（与原核IF-2·GTP相对应）帮助下结合到核糖体小亚基上，与eIF-3、eIF-1A一起形成43S起始前复合体（43S pre-initiation complex）。

(2) 延伸因子。在原核细胞中有三种延伸因子，即EF-Tu、EF-Ts、EF-G。EF-Tu的功能是通过同GTP及氨酰tRNA结合，将氨酰tRNA带入核糖体的A位点同mRNA结合。EF-Tu具有高度专一性，它只识别和结合氨酰tRNA，而不识别和结合fMet-tRNA$_i^{fMet}$。EF-Ts的功能是通过取代与EF-Tu结合的GDP与EF-Tu相结合，使EF-Tu·GDP再生为有活性的EF-Tu·GTP，再参与肽链的延伸（图5-11）。EF-G在肽链延伸中的作用是使肽基tRNA从核糖体A位点向P位点转移，即参与所谓的转位过程（translocation）。在真核细胞中，延伸因子eEF-1具有与原核EF-Tu相同的功能。虽然对eEF-1在将氨酰tRNA带入核糖体A位点后，形成eEF-1-GDP后的再生过程有各种假设，但详细过程并不清楚。很可能与EF-Tu/EF-Ts的反应过程相似。eEF-2的功能类似于原核的EF-G，为肽基tRNA从A位点向P位点的转位所必需。

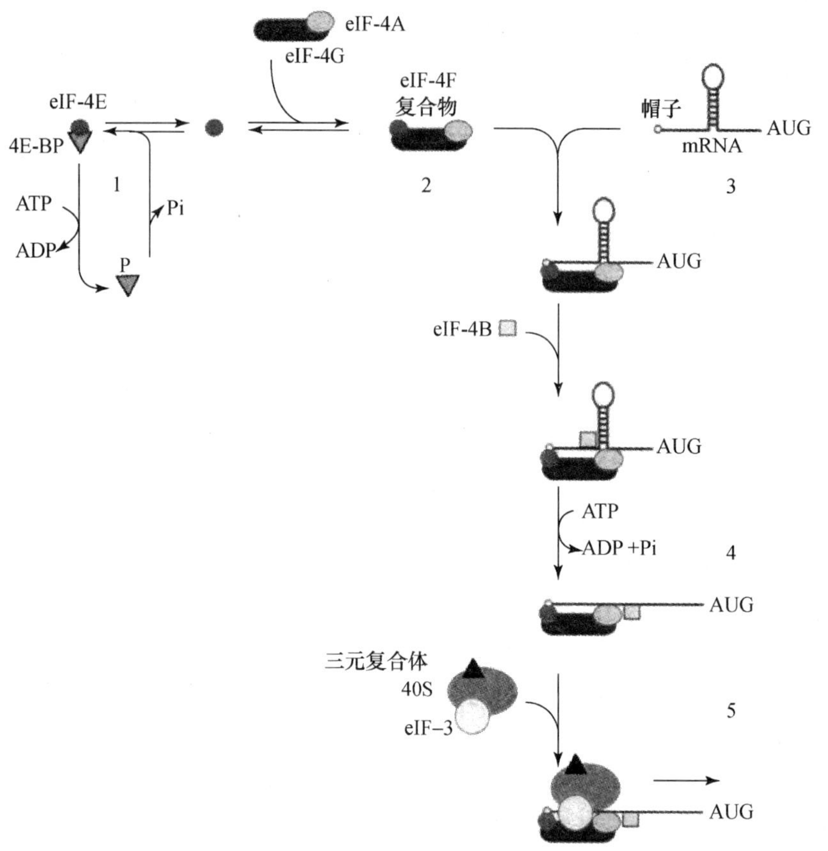

图 5-9　eIF-4F 复合体的形成及 mRNA 5′端二级结构的解除

(引自 Gingras A, et al, 2001)

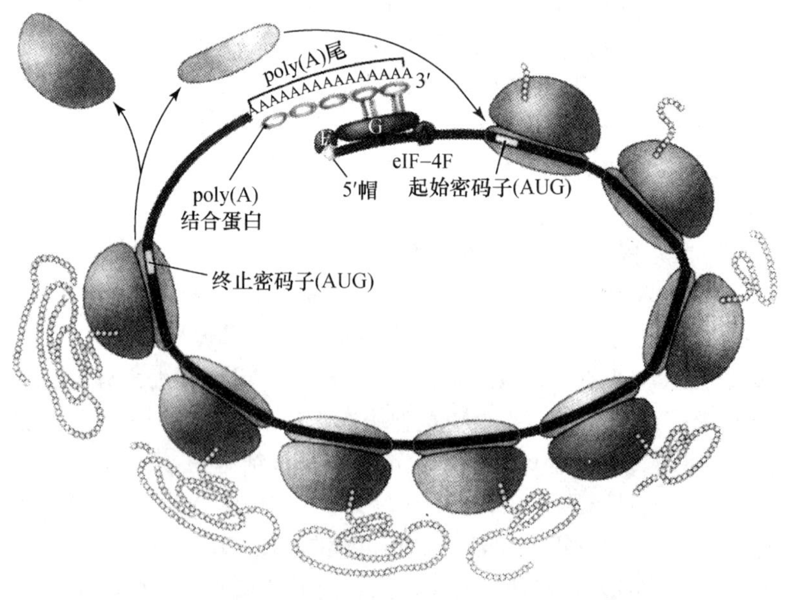

图 5-10　通过 poly(A)结合蛋白(PABP)和 eIF-4F 中的 eIF-4G 亚基介导的 mRNA 环化构象的形成

(引自 Watson J, et al, 2004)

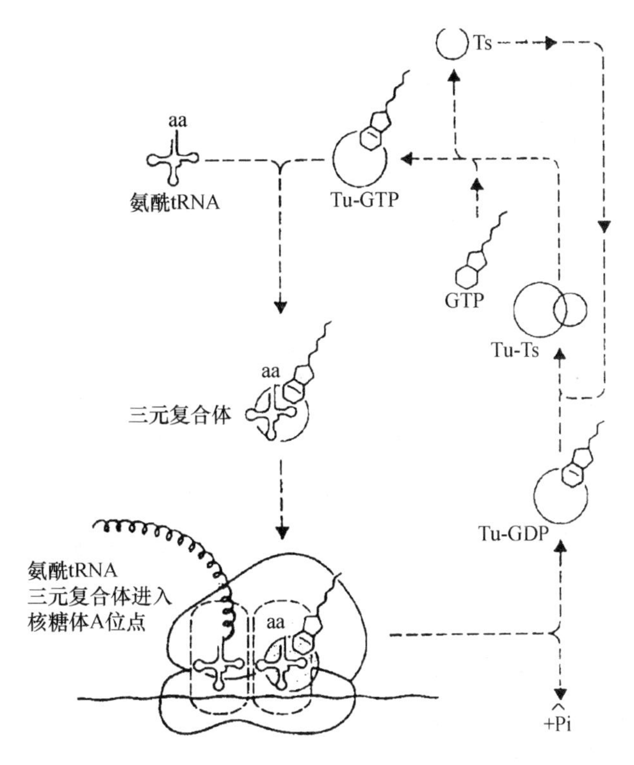

图 5-11　翻译过程中延伸因子的作用和循环过程

（3）释放因子。无论原核和真核都有两类释放因子：Ⅰ类释放因子识别终止密码子，并催化多肽链从 P 位点的 tRNA 中水解释放出来。原核细胞有两种Ⅰ类释放因子，即 RF-1 和 RF-2，其分别识别终止密码子 UAG、UAA 和 UGA、UAA。真核细胞只有一种Ⅰ类释放因子，即 eRF-1，识别 UAG、UGA 和 UAA 三个终止密码子。Ⅱ类释放因子的作用是在多肽链释放后，刺激Ⅰ类释放因子从核糖体上解离下来。原核和真核细胞都只有一种Ⅱ类释放因子，分别是 RF-3 和 eRF-3。Ⅱ类释放因子具有 GTP 酶(GTPase)活性。

（4）核糖体再循环因子(ribosome recycling factor，RRF)。当一轮 mRNA 翻译在核糖体上完成后，核糖体必须从 mRNA 上释放并解离成游离的、有活性的核糖体大、小亚基，然后进入下一轮的翻译过程。在原核细胞中执行上述功能的就是 RRF、EF-G(即延伸因子 G)和 IF-3。RRF 是一种小分子蛋白质，通常约由 185 个氨基酸残基组成，由两个结构域组成。结构域Ⅰ由三股 α 螺旋组成，而结构域Ⅱ由一个三层的 β/α/β 三明治结构组成(图 5-12)。值得指出的是，在真核细胞中，除细胞器，如线粒体及叶绿体外，尚未发现原核 RRF 的同源序列，真核细胞核糖体再循环的机制仍然是在研究中的问题。

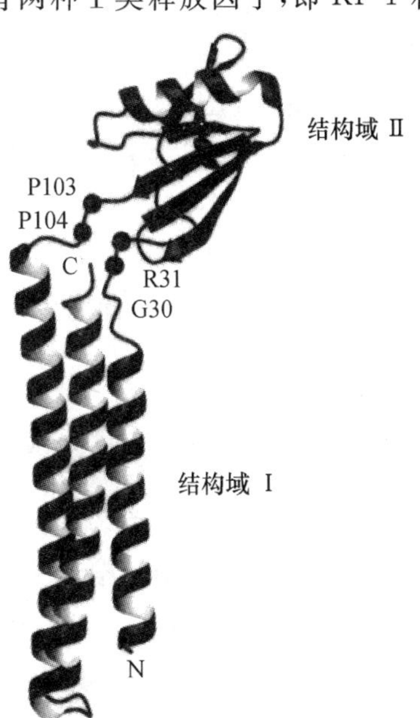

图 5-12　*E. coli* 的核糖体再循环因子(RRF)结构图

示两个结构域及其间的铰链区(G30，R31，P103，P104)

5.3 蛋白质生物合成的过程

在介绍此内容之前,我们再明确以下几个概念。

(1) 起始密码子(initiation codon)。AUG 作为原核和真核细胞的通用起使密码子,在原核中为N-甲酰甲硫氨酸编码,而在真核中为甲硫氨酸编码。此外,GUG 或 UUG 有时也作为原核细胞的起始密码子,此时也为 N-甲酰甲硫氨酸编码。

(2) 起始 tRNA(initiator tRNA)。在原核细胞中携带 N-甲酰甲硫氨酸,在真核细胞中携带着甲硫氨酸,识别 mRNA 上起始密码子,参与翻译起始。如前所述,分别用 fMet-$tRNA_i^{fMet}$和 Met-$tRNA_i^{Met}$表示。在蛋白质合成过程中如何将 fMet-$tRNA_i^{fMet}$和 Met-$tRNA_i^{Met}$与肽链延伸过程中的 Met-$tRNA_m^{Met}$相区别?这主要是因为起始 tRNA 具有与 Met-$tRNA_m^{Met}$不同的结构特征。作为延伸因子 EF-Tu 只识别氨酰 tRNA 而不识别起始 tRNA。

(3) 肽基 tRNA 及 P 位点。将连接有生长肽链的 tRNA 称肽基 tRNA,其在核糖体上的结合位点叫做 P 位点。

(4) 氨酰 tRNA 及 A 位点。将携带有活化氨基酸的 tRNA 叫做氨酰 tRNA,其在核糖体上的结合位点叫做 A 位点。A 位点又称氨酰 tRNA 结合位点,而 P 位点叫做肽基 tRNA 结合位点。在此指出,fMet-$tRNA_t^{fMet}$和 Met-$tRNA_i^{Met}$在起始复合体中占据的是 P 位而不是 A 位。

5.3.1 原核细胞蛋白合成的起始

起始需要核糖体大、小亚基的解离,其机制将在核糖体再循环章节中介绍。IF-3 首先与小亚基(30S)的 E 位结合,使小亚基保持活性状态,不再与大亚基(50S)结合。随之,IF-1 与小亚基上的 A 位点结合,从而防止任何其他 tRNA 进入 A 位点,而结合有 GTP 的 IF-2 与 IF-1 结合并催化 fMet-$tRNA_i^{fMet}$和小亚基结合,从而形成 30S 起始复合体。与此同时有一

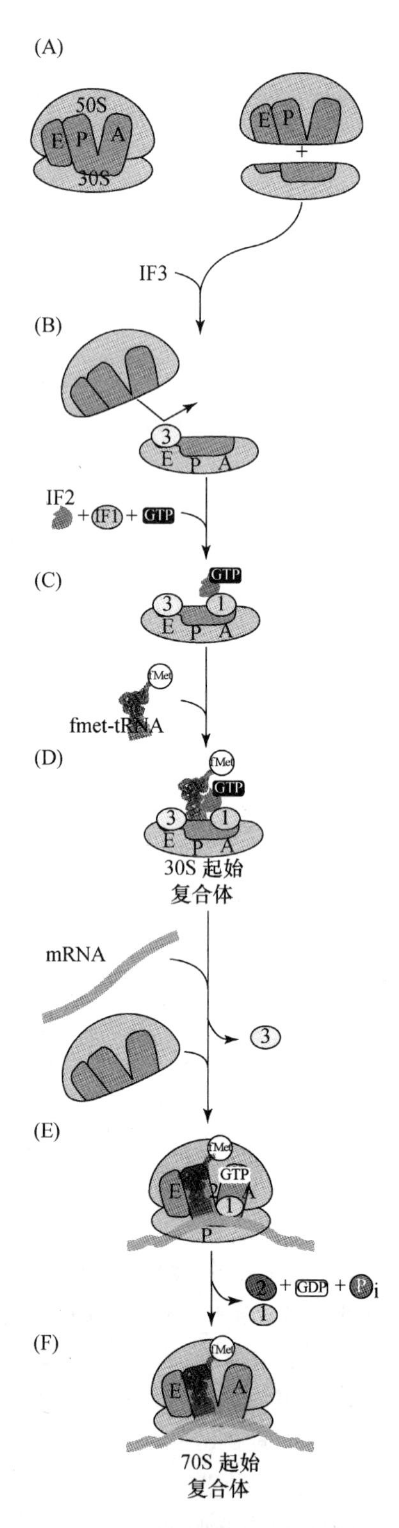

图 5-13 原核细胞翻译起始过程

(引自 Watson J, et al, 2004)

个独立的过程，这就是 mRNA 通过其 SD(或 RBS)序列与小亚基中的 16S rRNA 3′端互补序列相结合(图 5-5)，完成对小亚基的结合，一旦 mRNA 结合于小亚基上，IF-2・GTP 催化的 fMet-$tRNA_i^{fMet}$ 与小亚基结合反应便由起始 tRNA 上的反密码子和 mRNA 的起始密码子之间的碱基配对得以完善。随着起始密码子和 fMet-$tRNA_i^{fMet}$ 反密码子的碱基配对，小亚基的构象发生变化，致使 IF-3 从 30S 起始复合体上解离，而大亚基便同释放掉 IF-3 因子的 30S 起始复合体结合(图 5-13(E))。大亚基的结合激活了 IF-2・GTP 的 GTP 酶的活性，引起 GTP 的水解，产生的 IF-2・GDP 与核糖体和起始 tRNA 的亲和力降低，导致 IF-1、IF-2、GDP 和 Pi 释放，产生了 70S 起始复合体。此时，fMet-$tRNA_i^{fMet}$ 与 P 位点结合，A 位点空出准备好接受氨酰 tRNA 的结合，起始肽链的合成(图 5-13)。

5.3.2　真核细胞蛋白质合成的起始

真核细胞翻译起始有不少方面与原核细胞相同。如使用起始密码子和专门起始 tRNA；在大亚基加入前利用各种起始因子首先形成结合 mRNA 的小亚基复合体。但真核 mRNA 不存在 SD(或 RBS)结合位点，而真核细胞中小亚基在与 mRNA 的 5′端帽子结构结合前，已与起始 tRNA 结合。对起始密码 AUG 的确定，是通过小亚基-起始 tRNA 复合体在结合 mRNA 后，按 5′→3′方向沿 mRNA 进行寻查(scanning)而完成的。

图 5-14 给出真核细胞翻译起始过程。如图 5-14(A)所示，小亚基和起始 tRNA 复合体形成及与 mRNA 结合是由(a)、(b)两条彼此独立的线进行。(a) 大、小亚基解离后，eIF-1A 和 eIF-3 结合到小亚基的 A 位点和 E 位点。在 eIF-1A 的帮助下，eIF-5B・GTP(GTPase)与小亚基结合。然后，eIF-5B・GTP 帮助 eIF-2・GTP 和 Met-$tRNA_i^{Met}$ 复合体结合到小亚基上。通过 eIF-5B・GTP 和 eIF-2・GTP 两个 GTP 结合蛋白的协同作用将 Met-$tRNA_i^{Met}$ 置于小亚基的 P 位点，形成 43S 起始前复合体。

43S 起始前复合体对 mRNA 的识别是从对 5′-帽子结构的识别开始。这一过程由具有三个亚基(eIF-4A、eIF-4G、eIF-4E)的 eIF-4F 介导。如图 5-9 所示，eIF-4F 首先与 5′-帽子结构结合，并通过 eIF-4B 辅助因子的介入激活 eIF-4F 中的 eIF-4A 的 RNA 解旋酶活性，在 ATP 存在下解开近帽子区 mRNA 上任何二级结构，为 43S 起始前复合体对 mRNA 结合提供前提。最后 eIF-4F/eIF-4B 与去除二级结构的 mRNA 的结合体在 eIF-4F 和 eIF-3 的相互作用下将 43S 起始前复合体结合到 mRNA 的 5′-帽子端(图 5-14(A)、(B))。

接下来，小亚基和它的结合因子按照 5′→3′方向沿着 mRNA 通过探查 Kozak 序列找到 mRNA 上的起始密码子 5′-AUG-3′，并与起始 tRNA 上的反密码子实现碱基配对。正确的碱基配对引起 eIF-2・GTP 水解成为 eIF-2・GDP，并同 eIF-3、eIF-4B 一起从复合体上释放。eIF-2 及 eIF-3 的释放使大亚基结合到小亚基上，而大亚基的结合激活了 eIF-5B・GTP 的水解活性，使 eIF-5B・GTP ⟶eIF-5B・GDP＋Pi，从而导致剩余起始因子的释放。这些事件的结果是，Met-$tRNA_i^{Met}$ 被置于 P 位点，此时，核糖体的 A 位点已接受一个氨酰 tRNA，为第一个肽键的合成做好准备。

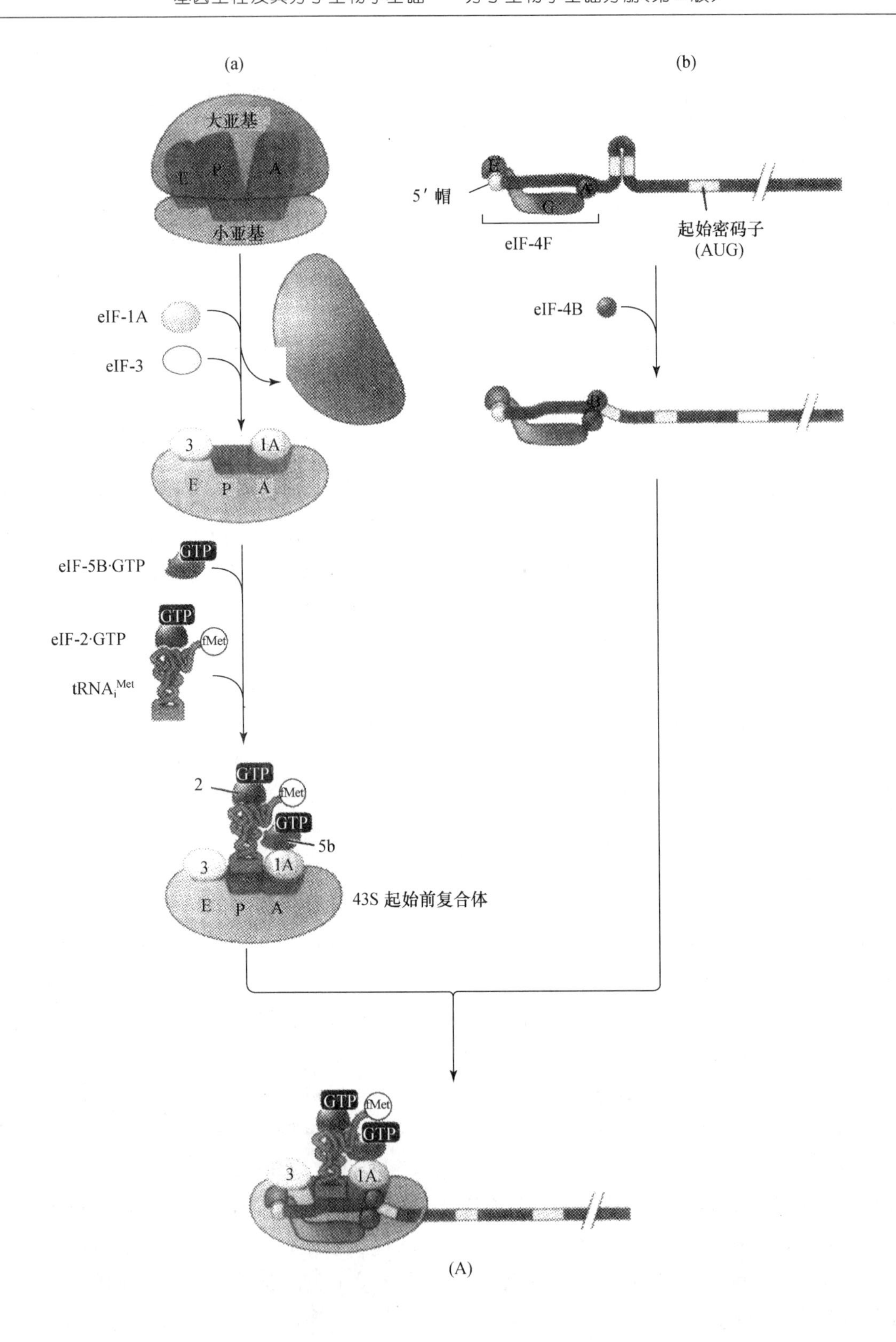

(a)
(b)
大亚基
E
P
A
小亚基
5′帽
eIF-4F
起始密码子
(AUG)
eIF-1A
eIF-3
eIF-4B
3
1A
eIF-5B·GTP
GTP
eIF-2·GTP
fMet
tRNAiMet
2
5b
43S 起始前复合体

(A)

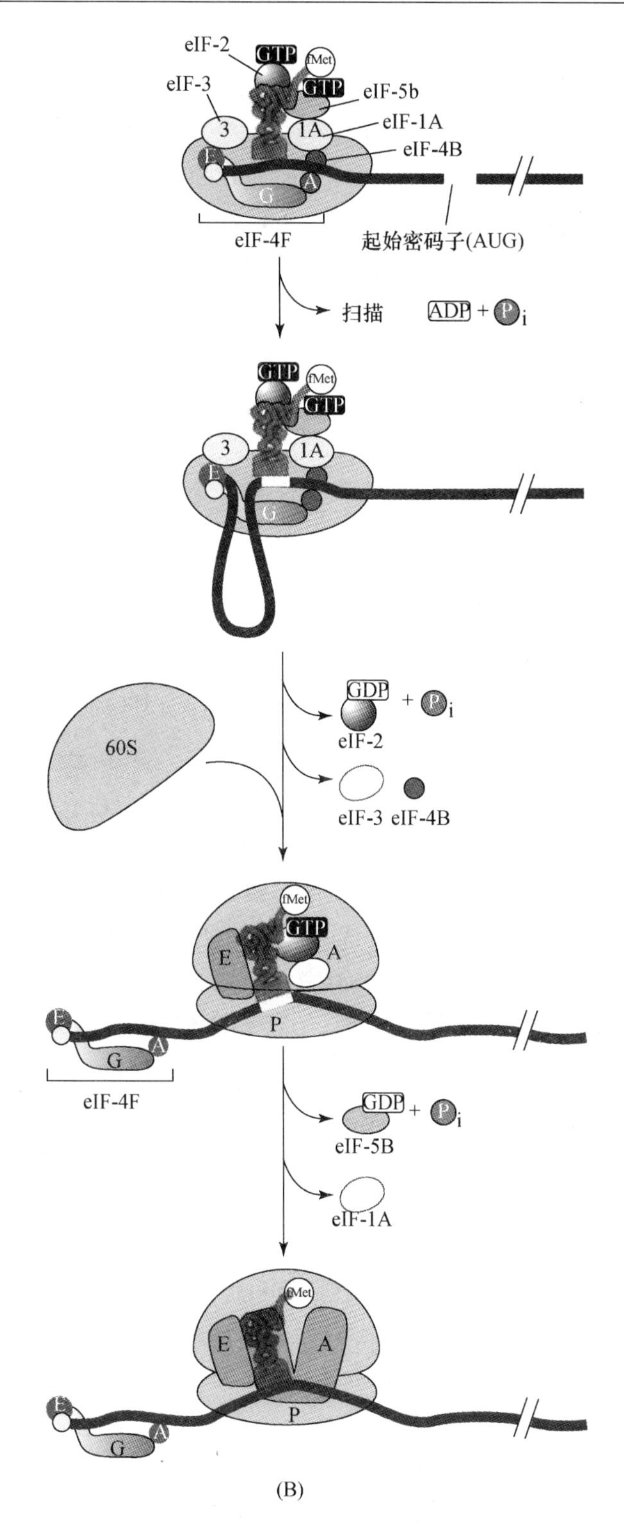

图 5-14　真核细胞翻译起始过程

(A) 示核糖体小亚基、起始 tRNA 复合体与 mRNA 5′端结合；

(B) 核糖体小亚基对起始密码 AUG 的识别及 80 S 起始复合体的形成。

(引自 Watson J, et al, 2004)

5.3.3 多肽链合成的延伸

核糖体有两个主要功能,其一是破解在mRNA中的遗传密码;其二是催化在两个氨基酸残基间形成肽键,产生蛋白质的多肽链。一个核糖体的催化中心,即肽转移酶中心(peptidyl transferase centre)处于大亚基,mRNA的解码发生在小亚基,即mRNA解码中心(decoding region)。图5-15为核糖体本身的两个主要功能及定位,mRNA穿过亚基间界面被解码。

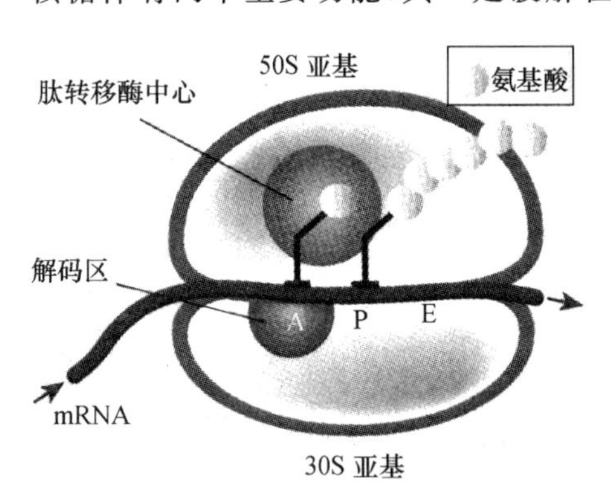

图5-15 核糖体的两个主要功能和定位

肽转移酶中心位于大亚基,mRNA解码中心(或区)位于小亚基。(引自 Willamson JR, 2000)

为保证肽链延伸过程的正确进行,有三个事件必须发生:第一,在A位点上的密码子的指导下,将正确的氨酰tRNA置于A位点上;第二,A位点的氨酰tRNA与P位点的肽基tRNA(或起始tRNA)上的肽链形成肽键,这一反应导致起始tRNA上的氨基酸或多肽链的羧基端与处在P位点的tRNA解偶联,而与在A位点上的tRNA所携带的氨基酸氨基之间形成肽键(图5-16)。第三,在A位点上的新的肽基tRNA向P位点的转位(translocation),空出A位点,为下一个氨酰tRNA的进入提供空间。转位过程是伴随着核糖体沿mRNA从5′→3′方向精确移动一个密码子(即3个核苷酸)而同时进行的。

上述三步分别由不同的延伸因子介导或酶催化完成。第一步是需要延伸因子EF-Tu或eEF-1。被GTP活化了的延伸因子EF-Tu・GTP或eEF-1・GTP与一个氨酰tRNA的3′端结合,覆盖偶联的氨基酸,从而防止氨酰tRNA直接参与肽键的形成。结合了氨酰tRNA的EF-Tu不能有效地水解GTP,只有当tRNA置于A位点与正确的密码子-反密码子配对后,EF-Tu・GTP水解酶活性才被因子结合中心(factor binding center)所激活,水解所结合的GTP,EF-Tu・GTP从tRNA和核糖体上解离下来(图5-17)。

第二步,一旦EF-Tu・GTP通过其GTPase活性水解,从tRNA和核糖体上解离,将氨酰tRNA置于A位点并旋转进入大亚基上的肽转移中心,便开始了肽键形成的过程。肽基-tRNA和氨酰tRNA上氨基酸间的肽键形成是被大亚基中23S(在原核中)作为肽转移酶的RNA组分所催化。其准确机制虽然正在研究中,但作为一种RNA组成的核酶(riboenzyme)可能是通过23S RNA与处于A位点和P位点的tRNA上的CCA末端之间的碱基配对,帮助氨酰tRNA的α氨基基团攻击与肽基tRNA上3′端直接相连的氨基酸羧基而完成了肽键的生成(图5-18)。

第三步,随着肽转移酶反应完成,P位点的tRNA不再结合氨基酸,而暴露出自身的3′-OH(图5-16)。此时多肽链则连到A位点的tRNA上。要使肽链进入新的一轮延伸过程,P位点的tRNA必须移至E位点,而A位点的tRNA必须移至P位点,空出A位点,为下一个氨酰tRNA的进入提供空间。此过程伴随着核糖体沿mRNA从5′→3′方向精确移动一个密码子。上述过程统称为转位(translocation)。转位过程需要第二个延伸因子 EF-G(或真核 eEF-2)的参与并由一个 GTP 水解提供能量。EF-G 通过取代结合在 A 位点的 tRNA 来驱动转位。此过程周而复始地进行,直到在核糖体的 A 位点出现终止密码(图 5-19)。

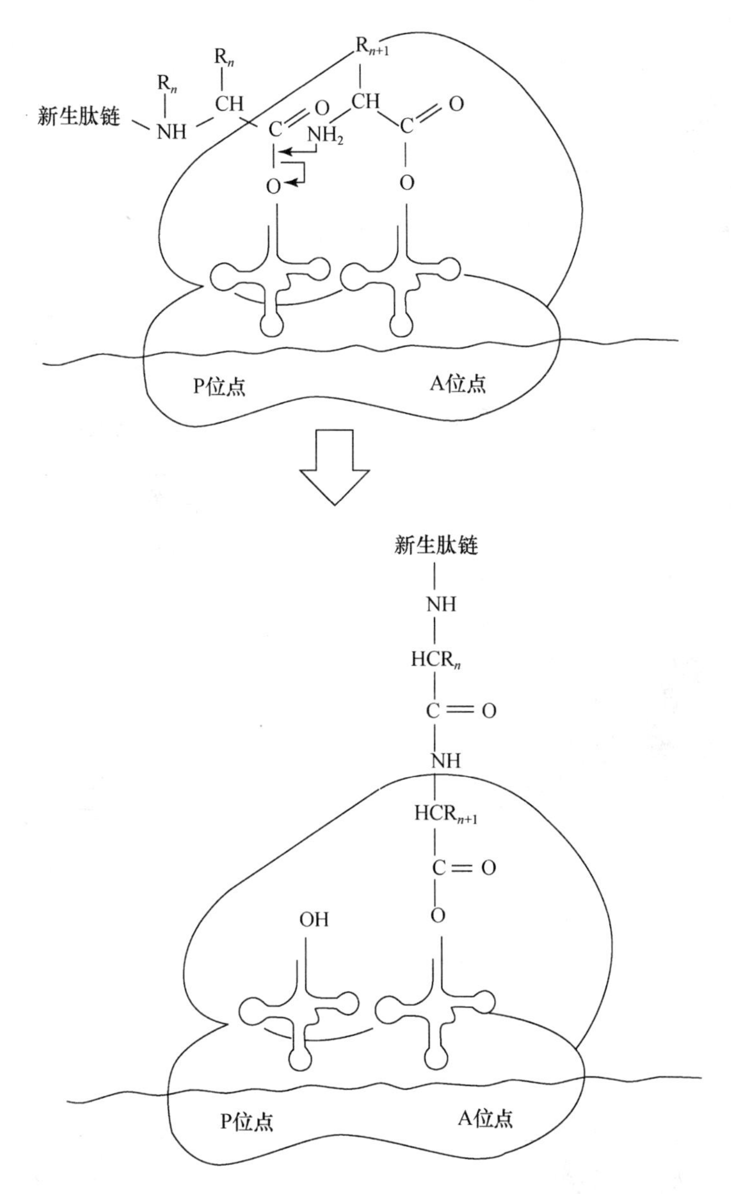

图 5-16 肽键的形成

示在 P 位点的肽基 tRNA 上的新生肽和 A 位点的氨酰 tRNA 上的氨基酸之间脱水缩合,形成肽键(只示 P 位点和 A 位点)。

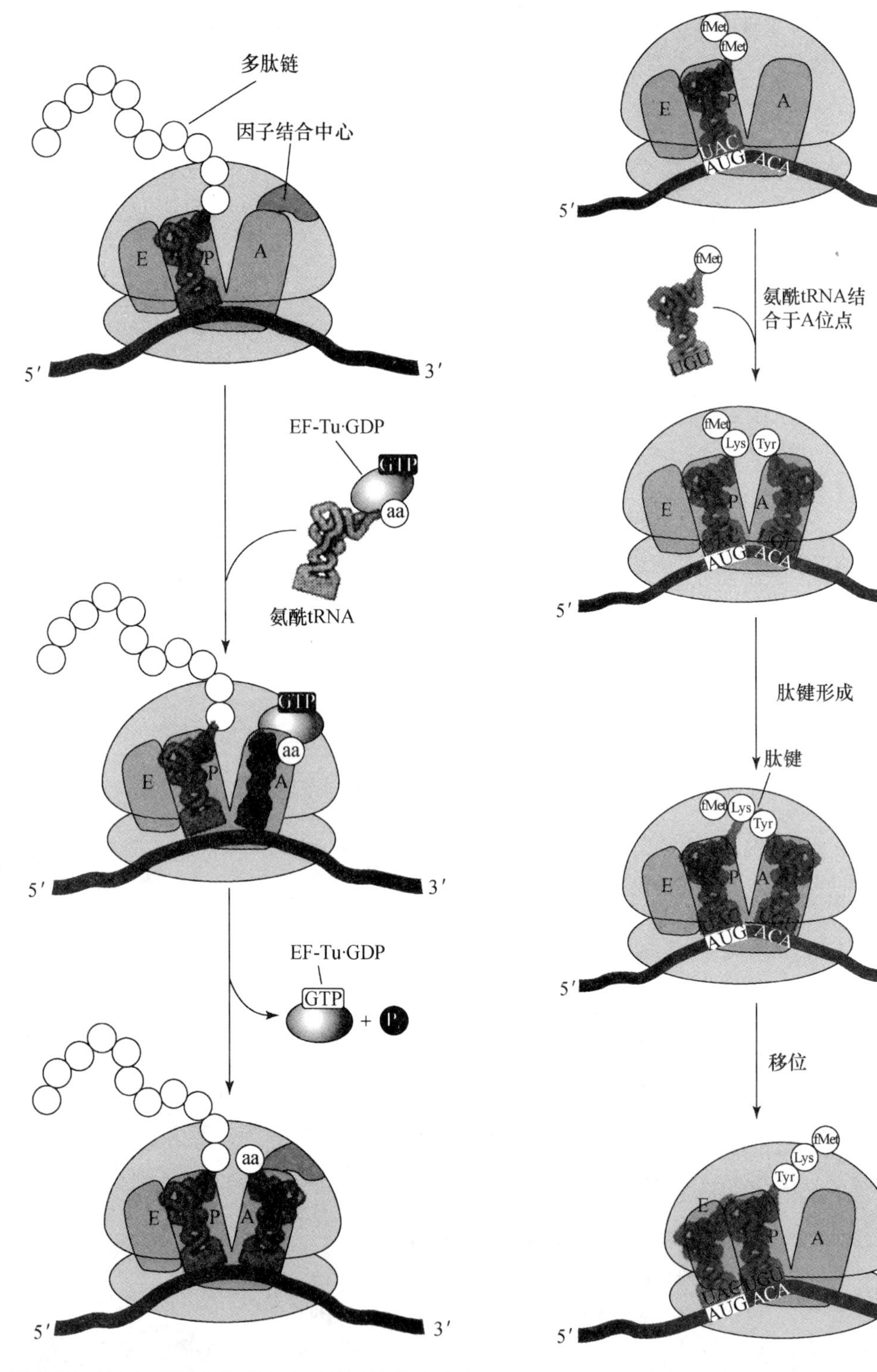

图 5-17 EF-Tu 护送氨酰 tRNA 至核糖体的 A 位点

(引自 Watson J, et al, 2004)

图 5-18 肽链的延伸

(引自 Watson J, et al, 2004)

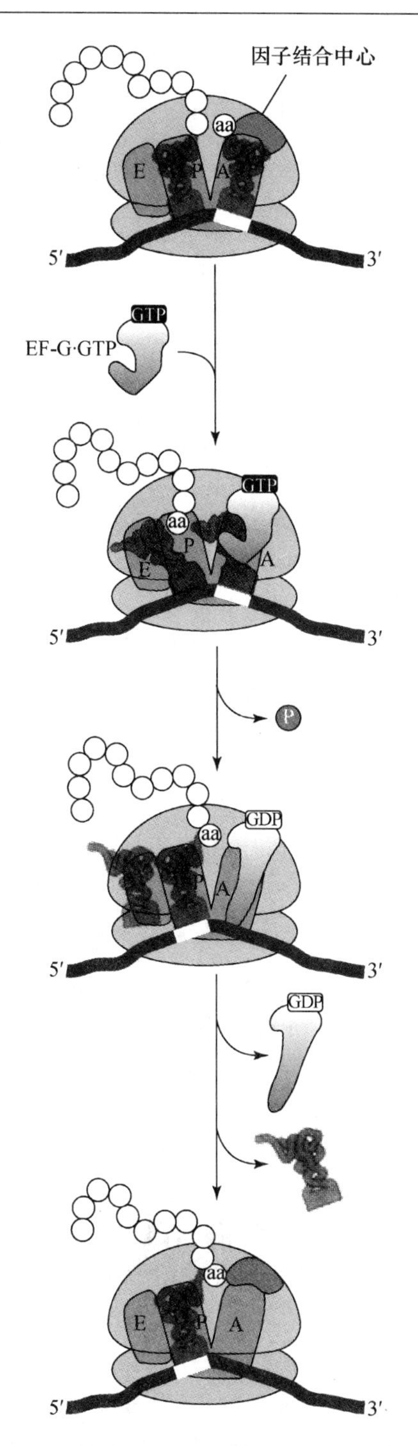

图 5-19 翻译过程中的转位需要 EF-G 水解 GTP

(从上到下)由于在核糖体上 A 位点的位置变化,暴露出 EF-G 结合位点,EF-G · GTP 复合体结合到核糖体上;EF-G 水解 GTP 变为 EF-G · GDP 后,通过与处于小亚基上的解码中心(见图 5-15)相互作用,EF-G · GDP 触发 A 位点 tRNA 转位到 P 位点,而在 P 位点的 tRNA 则到 E 位点。最后,E 位点的 tRNA 及 A 位点的 EF-G · GDP 从核糖体上释放,空出 A 位点,为下一个氨酰 tRNA 进入提供空间。(引自 Watson J, et al, 2004)

值得指出的是,EF-Tu·GTP和EF-G·GTP是催化蛋白质,在每轮tRNA结合核糖体,肽键形成和转位的过程中只能使用一次。GTP水解后,这两个蛋白质必须释放所结合的GDP,并结合一个新的GTP分子。对于EF-G来说,因为GDP与EF-G的亲和力要低于GTP,且GDP在GTP水解后很快被释放出来。游离的EF-G很快与一个新的GTP结合。而对于EF-Tu而言,则需要另一个延伸因子EF-Ts来帮助完成GDP到GTP的交换(图5-11)。

5.3.4 多肽链合成的终止

在蛋白质合成过程中,当在mRNA上的终止密码出现在核糖体的A位时,释放因子催化多肽链的释放。此过程详细的机制仍不清楚,但由于释放因子完全是由蛋白质组成,因此对终止密码子的识别必须通过蛋白质和RNA相互作用来完成。实验指示,在Ⅰ类释放因子(RF-1、RF-2、eRF-1)中共有一段保守的三氨基酸序列GGQ,其代表着"肽反密码子",作用在于识别终止密码,更重要的在于对多肽链的释放。由于发现GGQ序列位于肽转移酶中心附近,很可能是释放因子通过GGQ序列,运用某种方式诱导肽转移酶中心的某些变化,导致肽转移酶活性发生改变,使其催化一个水分子,而不是一个氨基酸加到肽基tRNA上。这一反应使生长的多肽链从其连接的tRNA分子上释放出来(图5-20)。

一旦Ⅰ类释放因子启动了肽基tRNA的水解,它必须离开核糖体。这一步是由Ⅱ类释放因子RF-3(或eRF-3)来催化的。RF-3是一种GTP结合蛋白,游离的RF-3主要是以GDP结合的形式存在。在Ⅰ类RF启动多肽释放后,核糖体和Ⅰ类RF的构象改变诱导RF-3交换GDP而结合GTP。RF-3·GTP的结合使其与核糖体具有高亲和力,从而使Ⅰ类RF解离(图5-20)。

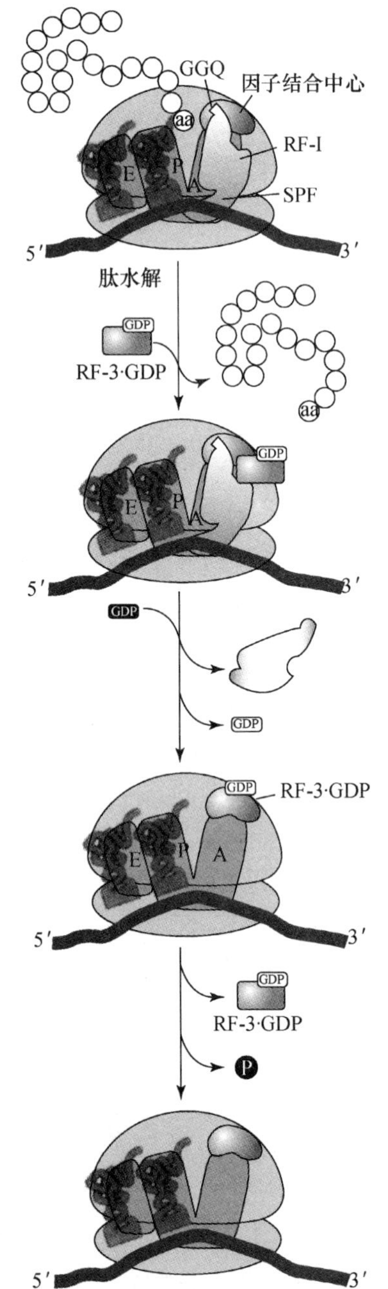

图5-20 释放因子RF-1/RF-2和RF-3(或eRF-1,eRF-3)催化多肽链和与其相连的tRNA之间的键水解,完成翻译终止

(引自Watson J, et al, 2004)

三联体终止密码子并不能总是作为蛋白质合成中有效的终止信号,有时终止密码子可能被正常的tRNA错读或被特异性的校正tRNA通读。在酿酒酵母中终止密码子的终止效率是UAA>UAG>UGA,而终止密码子UAA 3′侧的第一个碱基的性质对其终止效率有很重要的影响,其顺序是G>A>U>C,即终止效率是UAAG>UAAA>UAAU>UAAC,这就是所谓的终止密码前后序列效应(stop-codon-contex effects)的一个例证。总结近几年的研究结果,人们认为终止密码是由四个碱基,而不是由三个碱基组成的顺式序列。在酵母中最强的终止信号是UAAG;而在一般真核中优先用的是UAA(A/G)和UGA(A/G);对于*E. coli*来说则常用UAAU。这些概念对于后面外源基因高效表达的设计都是重要的。

5.3.5　核糖体再循环——翻译过程的第四步

蛋白质合成由起始、延伸、终止和核糖体再循环四步组成。当核糖体上一个 mRNA 的翻译完成后，带有新生肽链的肽基 RNA 被转位到核糖体的 P 位点，而终止密码子转位到 A 位点。然后，Ⅰ类释放因子 RF-1 或 RF-2 结合到核糖体 A 位点，诱导新生肽链释放。接着Ⅱ类释放因子 RF-3 与核糖体结合，催化 RF-1 或 RF-2 的释放，并通过 GTP 水解从核糖体上解离。这样，就留下由 mRNA、在 P 位点的去酰化 tRNA 以及空出来的 A 位点组成的终止后核糖体复合体（post-termination ribosomal complex）。终止后核糖体复合体的解体和核糖体亚基再循环返回新一轮翻译起始是蛋白质合成的关键一步。在原核细胞中，此过程是由 RRF、EF-G、IF-3 所催化。图 5-21 给出 RRF 和 EF-G 联合催化核糖体大小亚基解离、mRNA 以及 tRNA 的释放。大致情况是，RRF 与空位的 A 位点结合，然后 EF-G・GTP 与核糖体结合，水解 GTP 使在 P、E 位点空载的 tRNA 释放，在 RRF、EF-G 及 IF-3 作用下导致核糖体再循环完成。

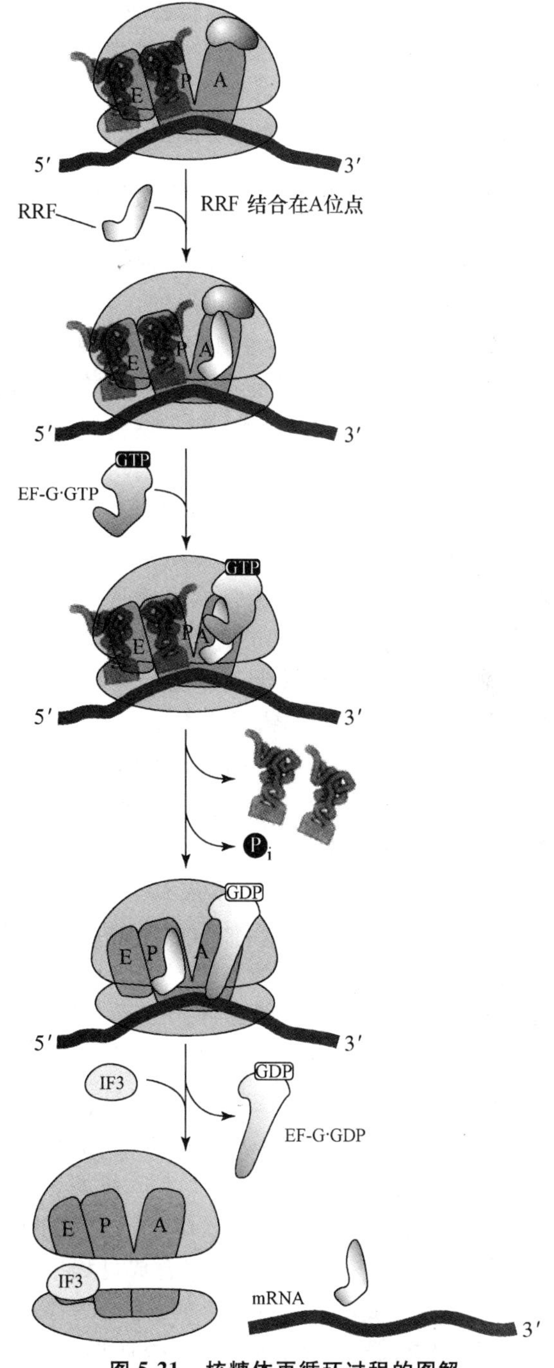

图 5-21　核糖体再循环过程的图解

（引自 Watson J，et al，2004）

值得指出的是，核糖体再循环机制依然需要进一步研究。我们实验室的研究指出，RRF 和 EF-G 通过相互作用使终止后复合体解离主要是通过 RRF 结构域Ⅱ与 EF-G 之间特异性相互作用完成的，而 RRF 结构域Ⅰ的功能主要是通过非特异性相互作用参与对核糖体的结合。对于 EF-G 是否通过如前所述的转位方式（translocation）来执行其功能仍存争论，而 IF-3 在核糖体再循环中的作用，很可能是通过适时地与核糖体小亚基结合，阻止与大亚基的结合，使活性小亚基进入下轮翻译过程。

与起始和延伸过程一样，翻译终止也是由包括顺式核苷酸序列和反式蛋白因子共同作用的结果。翻译的这种有序性保证了其每一步都是以前一步的完成为前提，也是一个受控过程。在介绍延伸终止过程中，我们并没有将原核和真核细胞分开来介绍,这是因为它们之间所对应的蛋白因子非常相似。但对核糖体再循环而言,除真核细胞器外,至今尚未在真核细胞中发现RRF的同源序列,真核细胞如何进行核糖体再循环,其准确机制仍然是值得研究的问题。

总之,翻译的过程由起始、延伸、终止及核糖体再循环四步完成。核糖体从mRNA的5′端开始,按5′→3′的方向合成蛋白质,而蛋白质的合成则是由N端向C端进行。对原核和真核而言,其翻译速率不同,原核每秒钟加入约20个氨基酸残基(即核糖体沿mRNA移动60核苷酸/s),而真核细胞中,蛋白合成速率为2～4氨基酸残基/s。在能量方向,一个肽键的形成消耗一个ATP和两个GTP分子。三个分子中只有ATP是与肽键形成有关,而GTP分子能量则用于保证翻译的准确和有序。

5.3.6 防止氨基酸错误掺入的机制

蛋白质生物合成中,氨基酸错误掺入率为10^{-3}～10^{-4}。这意味着,每掺入1000个氨基酸中只有不多于一个氨基酸是错误的。至少有3种不同的机制保证了翻译的高准确率:

(1) 如图5-22所示,小亚基16S RNA的两个相连的腺嘌呤碱基,在防止氨基酸错误掺入中起重要作用。这是因为只有当密码子-反密码子正确配对时,16S rRNA的两个腺嘌呤残基与正确配对的碱基对的小沟之间才能形成额外氢键。然而,当密码子-反密码子之间只要一个碱基不能形成正确配对,16S rRNA的两个腺嘌呤就不能形成如上所述的额外氢键,其结果导致正确配对的tRNA从核糖体解离的速度要远远低于非正确配对的tRNA,有利于避免氨基酸残基的错误掺入。

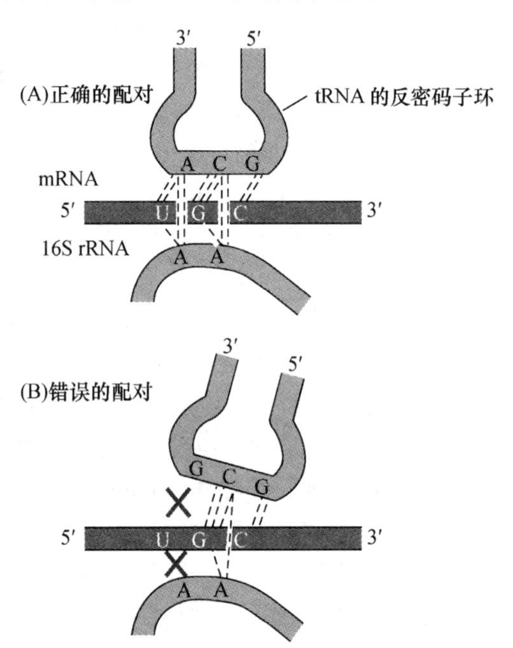

图5-22 16S rRNA上的双腺嘌呤碱基在防止氨基酸错误掺入中的作用(详见正文)

(引自Watson J, et al, 2004)

(2) 动力学的校正机制(kinetic proofreading)。如图5-23所示,在肽链延伸过程中氨酰tRNA首先要与被GTP活化的延伸因子(原核中的EF-Tu,真核中的eEF-1)紧密结合,形成氨酰tRNA·延伸因子·GTP三元复合体。然后这个氨酰tRNA上的反密码子与处于A位的mRNA上的密码子暂时配对,此配对反应触发了延伸因子将GTP水解,GTP的水解使延伸因子的三维结构产生剧烈的变化,于是引起延伸因子与氨酰tRNA解离。此时如果进入核糖体A位的氨酰tRNA不正确(即tRNA上的反密码子与mRNA上的密码子不能正确配对),它就很快从蛋白质合成机器上解离下来,而只有具有正确的反密码子的那些tRNA才有足够长的时间仍与mRNA上的密码子配对,继而与处于P位的生长肽链的氨基酸之间形成肽键。很显然,多肽链合成过程中氨酰tRNA进入A位与mRNA上的密码子相配对与肽键的形成不是同时发生的,这之间存在一个时间差,而只有正确的氨酰tRNA才能在A位停留足够长的时间使肽键有效地形成。这个时间差为不正确的tRNA离开核糖体提供了机会,从而增加了正确氨基酸掺入到生长的多肽链中的比率,这就是所谓的多肽链合成中的动力学校对机制。

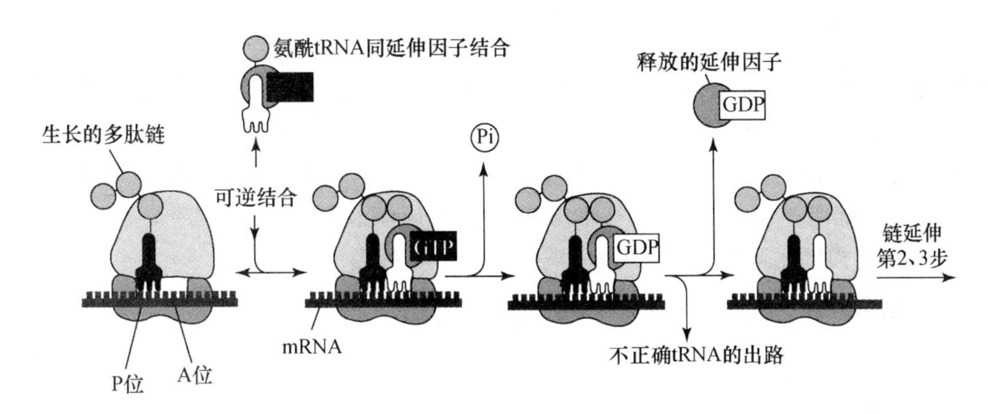

图 5-23 多肽链合成中的动力学校正机制

(引自 Alberts B, et al, 1994)

(3) 很多氨酰 tRNA 合成酶有两个活性位点,一个位点负责氨酰 tRNA 的形成,另一个位点识别连接在氨酰 tRNA 分子上的氨基酸是否正确。如果发现连接在 tRNA 分子上的氨基酸不正确,那么氨酰 tRNA 合成酶就通过水解反应将这不正确的氨基酸去除。

(4) 如图 5-24 所示,只有碱基配对正确的氨酰 tRNA 在肽键形成过程中能旋转进入正确位置时,才能保持与核糖体结合,旋转进入到核糖体大亚基的肽转移酶中心,完成入位(accommodation)。而非正确配对的 tRNA 在入位时会受到障碍,经常从核糖体上脱离下来,从而能进一步减少氨基酸错误掺入的概率。

上面精简地介绍了翻译过程中如何通过避免氨基酸的错误掺入,减少蛋白质合成中出现错误的机制。作为蛋白质生物合成的模板,mRNA 会以一定的频率出现突变和损伤。具有缺陷的 mRNA 可以在转录过程中产生,也可以在其形成后产生。例如,由于 mRNA 是单链,结构易于断裂,从而导致产生不完整和不正确的蛋白质,影响细胞的功能发挥。现在知道,无论是原核和真核细胞,翻译过程中可以通过各种机制识别缺陷的 mRNA,然后去除;也可以通过去除其不正常的蛋白产物,减少突变和损伤对细胞带来的伤害。如在真核细胞中,当一个 mRNA 分子的终止密码子不正常地提前出现或 mRNA 分子上缺少终止密码子时,这类 mRNA 都会被快速去除。现在知道这种去除非正常 mRNA 的机制依赖于蛋白质的翻译过程,即真核细胞可依赖其翻译的机制来校正它们的 mRNA。详细机制不在此赘述。

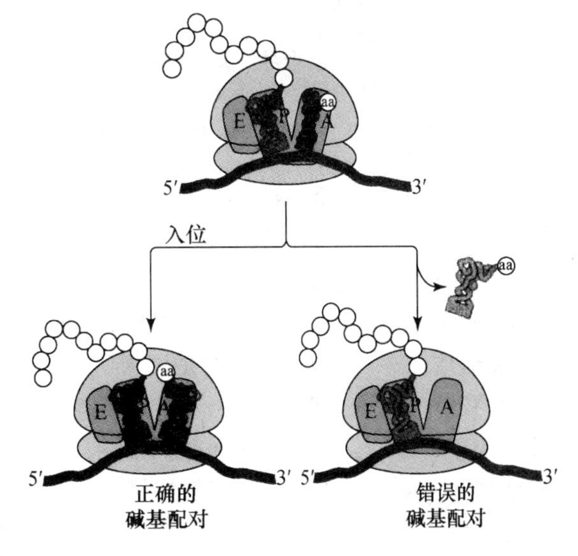

图 5-24 错误配对的氨酰 tRNA 不易完成入位,从而减少氨基酸错误掺入

(引自 Watson J, et al, 2004)

5.4 翻译效率的调控

在蛋白质生物合成中,mRNA 的翻译效率是可变的,以致所合成的蛋白质的数量也是受到调控的。这是基因表达调控的一个重要层面。确实,对于分泌蛋白质而言,mRNA 和蛋白质的丰度之间存在着相关性;然而,对细胞内的蛋白质而言则不存在这种相关性,不同的 mRNA有不同的翻译速率。mRNA 整个分子的特性影响其翻译效率。图 5-25 给出了真核 mRNA 的一般结构特征,示出一些转录后调控元件影响基因的表达。

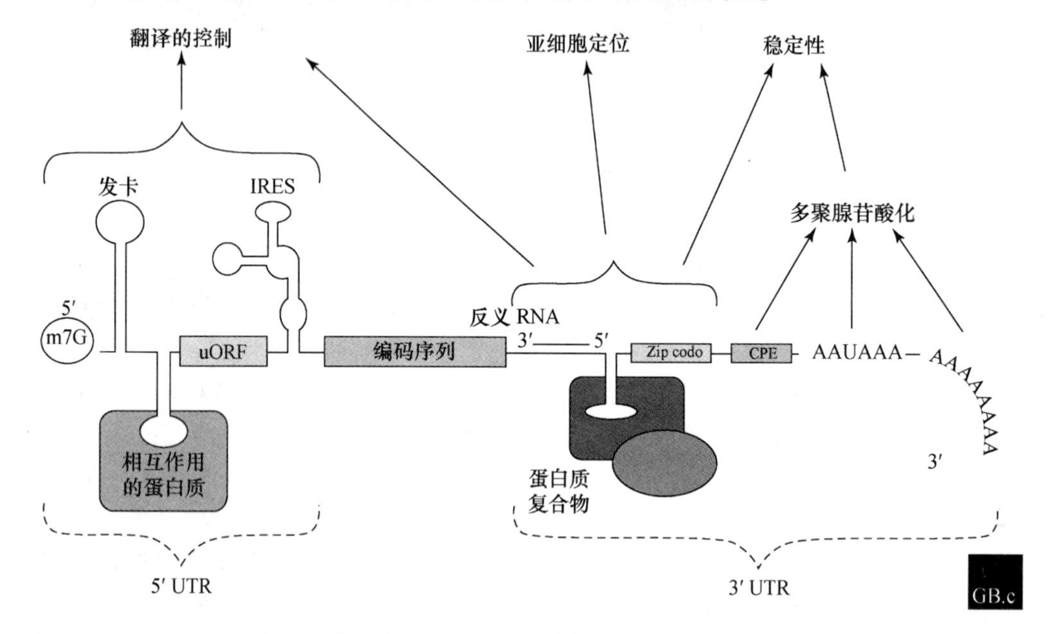

图 5-25 真核细胞 mRNA 的一般结构特征及其组成成分的功能

显示 5′UTR 和 3′UTR 对翻译的调控、亚细胞定位及稳定性的作用。CPE: Cytoplasmic poly(A) element,细胞质 poly(A)元件。(引自 Mignone F, et al, 2002)

(1) 真核细胞 mRNAs 的 5′非翻译区(5′UTR)的结构特性在调控 mRNA 翻译中起主要作用。那些编码参与发育过程的蛋白质(如生长因子、转录因子或原癌基因)的 mRNAs 经常具有比 5′UTR 平均长度(大约 100～200 个核苷酸)长得多的 5′UTR,且具有上游起始密码子(upstream initiation codon)或上游开放读码框(uORFs)以及影响翻译效率的稳定的二级结构(如发卡结构等)(图 5-25)。这是因为所有这类的 mRNA 需要强的和精细的调控。如 Tre 癌基因的 5′UTR 的长度可达 2858 个核苷酸,是平均长度的 15～20 倍;且含有 10 个 uORFs 以及一个重复序列。又如生长分化因子Ⅰ(GDF-Ⅰ)的 5′UTR 序列为 1346 个核苷酸,含两个重复序列和一个 uORF。当然其他特异性的基序和二级结构也存在于 5′UTR 中,并参与翻译效率的调节。

(2) 如前面(5.2 节)所述,在正常条件下,伴随着 mRNA 从核内转运到细胞质中,eIF-4F 蛋白复合体组装到帽子区。这个复合体由三个亚基组成:帽子结合蛋白 eIF-4E;具有 RNA 解旋酶活性的 eIF-4A;以及与包括 poly(A)结合蛋白在内的各种其他蛋白质相互作用的 eIF-4G。依赖于 ATP 的 eIF-4A 的解旋酶活性被 RNA 结合蛋白 eIF-4B 所激活,打开 mRNA

中的所有二级结构，从而为 40S 小核糖体亚基提供一个平台。当核糖体或翻译因子有限时，poly(A)尾可同 5′帽子区协同作用，增强翻译起始，这一过程是通过能在物理上同eIF-4F复合体相互作用的 poly(A)结合蛋白的介入而完成的。这说明 polyA 和帽子结构可调控翻译的起始，从而影响翻译效率。

(3) 原核和真核细胞利用不同的机制去确定在 mRNA 分子上的翻译起始点。如前所述，在细菌的 mRNA 中，在起始密码子 AUG 上游存在着 SD 序列。这个序列通过与核糖体小亚基中 16S rRNA 3′端序列的碱基配对，将起始密码子 AUG 正确地定位于核糖体中。这种相互作用影响着翻译起始的效率，并为细菌细胞提供了一个调控蛋白质合成的简单方式。在原核细胞中很多翻译调控机制同阻断 SD 序列有关，这种阻断作用可以通过一个结合蛋白同其结合而实现，或通过 SD 序列同 mRNA 分子中的其他部位产生碱基配对，从而形成局部二级结构来完成。真核 mRNA 不含 SD 序列，作为翻译起始位点 AUG 的选择是通过 40S 核糖体亚基从 5′-帽子开始，沿 mRNA 进行寻查(scanning)而实现的，对大部分 mRNA 而言，40S 亚基所碰到的第一个 AUG 作为其翻译起始位点，这就是 Scanning 模型所确定的“第一 AUG 法则”(first-AUG rule)。然而 AUG 起始密码子的旁侧序列并非随意的，要与一个称为 Kozak 的共有序列相符。如在哺乳动物细胞中这个序列为 GCC $\overset{-3}{\mathrm{R}}$CC AUG$\overset{+4}{\mathrm{G}}$，对于 AUG 起始密码子而言，在－3 位的碱基是嘌呤碱基 R，通常 R＝A；在＋4位是嘧啶碱基，通常是 G。对于在－3 位是 A，＋4 位是 G 的这种偏倚性也存在于其他动物、植物和真菌的 mRNA 中。mRNA 中第一个 AUG 密码子的旁侧序列的组成，特别是处于 5′UTR 区的 AUG 密码子的旁侧序列的组成可能决定它是否能被 40S 核糖体亚基所识别并作为有效的翻译起始密码子。

值得指出的是，大量的 5′UTR 含有上游 AUG，因物种不同而有变化，可从 15%到接近 50%。如人的 5′UTR 序列中有近 50%含有 AUG 序列，而真菌的 mRNA 5′UTR 序列中有近 30%含有 AUG 序列。这一事实提示，由于有这么多数量的 mRNA 的序列中存在 AUG，那么上述的“第一 AUG 法则”在多数情况下就可能失效。然而，在 5′UTR 的 AUG 通常是不作为 mRNA 分子中的起始密码子的。这就意味着，由于处于 5′UTR 中的 AUG 旁侧碱基序列使其成为一个很差的或效率极低的起始密码子，这样 40S 的核糖体亚基能穿过绝大多数上游的 AUG，在离 5′-帽子结构更远的 AUG 起始翻译。如果 AUG 旁侧序列不合适，担任查寻 AUG 的 40S 核糖体亚基将不理会 mRNA 分子上的第一个 AUG 密码，跳读第二个或第三个 AUG 密码，这就是所谓的“leaky scanning”机制。通过这一机制可从相同的 mRNA 产生两个或多个氨基端(N 端)不同的蛋白质。这种调控方式也使某些基因产生在 N 端具有信号肽或不具信号肽的相同的蛋白质，从而使它们定位于细胞的不同部位。

通过统计分析发现，上游(5′UTR)AUG 的存在与一个长的 5′UTR 和具不适当旁侧序列的 AUG 相关联；而具有最适起始密码旁侧序列的 mRNA 则只具有短的 5′UTR 序列且不存在上游 AUG。这指出，上游 AUG 可能在保证一个基因维持在低的基准翻译水平方面起到一定的作用。

值得指出的是，少数真核细胞和病毒 mRNA 翻译起始是通过与上述不同的机制进行的，这就是所谓的“内部起始”机制。这些 mRNA，如很多为调控蛋白(c-Myc，FGF-2 等)编码的 mRNA，含有称做“内部核糖体进入位点”(internal ribosome entry sites，IRES)。在此处

mRNA 与核糖体的结合与帽子结构无关。如图 5-25 所示，这个“Y”字形的茎环结构(IRES)刚好位于起始密码子 AUG(在编码序列内，图中未显示)的上游。对已知的细胞 IRES 的比较分析指出，很多 mRNA 分子中都存在 IRES 共有结构基序。研究发现，在 mRNA 分子中，与 40S 亚基中 18S RNA 互补的短核苷酸序列(约 9 个核苷酸长)可能也具有同 IRES 一样的功能。

(4) mRNA 分子 5′UTR 区所含有的上游读码框 uORF 参与 mRNA 翻译的下调。如果在上游 AUG 的下游和主起始密码子之前存在符合读码框架(in-frame)的终止密码子时，就产生了一个上游 ORF(uORF)(图 5-25)。uORF 在翻译后及 60S 大核糖体亚基解离后，40S 核糖体亚基的命运或去向直接影响着翻译效率和 mRNA 的稳定性。40S 亚基可能仍然结合在 mRNA 上，重新查寻并在下游的 AUG 密码子处重新起始翻译，或 40S 亚基可从 mRNA 上解离，因而损害了主 ORF 的翻译。在真核细胞中核糖体重新起始翻译的能力受控于 uORF 中终止密码的旁侧序列的组成和 uORF 本身的长度；如果 uORF 比 30 个密码子长，核糖体就不能重新起始翻译，从而造成 mRNA 翻译的下调。此种下调机制可见于含 uORF 的酵母转录因子 GCN4 和 YAP1 mRNA 中。

(5) mRNA 的 5′UTR 的二级结构在翻译调控中也起着重要作用。实验指出，如果起始密码子 AUG 出现在中度稳定的二级结构中(ΔG>30 kcal/mol)，那么这种稳定性的二级结构并不能停止核糖体小亚基(40S)在 mRNA 上移动。只有非常稳定的二级结构($\Delta G \leqslant 50$ kcal/mol)存在时，mRNA 的翻译效率才有非常明显的下降。具有高稳定性茎-环结构的 5′UTR 对翻译效率的抑制，可以通过增加具 RNA 解旋酶活性的 eIF-4A 的表达水平得以克服。

(6) 作为反式作用 RNA 结合蛋白(trans-acting RNA binding proteins)靶位的序列元件也能参与翻译过程的调控。某些 mRNA 分子的翻译能被结合到 mRNA 5′端的特定的翻译阻遏蛋白所阻断，此类调控机制称为负翻译调控(negative translation control)(图5-26)。这种调控方式首先在细菌中发现：过剩的核糖体蛋白通过与自身的 mRNA 的 5′先导序列结合，阻抑此 mRNA 的翻译，这是一种负反馈调控方式。在真核细胞中，研究得最清楚的是细胞内铁

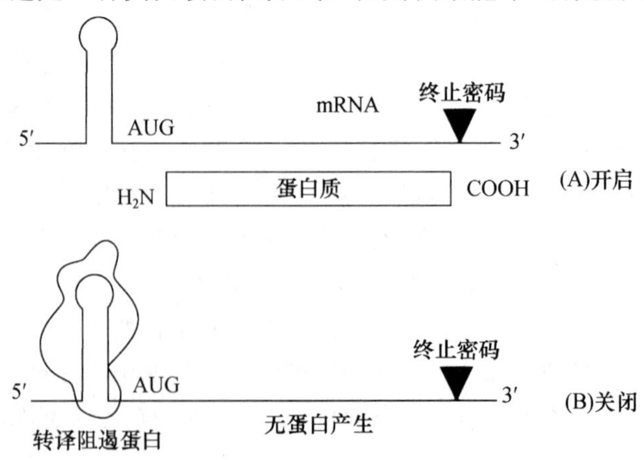

图 5-26 负翻译调控

此调控形式是由一个序列特异性的 RNA-结合蛋白所控制。此蛋白作为一个翻译阻遏蛋白同 mRNA 分子的 5′端特定序列结合，抑制或减少 mRNA 的翻译。

蛋白(ferritin)的合成。铁蛋白 mRNA 的 5′端先导序列(大约 30 个核苷酸)作为铁效应元件(iron-response element)折叠成茎-环结构,此元件是一个翻译阻遏蛋白——顺乌头酸酶的结合位点。顺乌头酸酶又是一个铁结合蛋白,当细胞暴露到铁溶液环境中,引起顺乌头酸酶从铁蛋白的 mRNA 上解离,从而引发铁蛋白 mRNA 翻译的起始,使铁蛋白的合成增加 100 倍。通过对真核细胞 mRNA 一般结构的了解,可以通过计算机程序软件对其可能存在的二级结构进行分析,并可通过实验解析特定二级结构在蛋白质翻译中的作用,也可利用密码简并的原理产生特定二级结构或去除特定二级结构,从而提高特定基因表达水平。

5.5 硒代半胱氨酸:是否是蛋白质中的第 21 个氨基酸

硒元素在 1817 年就被发现,作为一个重要的微量营养元素被人们认识也超过一百年。后来发现硒以硒代半胱氨酸(selenocysteine)的形式存在(图 5-27),氨基酸是如何掺入到蛋白质中去的机制只是最近才搞清楚。

硒代半胱氨酸的掺入是一个与翻译同时进行的(co-translational)过程。UGA 是硒代半胱氨酸编码的密码子,而在正常情况下 UGA 是一个终止密码子。因为在合成含硒代半胱氨酸蛋白质的所有生命体中,UGA 仍然行使其终止密码子的正常功能,因此硒代半胱氨酸的掺入需要特定的途径。

1. 硒代半胱氨酸掺入的途径

一个顺式作用元件和四个反式作用因子参与这一掺入过程。顺式作用元件是紧靠 UGA 3′端 mRNA 的一个特异性茎-环结构(stem-loop structure)。

四个反式作用因子是:

- 一个特异性 $tRNA^{Sec}$,通过丝氨酰 tRNA 合成酶催化丝氨酸加到 $tRNA^{Sec}$ 上。
- 硒代磷酸合成酶(selenophosphate synthetase)的功能是产生无机硒代磷酸(inorganic selenophosphate)。
- 硒代半胱氨酸合成酶(selenocysteine synthetase),其功能是利用硒代磷酸使丝氨酰 $tRNA^{Sec}$ 转化为硒代半胱酰 tRNA(selenocysteyl-$tRNA^{Sec}$)。
- 特异性翻译因子 SelB,其作用是取代 EF-Tu 和识别顺式作用元件。

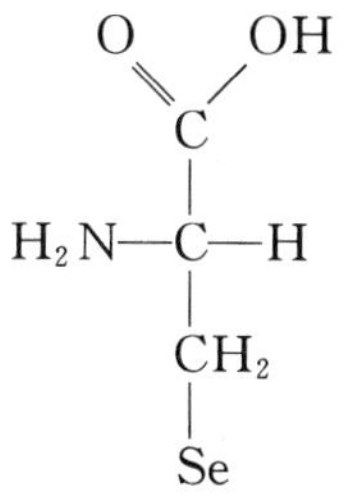

```
O     OH
  \\  /
    C
    |
H2N—C—H
    |
   CH2
    |
   Se
```

图 5-27 硒代半胱氨酸结构式

第一步,特异性 $tRNA^{Sec}$ 通过正常的丝氨酰 tRNA 合成酶将丝氨酸偶联其上。第二步,通过硒代半胱氨酸合成酶将丝氨酸转化为硒代半胱氨酸。而低相对分子质量的硒供体——硒代磷酸则由硒代磷酸合成酶的作用提供。第三步,硒代半胱氨酰 $tRNA^{Sec}$ 为特异性翻译因子 SelB

所识别,并使其进入在核糖体 A 位的 UGA 密码子。这一过程的发生前提是在 mRNA 分子上 UGA 密码子的下游存在上述所说的茎环顺式作用元件。

2. $tRNA^{Sec}$

$tRNA^{Sec}$同其他 tRNA 的共有序列有几方面不同。特别是其含有由一个额外碱基对延伸而出的接受茎以及一个延伸出来的 D 臂结构,而 D 臂上的环结构只由四个核苷酸组成;$tRNA^{Sec}$的反密码子是 UCA,而不是 $tRNA^{Ser}$ 的 UGA。这些在结构方面的差异保证了 $tRNA^{Sec}$不再被正常翻译因子 EF-Tu 所识别,从而防止了错误掺入(图 5-28)。

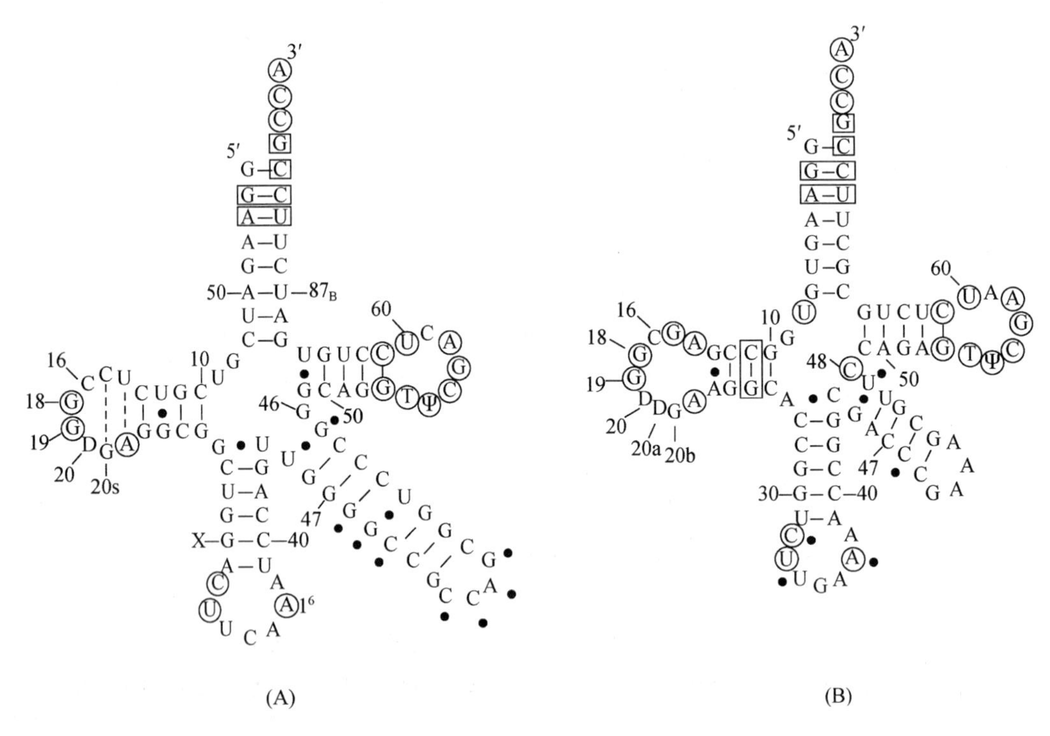

图 5-28 *E. coli* $tRNA^{Sec}$(A)和 $tRNA^{Ser}$(B)的结构图

在 tRNA 中正常保守的残基用○表示;在 $tRNA^{Ser}$ 和 $tRNA^{Sec}$之间一样的残基用▭表示。$tRNA^{Sec}$是一个最长的 tRNA 种类,由 95 个核苷酸组成。(引自 Bock A, et al, 1991)

3. 硒代磷酸合成酶

这个酶以 ATP 作为磷供体催化合成低分子量的供体硒代磷酸。在此反应中,ATP 上 γ 位的磷转给硒,而 β 位的磷被释放,留下 AMP。

4. 硒代半胱氨酸合成酶

此酶具有吡哆醛辅基,活性酶是由 10 个相同的亚基组成,分别排成双五环形式,其功能是将加到 $tRNA^{Sec}$上的丝氨酸转换成硒代半胱氨酸。

5. 翻译因子 SelB

此翻译因子在硒代半胱氨酸特异性掺入过程中取代延伸因子 EF-Tu。SelB 因子比 EF-Tu 长得多,其 N 端的一半在结构和功能方面很像 EF-Tu,负责 GTP 和 tRNA 结合;而 SelB 因子的 C 端这一半是负责识别 mRNA 分子上紧靠 UGA 的特异性茎环结构。由 SelB-GTP-硒代半胱氨酰 $tRNA^{Sec}$和 mRNA 茎环结构之间所形成的复合体对于它们功能的执行是必需的。

由此我们看出，通过上述复杂的酶催化和特异性氨基酸掺入机制，将无机硒转化成硒蛋白质。这一有趣的生化反应进一步表明生命过程的多样性。

5.6 蛋白质翻译后的修饰和加工

多肽链在核糖体上合成的过程中或合成后，一般都要经过修饰和加工。多肽链的修饰和加工对于其生物活性的表达至关重要。常见的修饰和加工有：

(1) 蛋白水解切割(proteolytic cleavage)。这其中最简单的例子是处于多肽链N端的起始甲硫氨酸(fMet或Met)的去除。原核和真核细胞进行蛋白质生物合成过程中，分别以fMet和Met作为起始氨基酸。然而在成熟的蛋白质分子中，其N端的氨基酸并不总是fMet或Met。这意味着fMet或Met在多肽链合成后要被去除。在原核细胞中fMet上的甲酰基，一般是在多肽链从核糖体上释放后经甲酰基酶去除。在*E. coli*中以Met作为N端氨基酸的蛋白质数目，占总蛋白数的48%；枯草杆菌蛋白中占13%；而在真核中以Met为N端氨基酸残基的只有0.3%。在此值得指出的是，利用基因工程方法在原核(如*E. coli*)细胞中表达真核细胞基因时，所得到的重组蛋白常在其N端保留Met，这个额外的Met有时会影响重组蛋白的生物活性、分子构象以及出现免疫学的问题，需要认真研究。

另外，很多蛋白质在合成后是以非活性的前体存在的，这些前体蛋白必须在一定的生理条件下，通过限制酶解除去一段多肽后才能表现出活性。一个典型的例子是胰岛素如何从前胰岛素原变成有活性的胰岛素的。当胰岛素从胰脏中分泌出来时有一个前肽序列(prepeptide)。当切除由24个氨基酸残基组成的信号肽后，蛋白折叠成胰岛素原(proinsulin)，再经过进一步切割去除C肽才产生由两条肽链组成的、有活性的胰岛素。因此，蛋白水解切割是翻译后蛋白修饰的一种重要方式。

(2) 对多肽链中特定氨基酸侧链基团的修饰：

- 酰化(acylation)。如前所述，很多蛋白质在合成后其N末端被修饰。在很多情况下，起始Met被水解，乙酰基被加到新的N末端氨基酸上。在此反应中乙酰辅酶A是乙酰基供体。

- 甲基化(methylation)。在某些蛋白中的赖氨酸残基在翻译后发生甲基化(如细胞色素*c*)，激活的甲基供体是S-腺苷甲硫氨酸。

- 磷酸化(phosphorylation)。翻译后的磷酸化是发生在动物细胞中最常见的蛋白修饰。绝大多数磷酸化都与调控蛋白质的生物活性相关，是一个磷酸化和去磷酸化的过程。蛋白质磷酸化是由激酶(kinase)所催化，而去磷酸化则由磷酸酶(phosphatases)来完成。蛋白激酶催化的反应是：

$$\text{ATP}+\text{蛋白质}\longrightarrow\text{磷酸化蛋白质}+\text{ADP}$$

在动物细胞中，Ser、Thr、Tyr都是磷酸化位点。最大的一组激酶称为Ser/Thr激酶。对于Ser、Thr、Tyr三种不同氨基酸磷酸化的比率而言是1000∶100∶1。虽然对Tyr磷酸化的比率低，但Tyr磷酸化的意义重大，大量生长因子受体的活性都为Tyr磷酸化所调控。

- 硫酸化(sulfation)。蛋白质硫酸化修饰发生在Tyr残基上，如纤维蛋白原和某些分泌蛋白都发现有硫酸化修饰，通用的硫酸化供体是3′-磷酸腺苷酰-5′-磷硫酸盐(3′-phosphoadenosine

5′-phosphosulfate,PAPS)。因为硫酸化修饰是永久性的,其主要功能是保持某些蛋白质的生物活性,而不像 Tyr 磷酸化那样是参与调控。图 5-29 示硫酸供体的结构。

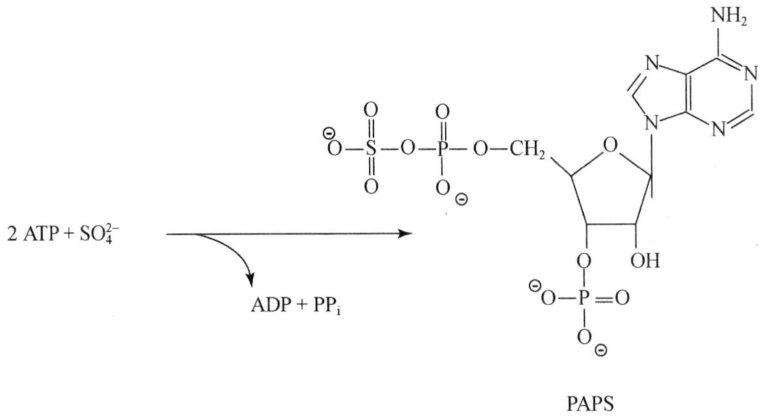

$$2\ ATP + SO_4^{2-} \longrightarrow PAPS + ADP + PP_i$$

图 5-29　硫酸供体结构(3′-磷酸腺苷 5′-磷硫酸盐)

● 异戊烯化(prenylation)。异戊烯化是指加上 15 碳法尼基基团(15 carbon farnesyl group)或 20 碳的牻牛儿基团(geranylgeranyl)到受体蛋白质分子上。这两个基团是来自于胆固醇生物合成途径中的类异戊二烯化合物。类异戊二烯基团以硫醚键(C—S—C)连接到蛋白质 C 末端的半胱氨酸残基上。在异戊烯化蛋白质的 C 端含有一共有序列,由 CAAX 组成,其中 C 为半胱氨酸,A 为除丙氨酸以外的脂肪族氨基酸,X 为 C 末端氨基酸残基。为了实现异戊烯化,首先要去除 AAX 残基,然后以 S-腺苷甲硫氨酸为甲基供体,通过甲基化激活半胱氨酸。

蛋白质异戊烯化最重要的例子是癌 GTP-结合、水解蛋白 Ras 和视转导蛋白(visual protein transducin)。

除上述所介绍的多肽链上特定氨基酸的修饰外,维生素 C、K 也可作为辅助因子对蛋白质进行修饰,行使其特定功能。在此不再赘述。

(3) 蛋白质的糖基化(glycosylation)

蛋白质糖基化是对蛋白质最重要的修饰方式。所产生的糖蛋白(glycoprotein)由蛋白质及与其相连的碳水化合物组成。在糖蛋白中的糖类以葡萄糖、半乳糖、甘露糖、果糖等为主。在糖蛋白中发现的碳水化合物(糖类)的修饰极其复杂:其可通过 O-糖苷键或 N-糖苷键与蛋白质成分相连。前者是与天冬酰胺的酰胺基相连,而后者是通过丝氨酸、苏氨酸或羟赖氨酸的羟基与其相连。在哺乳动物细胞中,糖类主要通过 N-糖苷键与蛋白质相连。

值得指出的是,糖蛋白具有重要的临床意义。处于细胞表面的糖蛋白对于细胞间的通讯,保持细胞结构以及免疫系统的自我识别具重要作用。细胞表面糖蛋白的改变能产生广泛的生理作用,此地不再赘述。在基因工程产品中,注意重组蛋白产物的正确修饰,特别是糖基化作用对产生具高生物活性的蛋白质药物是至关重要的。如人的红细胞生成素(hEPO),乙肝病毒表面抗原(HBsAg,即乙肝疫苗)等,只有经过适当的糖基化后,才能表现出高度生物活性。由于原核细胞本身缺少糖基化的功能,所以在产生糖蛋白时要选择适当的真核细胞作为工程细胞。

(4) 信号肽和蛋白质的分泌(signal peptide and protein secretion)

蛋白质的分泌表达简单地说是通过处于多肽链 N 端的信号肽序列介导的。这是一个很复杂的过程,在此不能一一加以介绍。在此只就基因工程操作中信号肽的存在与有效的分泌表达之关系做一提示。众所周知,信号肽是一个蛋白质(或多肽链)分泌表达的必需序列,含有信号肽的蛋白质通常称为前蛋白或蛋白前体(preprotein)。蛋白质通过信号肽的引导,穿过质膜,此时,信号肽被信号肽酶去除,完成多肽链的分泌。后面我们会看到,为了利用基因工程的技术使蛋白质分泌表达,在目标基因前都加入一段为特定信号肽编码的序列。这里需要提示的是:① 信号肽的存在是蛋白质得以分泌表达所必需的;② 信号肽本身并不能完全保证任何具有信号肽的多肽链都可以得到分泌表达。

图 5-30 给出我们研究信号肽与多肽链分泌表达关系的结果。此实验是以金黄色葡萄球菌(简称金葡菌)核酸酶为研究模型,此蛋白从 N 端到 C 端由 149 个残基组成。为了研究方便,我们分别从其 C 端缺失掉不同数目的氨基酸残基,即 1-149(完整蛋白),1-141(去除 C 端 8 个残基),1-136(去除 C 端 13 个残基),1-121(去除 C 端 28 个残基)。然后,将 *E. coli* 碱性磷酸酶信号肽(phoA)基因序列按正确的读码框重组到上述从 C 端截短的金葡菌核酸酶的突变体的 5′端,利用 *E. coli* 为宿主菌探测这些突变体分泌表达情况。从图 5-30 可以看出,完整的核酸酶蛋白,具有 141 个残基(1-141)和 136 个残基(1-136)的突变体,都可以穿过 *E. coli* 质膜分泌到周质中,而且它们 N 端的 phoA 信号肽也被信号肽酶正确加工、切除。唯有 1-121 突变体在表达后仍然留在细胞质中,且 phoA 信号肽也不能被正确加工去除。

此后,我们分别对上述蛋白质的溶液构象以及与它们的抑制剂等结合特性进行研究发现,突变体 1-141、1-136 的构象具有很大的调节能力,抑制剂结合诱导可使其形成类天然态,而 1-121突变体则处于一个相对刚性的构象状态,其整体构象是一个典型的熔球态(molten globule state)。这说明,信号肽的存在并不能作为多肽链分泌表达的唯一要件,多肽链的构象状态可影响其分泌表达。所以在进行外源基因的分泌表达的设计及分析分泌表达的结果时要多加注意。

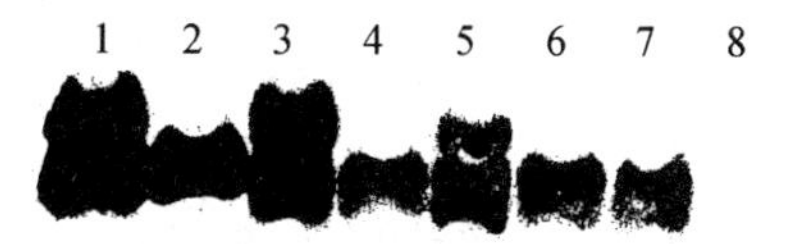

图 5-30　信号肽与多肽链分泌表达的关系

条带 1,3,5,7 为表达金葡菌核酸酶及其突变体菌株 1-149,1-136,1-141,1-121 的全细胞裂解液,只有条带 7(1-121)见不到加工后的多肽链。条带 2,4,6,8 示各菌株中分泌到细胞周质并去除 phoA 信号肽的蛋白质及其各突变体。只有条带 8(1-121)不见分泌到周质中的多肽链。(上述蛋白质样品是通过免疫沉淀而取得)。

6　蛋白质的折叠和错误折叠

多肽链折叠成为具完美的三维结构的蛋白质既依赖于氨基酸序列的内在特性，也依赖于来自拥挤的细胞基质中的多种因素的影响。折叠和去折叠是调节蛋白质生物活性和确定蛋白质在细胞内的不同定位的关键方式和途径。那些逃过细胞中蛋白质质量控制机制而产生的错误折叠的聚积，将导致蛋白质折叠病的产生。

6.1　一个蛋白质的氨基酸序列决定其三维空间结构，即氨基酸序列为蛋白质的结构编码

Anfinsen关于蛋白质分子中的氨基酸序列包含了其三维结构形成的全部信息，即蛋白质一级结构决定其三维空间结构的假说在今天仍是研究蛋白质折叠所应遵循的最基本的原则。这一原则不仅仅奠定了蛋白质折叠的原理基础，而且可以从多肽链的氨基酸序列直接预测蛋白质的折叠并设计新的蛋白质折叠类型。

然而，多肽链中特定的氨基酸序列到底如何决定了蛋白质的三维结构，至今仍然是个谜。这其中有人提出所谓“折叠密码”的假说，但具体到什么是“折叠密码”，其通用性如何，又遇到了困难。“折叠密码”只能说是储存于特定氨基酸序列中的、掌控蛋白质三维空间结构形成的折叠信息。可以想到，“折叠密码”绝不像三个碱基决定一个氨基酸的遗传密码那样简明。

近年来，对于蛋白质折叠基本机制的研究取得很大进展，不少问题趋向一致：

(1)“能量景”(energy landscape)概念的提出解决了任何多肽链的可能构象的总数不再是天文数字的问题。这样，多肽链折叠过程中系统搜寻到其独特结构所用的时间也就不再像天文数字那样长。蛋白质的天然态所对应的结构在生理条件下总是处于热力学稳态。在折叠过程中，多肽链能够找到其最低能量结构。进而，如果能量表面(energy surface)或能量景具有正确的形状(right shape)，那么，对于任何给定的蛋白质分子而言，在其从无规缠绕到天然肽转变过程中只需要所有可能构象中的少数几个作为折叠的开始。因为从能量角度看，能量景也是由氨基酸序列所编码，自然选择的结果使得蛋白质能有效、快速地折叠。图6-1给出蛋白质折叠能量景示意图。能量表面是用计算机模拟一个高度简化的小蛋白质模型所得到的。通过能量表面漏斗从大量的变性的构象中得到独特的天然结构。从图6-1中我们至少可以了解如下几点：

① 图的上部代表着折叠的开始点，用去折叠的多肽链表示，而在表面的底部示天然态结构。

② 重叠在此图解表面上的结构代表着处于折叠过程不同阶段的蛋白。

③ 图上的转折点(saddle point)提供折叠出现过渡态(transition state)，在此，关键氨基酸

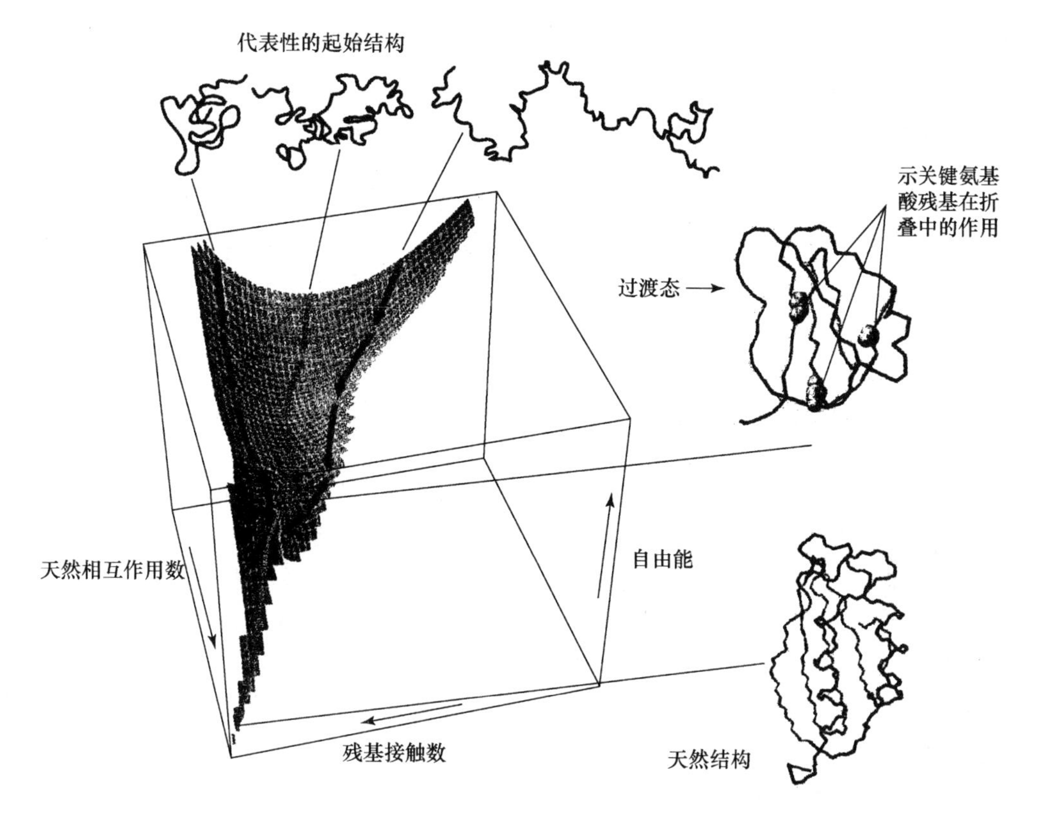

图 6-1 蛋白质折叠能量景示意图

(引自 Dobson CM，2003)

残基形成类天然态(见箭头)，表示关键氨基酸残基在折叠中的特定作用。

④ 天然态的蛋白质处于最低的、稳定的热力学状态。

(2) 生物物理测定和计算机模拟已揭示出，蛋白质结构中很多局部元件(local elements)可以非常快地形成，如一个 α 螺旋的形成时间短于 100 ns，而 β 转角的形成大约在 1 μs，这为跟踪蛋白质折叠奠定实验基础。

(3) 很多研究指出，蛋白质折叠的基本机制涉及相对少量氨基酸残基间相互作用，形成折叠核心，而其他结构则围绕着折叠核心形成。虽然并不清楚、准确地知道氨基酸序列如何编码蛋白质特定的三维结构，但是折叠的最关键元件(essential elements of the fold)基本上是由疏水性和极性残基特定的排布模式所决定的，而由酰胺和羧基基团之间形成的氢键所稳定的二级结构——α 螺旋、β 折叠片层是形成蛋白质结构的最重要元件。

至此，我们至少对多肽链中特定氨基酸序列如何编码特定的三维结构有一个简明的了解。

6.2 分子伴侣和折叠酶

蛋白质合成(翻译)过程中，新生肽链是如何折叠成为具有完整天然构象和功能的蛋白质？肽链的折叠到底从什么时间开始？……这些一直是人们所关注的问题。大量的 *in vitro* 和 *in vivo* 的实验结果表明，蛋白质折叠是发生在翻译过程中(co-translational)，又是发生在翻译后(post-translational)的过程。在蛋白质合成过程中多肽链的折叠不是多肽链本身自我简单完成的过程,其折叠需要其他生物分子的帮助,这就是分子伴侣(molecular chaperones)和折叠酶(foldase)。

6.2.1 分子伴侣和蛋白质折叠

什么是分子伴侣呢?分子伴侣从广义上讲可以定义为这样一些蛋白质,它们与处在不稳定、非天然构象的蛋白质结合,主要是通过保护暴露到溶剂中的蛋白质疏水表面,以及通过一种可控的方式释放出被其结合的多肽链,从而促进多肽链正确地折叠。分子伴侣有如下的特性和功能:

(1) 介导蛋白质的折叠和组装。

(2) 分子伴侣不具有影响蛋白质最后折叠反应结果的空间信息(steric information)。

(3) 不能形成蛋白质最后结构的一部分。

(4) 通过结合到瞬间暴露出来的多肽链部位,来防止多肽链分子内和分子间不正确的相互作用,使处于去折叠状态的多肽链达到为其氨基酸序列所确定的空间结构。

(5) 在蛋白质合成过程中稳定蛋白质。

(6) 通过结合和释放去折叠/错折叠蛋白质来协助蛋白质折叠。

(7) 折叠反应过程中依赖于ATP的存在。

(8) 在所有类型的细胞中都有分子伴侣,它们是由在结构上无联系的几个蛋白质家族组成;很多分子伴侣蛋白都属于热激蛋白(heat shock proteins,Hsp)或应激蛋白(stress)。

1. 分子伴侣的主要类型

到目前为止,研究得最清楚的分子伴侣家族是Hsp70或Hsp60。前者用英文chaperones表示,后者则用英文chaperonins表示。这两个类型代表了两种不同的作用机制,在细胞内通过相互协同作用来参与蛋白质分子折叠。

Hsp70,存在于原核和真核细胞中,其功能是结合和稳定正从核糖体中延伸出来的新生多肽链,从而防止新生多肽链过早地错折叠。Hsp70还参与将新生多肽链拉入内质网(ER)腔。

Hsp70分子伴侣由两个结构域组成,即高度保守的N端的腺苷三磷酸酶(ATPase)结构域和易变的C端结构域。C端结构域含有多肽链的结合位点,而N端ATPase结构域的功能是负责ATP的水解,使C端结构域发生有利于同多肽链结合的构象变化。Hsp70分子伴侣并不识别在绝大多数多肽链上存在的共有序列基序(consensus sequence motif),它具有与富含疏水氨基酸残基的结构元件相互作用的能力。正是这种能力使得Hsp70分子伴侣可以将非天然的和处于天然结构的各种多肽链区分开来,执行其分子伴侣功能。

阅读文献时你会发现,属于Hsp70家族的分子伴侣因所存在的物种不同,而用不同的名字。如*E. coli*中的Hsp70同源蛋白质叫做DnaK,而在真核中就直接称为Hsp70。一般而言,Hsp70分子伴侣参与新生肽链折叠早期或较早期的折叠过程。

Hsp60是另一类主要的分子伴侣家族。这类分子伴侣在结构上是大的双环复合体,如*E. coli*的Hsp60称为GroEL,它是由28个亚基组成的双环复合体(图6-2),其分子中的腔穴(cavity)中结合去折叠的多肽链,通过多次依赖于ATP的释放和重结合来介导多肽链的折叠。在真细菌、叶绿体和线粒体中的Hsp60,在进行上述折叠过程中被一个单环辅因子Hsp10所调控。至今,人们研究得最清楚的Hsp60和Hsp10就是*E. coli*的GroEL和GroES。

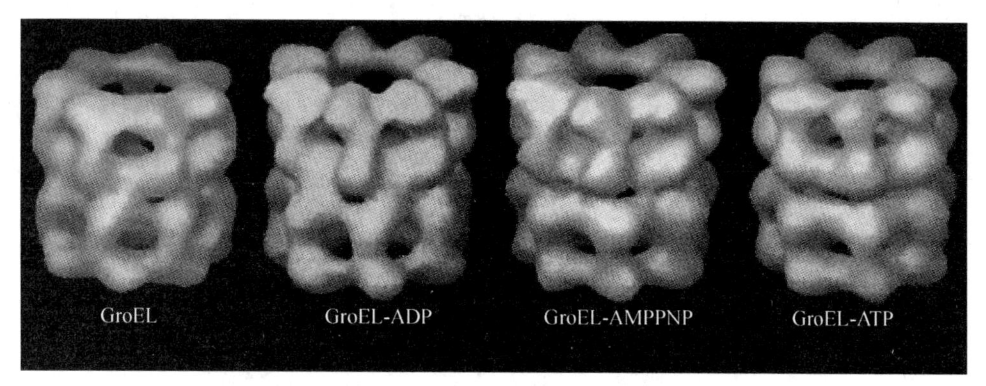

图 6-2 *E. coli* GroEL 晶体结构(30 nm 分辨率)

(引自 Sigler PB, et al, 1998)

真核细胞胞浆的分子伴侣 TRiC 也属于 Hsp60 家族，也是大的双环复合体，在其分子中心的腔穴中结合去折叠的多肽链，通过多次依赖于 ATP 的释放和重新结合来介导多肽链的折叠。值得指出的是，TRiC 与 GroEL 的氨基酸序列同源性不高，但它们在整体结构上非常相似(图 6-2，6-3)。TRiC 与古菌中的热体(thermosome)在结构上有高度关联，它们的每个环都是由 8 或 9 个亚基组成，且是异源寡聚体(hetero-oligomeric)。TRiC 具 ATPase 活性，且此活性受一个相对分子质量为 13 000 的小蛋白质所调控。有趣的是，并未发现如 *E. coli* 中所见的环形辅助因子 GroES 类似物(图 6-3)。

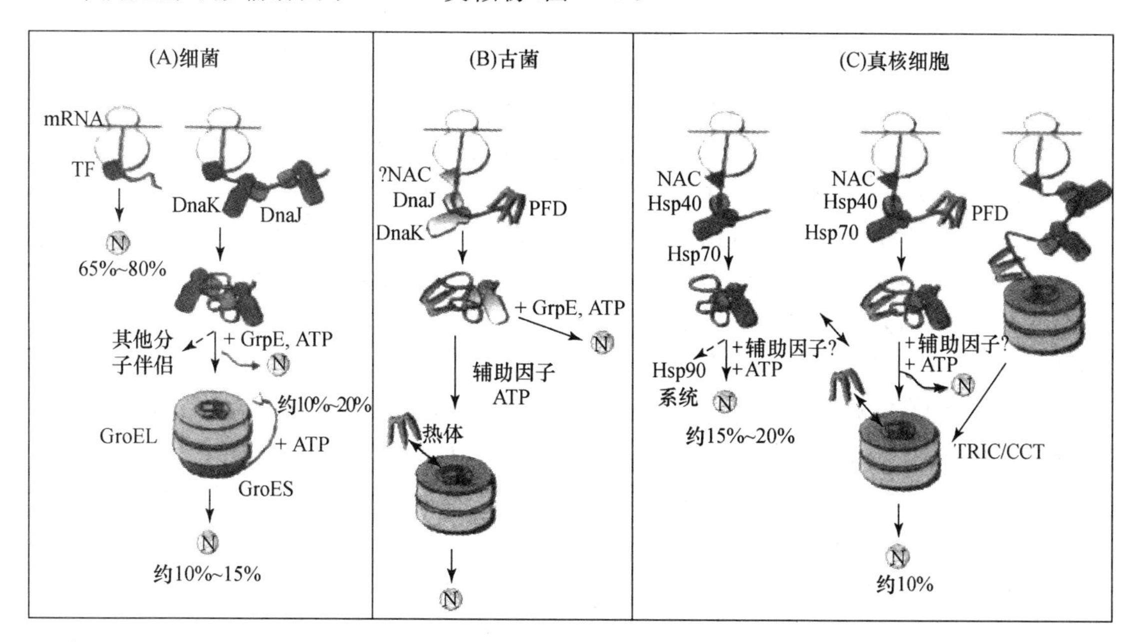

图 6-3 细胞浆中蛋白质折叠的途径

(引自 Hartl FU, 2006)

除上述主要的分子伴侣家族外，还有其他的分子伴侣(如 Hsp40、Hsp90)以及辅助分子伴侣(co-chaperones)在肽链折叠的不同时期参与肽链的折叠。这些分子伴侣组成 一个分子伴侣网络(networks of molecular chaperones)行使功能。

2. 分子伴侣网络是如何工作的?

大家知道,细胞浆是一个非常拥挤的环境。在这样的环境中,蛋白质的折叠过程经常与其聚集(aggregates)的过程相竞争(图 6-4),蛋白质折叠通常并不是一个自发的过程。分子伴侣在参与折叠时可以单独起作用,也可以以小组的形式起作用,也可以形成一个复杂的网络,如有 Hsp70,Hsp60 及其他家族的参加,协同作用完成蛋白质的折叠。

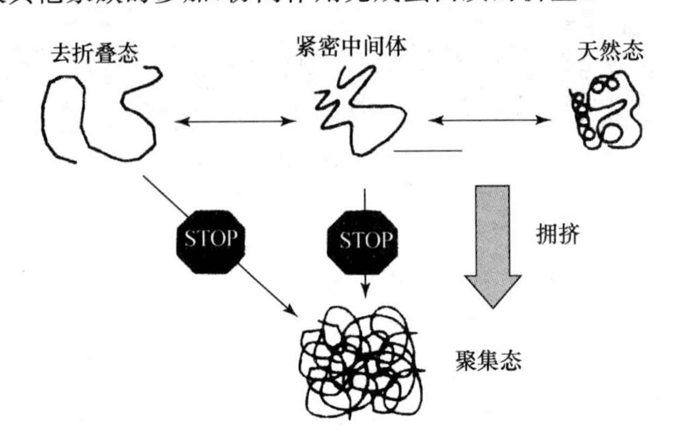

图 6-4 在细胞内拥挤环境中蛋白质折叠和聚集过程相竞争

(引自 Hartl FU, 2006)

图 6-3 给出在细菌、古菌和真核细胞浆中蛋白质折叠路线图。以细菌为例,在蛋白质合成过程中,其折叠可采取两条路径:第一条是非常简约的路线,当新生肽链从核糖体出口处出来时,一个叫做肽酰-脯氨酰-顺反异构酶(peptidyl-prolyl-cis/trans isomerase)触发因子(trigger factor,TF)即停靠并结合到核糖体上,介导新生肽链的折叠,这一步可有 65%~80%的蛋白质折叠成天然态(N)。由于 TF 首先结合到核糖体出口处,所以又称其为核糖体分子伴侣。另一条是,当新生肽链从核糖体出口延伸后,除 TF 与核糖体结合外,Hsp70 家族分子伴侣 DnaK 结合到延伸的新生肽链上,DnaK 的活性被其 J 结构域辅助分子伴侣 DnaJ 所激活,在此可见 DnaK 和 DnaJ 以复合体的形式存在。然后,当新生肽链从核糖体上释放后,形成由多肽链、DnaK、DnaJ 组成的复合体。接下来一个热激蛋白 GrpE 与 DnaK 结合,通过调节 ATP 与 DnaK 的结合和水解对 DnaK 伴侣活性进行调节,并且通过形成 DnaK、DnaJ 和 GrpE 分子伴侣系统,使新生的多肽链折叠成为天然态。最后,还没有折叠好的多肽链进入 Hsp 系统、GroEL/GroES 系统,在 ATP 存在的条件下,去折叠的多肽链在 GroEL 腔穴中通过反复地释放和重结合完成蛋白质的折叠。

对于真核细胞而言,多肽链的折叠有三条路径:第一条是由 Hsp70 及其他分子伴侣 Hsp40、Hsp90 等协同作用完成的。如图 6-3 所示,当新生肽链从核糖体出口处延伸出来时,一个称为新生肽链相关复合体蛋白(nascent polypeptide associated complex,NAC)首先与新生肽链结合。NAC 由相对分子质量为 33 000 和 21 000 的两个亚基组成,其作用可能是形成核糖体出口通道的外壁,它在决定一个蛋白是否在细胞质中折叠还是转运到内质网(ER)中起关键作用。NAC 结合后,Hsp70 和 DnaJ 的同源蛋白 Hsp40 才同新生肽链结合。待新生肽链从核糖体上释放后形成一个新生肽链-Hsp70-Hsp40 复合体,最后在存在 ATP 和其他辅助分子伴侣的协助下折叠成天然态。通过此路径，大约 15%～20%的多肽链得到折叠。第二条路径是，当新生肽链从核糖体延伸出来时，除 NAC、Hsp70、Hsp40 外，另一个称为 PFD (prefoldin)分子伴侣也与新生肽链结合。PFD 与非天然多肽链结合并将其转送入 Hsp60 分子伴侣 TRIC/CCT。当新生肽链从核糖体释放出来后，形成新生肽链-Hsp70-Hsp40-PFD 复合体。至此多肽链折叠有两种可能：在存在 ATP 和辅助分子伴侣协同作用下，去折叠的多肽链折叠成为天然态(N)，或在 PFD 的协助下进入 TRIC 或 CCT(Hsp60)分子伴侣系统进行折叠，其产率大约为 10%。第三条是，当从核糖体延伸出来的新生肽链与 NAC、Hsp70、Hsp40 及 PFD 结合后，并不从核糖体上释放下来，待新生肽链达到约 150 个氨基酸残基长时 TRIC/CCT 即结合其上，最后通过进入第二途径的 TRIC/CCT，多肽链完成其折叠。

新生肽链在古菌中折叠的路径明显地介于细菌和真核细胞之间。在细菌中发现的分子伴侣 DnaK、DnaJ 和 GrpE，在真核细胞中发现的分子伴侣或辅助分子伴侣 PFD，可能还有 NAC 都参与了古菌蛋白质合成过程中的多肽链折叠。如前所述，古菌中的 Hsp60，即所谓的热体(thermosome)与真核细胞中的 TRIC 在结构上有高度的关联。从总体来看，古菌中的蛋白质折叠路径更似真核中的情况。

总之，在蛋白质生物合成过程中，细胞面对着使成千上万不同的多肽链折叠成不同构象的蛋白质的任务。对于许多蛋白质而言，折叠过程需要分子伴侣的作用。在原核和真核细胞的细胞浆中，不同结构类型的分了伴侣形成折叠网络，通过不同的路径使多肽链次序地折叠成为天然态蛋白质。从图 6-3 也可以看出，蛋白质折叠既是与蛋白质翻译同时(co-translational)进行，又是一个翻译后(post-translational)完成的过程。

6.2.2　折叠酶和蛋白质折叠

蛋白质折叠受多种蛋白因子的介导，包括分子伴侣和折叠酶，分子伴侣的主要功能是防止处于去折叠或部分去折叠的多肽链发生错误折叠和聚集；折叠酶是加速在折叠过程中的特定步骤，如脯氨酸顺反异构化(proline-cis/trans isomerization)和二硫键的形成(disulfide bond formation)。

蛋白质中二硫键的形成是由蛋白质分子中半胱氨酸侧链间共价交联的结果，蛋白质中二硫键和半胱氨酸中的巯基在决定蛋白质折叠和分泌的速率和效率上起着决定性作用。在细胞中，蛋白质分子中二硫键形成是由蛋白质二硫键异构酶(protein disulfide isomerase，PDI)所催化的。此酶催化三个不同的反应：氧化反应(将新的二硫键引入蛋白质分子中)、异构化(通过巯基—二硫化物交换，使已存在的半胱氨酸间配对发生变化)、还原反应(去除二硫键，产生还原的半胱氨酸)，图 6-5 示被 PDI 催化的氧化和异构化反应：

氧化反应：

$$E\begin{matrix}S\\|\\S\end{matrix} + {}^{HS}_{HS}P \longrightarrow E^{-S-S-}_{SH\quad HS}P \longrightarrow E^{SH}_{SH} + \begin{matrix}S\\|\\S\end{matrix}P$$

异构化反应：

$$E^{SH}_{SH} + {}^{S-S}\underset{SH}{P} \longrightarrow E^{S-S}_{SH}\overset{SH}{\underset{SH}{P}} \longrightarrow E^{SH}_{SH} + {}_{S-S}\overset{SH}{P}$$

图 6-5　被 PDI 催化的氧化和异构化反应

E 和 P 分别代表 PDI 和蛋白质底物

PDI和蛋白质二硫键形成与蛋白质分泌效率的关系已得到实验的证明。在酵母细胞中PDI的超高表达,使具有高二硫键含量的外源蛋白质分泌表达效率提高10～26倍之多。这充分说明二硫键形成的重要性。

在*E. coli*中,细胞周质提供一个非还原环境,与二硫键形成有关的蛋白折叠就发生在周质中。在*E. coli*细胞的周质中有几种蛋白质参与二硫键的形成。DsbA是*E. coli*细胞周质中的二硫键异构酶,在周质的非还原条件下,其主要作为氧化剂参与二硫键形成。DsbB是一个跨膜蛋白,它的功能可能是通过将自身二硫键形成和电子传递链偶联使DsbA重新氧化。DsbC是二硫键形成机器中的又一成分,其功能是与DsbA的功能互补和催化异构化。由此可见,*E. coli*的细胞周质中由DsbA、DsbB、DsbC组成了氧化和异构反应。此地应该记住的是*E. coli*细胞周质是含有二硫键的蛋白质的折叠场所,所以要以*E. coli*为宿主菌产生含二硫键的蛋白质时要用分泌表达系统,使外源蛋白分泌到*E. coli*细胞周质中来获得有生物活性的重组蛋白质。

值得指出的是,蛋白质分子中的二硫键形成,可以发生在蛋白质分子合成过程中,即与翻译同时进行,也可以发生在蛋白质翻译完成后。

脯氨酸顺反异构酶是参与天然蛋白质结构形成的另一折叠酶,其催化多肽链中脯氨酸构象的顺反异构化。脯氨酸顺反异构化在蛋白质折叠的限速步骤中起关键作用。

6.2.3 分子伴侣和折叠酶之间彼此协调,进行蛋白质折叠

如前所述蛋白质分子在细胞内的折叠受多种蛋白因子的影响,包括分子伴侣和折叠酶。分子伴侣的主要作用是防止去折叠多肽链的错折叠和聚集;折叠酶是加速在折叠过程中的特定步骤,如脯氨酸顺反异构化(proline cis/trans isomerization)和二硫键的形成(disulfide bond formation)。图6-6给出在*E. coli*中蛋白质折叠的简图。从图上我们可以看到折叠酶与分子伴侣共同介导蛋白质的折叠。应该指出的是,在*E. coli*细胞中,蛋白质二硫键的形成只发生在细胞周质内(periplasmic compartment),因此蛋白质需要通过质膜。如何通过质膜而到达周质这又是一个很复杂的过程,图6-7给出*E. coli*细胞中,多肽链跨膜转运的模式图。*E. coli*分泌蛋白的膜转运是由Sec系统介导的。Sec蛋白中SecB,多半还有SecA以及其他的分子伴侣使新生肽链在插入膜中之前,保持一种转运感受态(translocation-competent state)。SecB是一种与蛋白质外运有关的细胞质因子,它首先与处于去折叠状态的游离的多肽链相互作用,然后将这些蛋白质传递给SecA,使其处于一种转运感受态的形式。SecA是一种外周膜蛋白,其具有腺苷三磷酸酶活性,能与SecB和要被转运的多肽链相互作用。当SecA伴随多肽链进入细胞膜时,它作为一种临时的跨膜蛋白存在。处于膜上的转运酶(translocase)由SecY、SecE和SecG三种蛋白组成,而蛋白质的分泌释放乃至折叠过程则同SecD和SecF有关。由此可见,蛋白质在细胞内的折叠过程是一个非常复杂的过程,是通过在折叠机器中承担各种责任的各种成分之间复杂的相互作用来完成的。正如前面所介绍,参与折叠的分子伴侣具有多种功能一样,折叠酶本身也具有不止一种功能。但无论如何,折叠过程的本身确是一个由多种蛋白质因子(包括酶蛋白)所参与的、顺序性相互作用的过程。

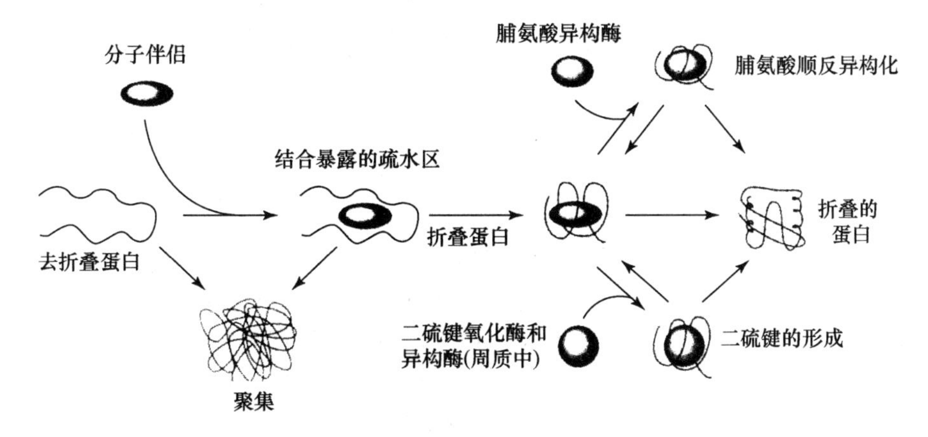

图 6-6　在 *E. coli* 细胞中蛋白质折叠的简图

示折叠酶和分子伴侣在蛋白质折叠中的协同作用(引自 Wall JG，et al，1995)

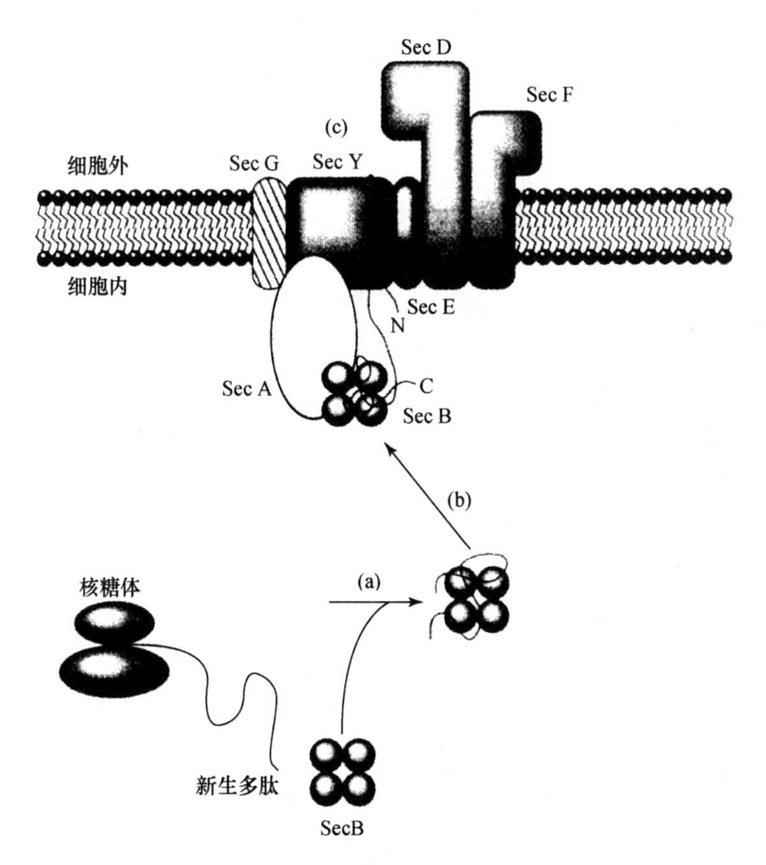

图 6-7　*E. coli* 中细胞质膜多肽链转运的模式图

(引自 Wall J G，et al，1995)

6.3 蛋白质质量控制,蛋白质错误折叠和折叠病

从核糖体出来的新生肽链面对两种命运的选择:其主要的命运应该是在得到合适的修饰以及在分子伴侣和折叠酶的协同作用下得到正确的折叠。很多新合成的蛋白质是在转运到内质网中完成这一过程的。这些正确折叠的蛋白质被转运到高尔基体,然后运送到胞外环境中。然而,新生肽链在折叠过程中可能受各种因素影响产生错误折叠,这种错误折叠的蛋白质会被一个质量控制机制(quality-control mechanism)所检出,最后被降解。然而蛋白质去折叠构象状态的本身并不能引发降解过程,去折叠的蛋白质必须首先被泛素化(ubiquitinylation)后,才能被胞质内的蛋白水解酶体(proteasomes)所识别、降解。泛素(ubiquitin)是一个由76个氨基酸残基组成的高度保守的多肽链,因广泛分布于各类细胞而得名,泛素共价结合于底物蛋白质的赖氨酸残基上,被泛素标记的蛋白质将被特异性地识别并被迅速降解,泛素的这种标记作用是非底物特异性的。这就是所说的泛素介导的蛋白酶水解途径。图6-8,6-9分别给出在内质网中蛋白质折叠的调控和泛素介导的蛋白酶水解途径。

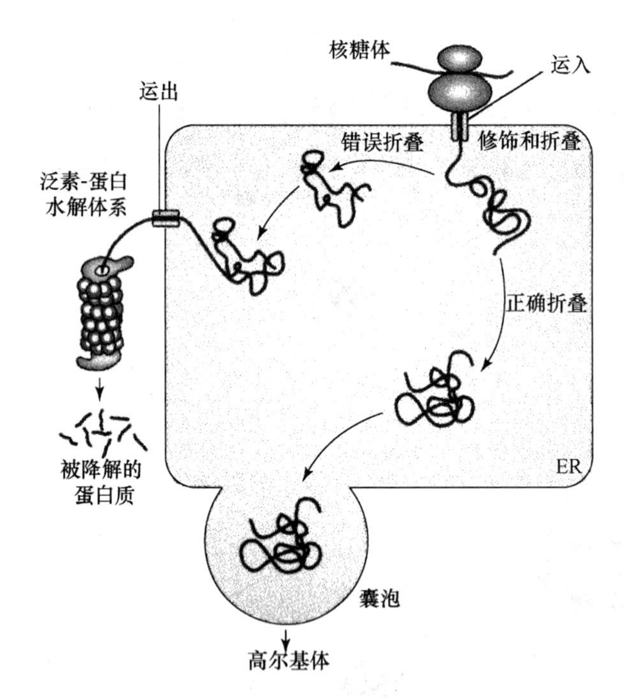

图6-8 在内质网内蛋白质折叠的调控

示新生肽链面临的两种命运:正确折叠和降解。(引自 Dobson CM, 2003)

对于那些逃过蛋白质质量控制机制的错误折叠的蛋白质则会在细胞内或胞外空间产生聚集。现在发现越来越多的疾病,如早老性痴呆症、帕金森氏病、海绵脑病、Ⅱ型糖尿病都直接与蛋白质错误折叠并聚集、沉淀在脑、心、脾等组织中直接相关,这类疾病就是经常说的折叠病。

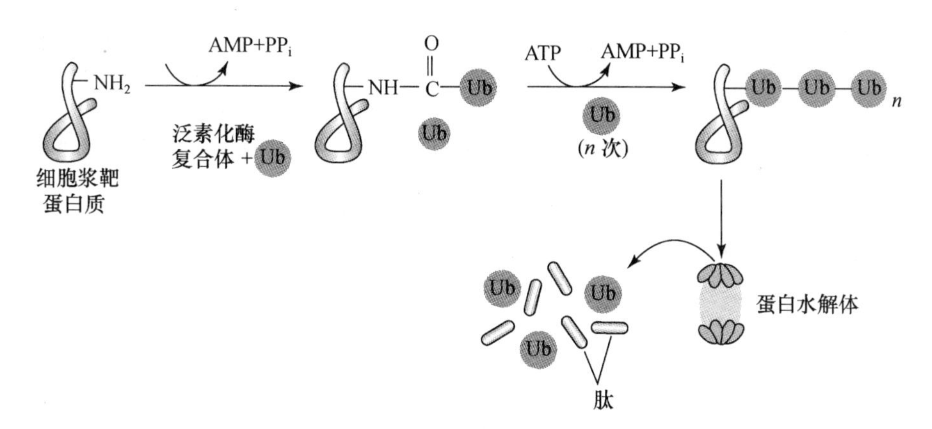

图 6-9　泛素介导的蛋白水解途径

泛素化酶复合体在泛素和目标蛋白质的赖氨酸残基侧链—NH_2 之间形成肽键。通过反复加上泛素形成多泛素链。经泛素标记的蛋白质才能进入泛素介导的蛋白酶水解体被最后降解。（引自 Dobson CM，2003）

在此我们介绍了蛋白质的折叠、去折叠及聚集，这为后面了解外源基因在宿主细胞表达，以及所合成蛋白质的提取、变性和复性做了铺垫。

7 蛋白质的剪接

7.1 蛋白质剪接的发现

1990 年 Hirate 等和 Kane 等在研究酵母(*S. Cerevisiae*)液泡 H^+-ATP 酶(H^+-ATPase)的相对分子质量为 69 000 的亚基基因 *VMA1* 时，首先发现蛋白质剪接(protein splicing)现象。*VMA1* 基因的转录产物首先翻译成相对分子质量为 119 000 的前体蛋白，然后经过蛋白剪接去除由 454 个氨基酸残基组成的内部肽段，而与此同时处于其旁侧的 N 端和 C 端的 2 个肽段首尾相连，形成相对分子质量为 69 000 的 H^+-ATPase 的活性亚基。自此之后，蛋白质剪接现象陆续在古细菌、细菌和真核生物中发现。1994 年 Perler 等人对蛋白质剪接有关的成分进行了规范化的定义和命名：

(1) 关于蛋白内含子(intein)和外显子(extein)的定义。将按正确读码框插入到前体蛋白序列中，并在蛋白质剪接或成熟过程中切除的蛋白(氨基酸)序列称为蛋白内含子；将处于蛋白内含子旁侧，在剪接过程中相互首尾相连以形成成熟蛋白产物的蛋白(氨基酸)序列称为蛋白外显子。这样，蛋白内含子相当于以前用过的“spacers”、“protein intron”、“protein inserts”以及 intervening protein sequences(IVS,IVPS)，而蛋白外显子就是以前用过的 external protein sequences(EPSs)。

(2) 关于蛋白质剪接的定义。蛋白质剪接与蛋白质水解不同，蛋白质剪接是从一前体蛋白中切除蛋白内含子，与此同时将蛋白外显子以肽键相连，产生成熟的蛋白质的过程。内含子的切除，外显子的相连两者缺一不可。按现在的研究结果看，切下来的内含子往往也是一种具功能的蛋白，因此蛋白质剪接的结果是由一个单一的前体蛋白产生两个或多个蛋白质。图7-1 给出一蛋白质剪接的示意图，一条单一的前体蛋白经过蛋白质剪接后，通过精确地切除蛋白内含子并将外显子相连，产生三种不同的蛋白质。

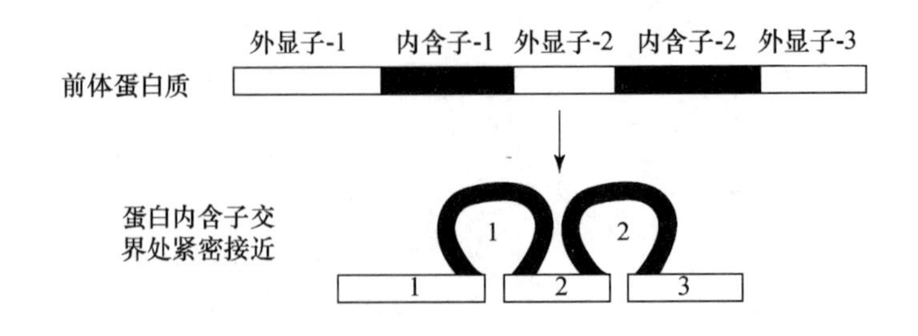

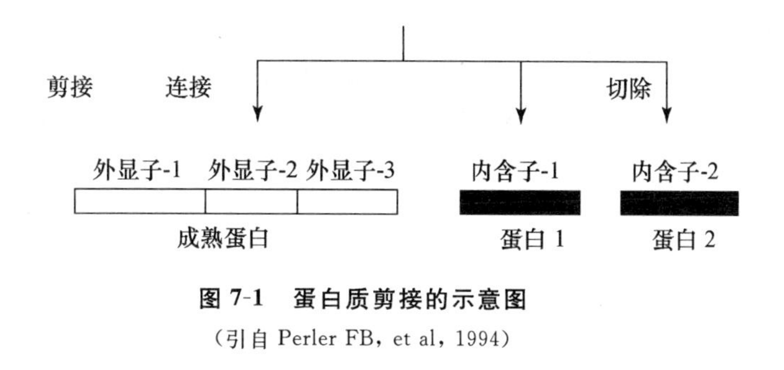

图 7-1 蛋白质剪接的示意图

(引自 Perler FB, et al, 1994)

7.2 蛋白质剪接的机制

蛋白质剪接是一个蛋白质翻译后的加工过程。与其他蛋白质翻译后的加工过程不同,蛋白质剪接具有如下特点:① 必须有蛋白内含子信号序列的存在;② 蛋白质剪接是一个由蛋白内含子信号序列介导的自催化反应,不需要外源蛋白质、辅助因子和外来能源;③ 蛋白质剪接的结果是在蛋白外显子之间形成天然肽键。

7.2.1 蛋白质剪接前体的组织化结构

图 7-2 给出一个含有归位核酸内切酶 (homing endonuclease) 结构域的蛋白质剪接前体的组织化结构图。其中(A)示含有归位核酸内切酶结构域的蛋白质剪接前体。蛋白质剪接前体的 N 端和 C 端皆为蛋白外显子(extein);两个蛋白外显子之间由字母 A~G 界定的是蛋白内含子(intein);在蛋白内含子内存在一个独立的归位核酸内切酶结构域,将蛋白内含子的氨基酸序列分开。

归位核酸内切酶是一类双链脱氧核糖核酸酶(DNase),存在于真细菌、古菌、真菌和藻类细胞中。它们能识别在 DNA 双链上的一个大的、不对称的位点(12~40 bp),并被可移动的遗传元件(mobile genetic element)所编码,它们的编码序列通常嵌在一类 RNA 内含子(group1 intron) 或蛋白内含子的基因序列中。归位核酸内切酶的功能是在缺少蛋白内含子或一类 RNA 内含子的基因序列上通过识别特定的位点进行切割,被切开的双链 DNA 借助于同可移动的遗传元件(intein 或 group1 intron))序列进行同源重组将蛋白内含子或一类 RNA 内含子的基因插入到新的位点。归位核酸内切酶本身并非蛋白质剪接过程所必需的。在此只是将这一概念说明一下,不作详细介绍。

从图 7-2(A)可见,标准的蛋白内含子起始于丝氨酸(Ser, S)或半胱氨酸(Cys, C)残基,而终止于天冬酰胺(Asn, N)残基。在蛋白内含子中两个保守的组氨酸残基的功能是帮助激活 N 末端和 C 末端剪接点。实验指出,蛋白内含子 B 区段中的组氨酸残基 (His,H) 帮助激活 N 末端剪接点;而蛋白内含子序列中倒数第二的组氨酸残基则帮助激活 C 末端剪接点,借以完成天冬酰胺残基的环化 (图 7-3)。在蛋白内含子 B 区段中的不太保守的苏氨酸残基(Thr, T)也协助 N 末端的反应。在 C 端蛋白外显子中的第一个氨基酸残基是丝氨酸,苏氨酸或半胱氨酸残基。这些氨基酸残基通常是作为亲核试剂(nucleophiles)执行其功能的。

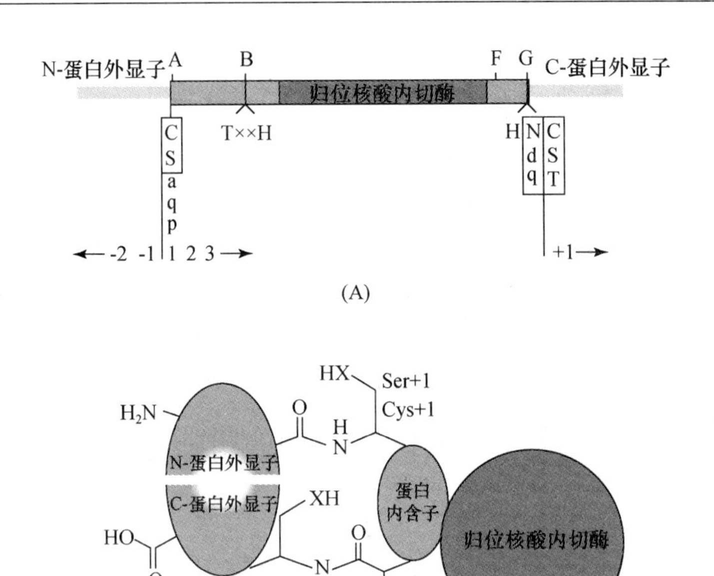

图 7-2 含有归位核酸内切酶结构域的蛋白质剪接前体的组织化结构图

(A) 含有归位核酸内切酶的蛋白质剪接前体的组织化结构图。蛋白质剪接前体的上部示蛋白内含子基序，剪接前体的下部示催化氨基酸残基(氨基酸残基用单字母表示，X表示任何氨基酸残基)。在矩形框中的大写字母表示标准的亲核氨基酸残基，而小写字母表示非规范的亲核氨基酸残基。丙氨酸(a)不能作为亲核氨基酸残基；脯氨酸(p)或谷氨酰胺 (q) 蛋白内含子的剪接尚未被研究。蛋白内含子B区段TxxH序列中的T(苏氨酸残基)和蛋白内含子中的两个保守的H(组氨酸残基)是对剪接过程具有促进作用的氨基酸残基。图中用数字(如1,2,3；－1，－2；＋1等)分别表示氨基酸残基在蛋白质剪接前体中内含子的N端、N端外显子的C端和C端外显子的N端中的位置。

(B) 蛋白质剪接前体通过折叠形成蛋白质剪接活性位点。通过在蛋白质剪接前体中蛋白内含子的折叠，将整个蛋白内含子的序列集合起来，使剪接点相互接近，形成蛋白质剪接活性位点。归位核酸内切酶是一个独立的结构域。处在蛋白质剪接前体N端和C端的蛋白外显子序列可能相缔合，且至少在蛋白质剪接前体中产生部分折叠。(引自Perler FB,2005)

7.2.2 标准的蛋白质剪接机制

Perler等人在对标准的蛋白内含子所介导的蛋白质剪接过程研究的基础上提出了标准的蛋白质剪接机制(standard protein splicing mechanism)。如图7-3所示，蛋白质剪接过程是由蛋白内含子和C端蛋白外显子中的第一个氨基酸残基(Ser, Cys, 或 Thr)所介导的四步亲核取代反应(nucleophilic displacements)完成的。在此，蛋白内含子是作为一个酶来行使其功能的：

(1) 第一步是线性(硫)酯中间体的形成：当Cys1 (或Ser1)遭受到一个N-S (或N-O)酰基重排时，将处在N末端剪接点的肽键转化成一个(硫)酯键，从而形成一个线性(硫)酯中间体((thio)esterintermediate)。

(2) 第二步是分支(硫)酯中间体的形成：Cys＋1 (或 Thr＋1,Ser＋1)切断第一步反应所形成的(硫)酯键 产生分支(硫)酯中间体。这第二步反应只有在N末端剪接点存在(硫)酯键时才能发生。

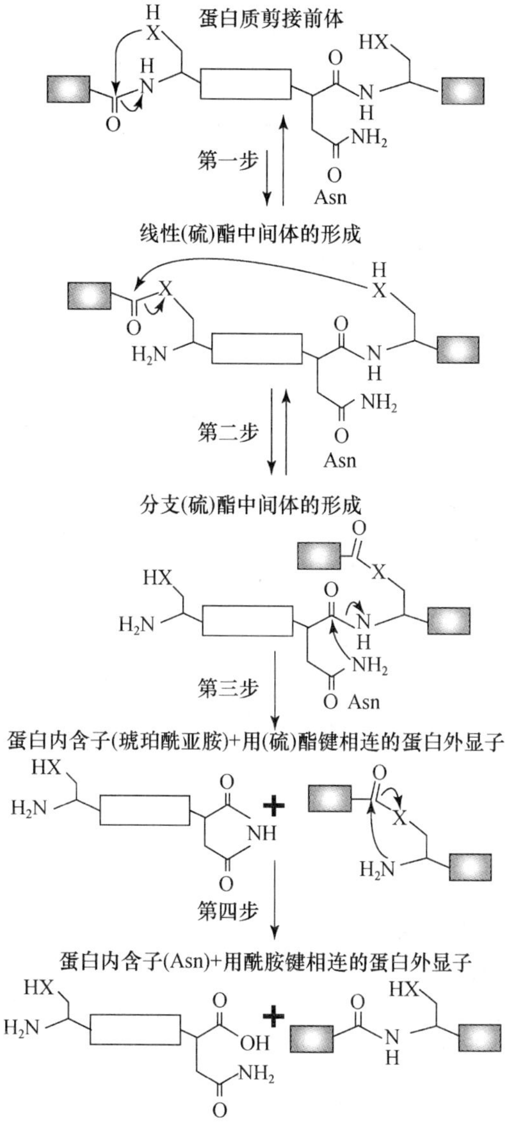

蛋白质剪接前体

第一步

线性(硫)酯中间体的形成

第二步

分支(硫)酯中间体的形成

第三步

蛋白内含子(琥珀酰亚胺)+用(硫)酯键相连的蛋白外显子

第四步

蛋白内含子(Asn)+用酰胺键相连的蛋白外显子

图 7-3 标准的蛋白内含子所介导的蛋白质剪接机制

四步蛋白质剪接过程均涉及亲核取代反应，此过程是在蛋白内含子中的一些氨基酸残基协助下完成的。为了清楚起见，在图中所有四面体中间体和质子转移步骤都被省略。图中的缩写 X 表示在 Cys，Ser，或 Thr 残基侧链中的 S 或 O 原子；箭头：反应进行的方向； ：蛋白外显子， ：蛋白内含子。（引自 Perler FB，2005）

（3）第三步是琥珀酰亚胺形式的蛋白内含子和用（硫）酯键相连的蛋白外显子的形成：蛋白内含子 C 末端的天冬酰胺（Asn）环化，形成琥珀酰亚胺形式的蛋白内含子和用（硫）酯键相连的蛋白外显子。

（4）第四步是蛋白内含子（Asn）和用酰胺键相连的蛋白外显子的形成：氨基琥珀酰亚胺（amino succinimide）被缓慢地水解重新产生天冬酰胺（Asn）或异天冬酰胺（iso-Asn），且通过另一次酰基转移（acyl shift）在蛋白外显子之间快速地形成酰胺键。从而完成蛋白质剪接的全过程。

在N末端剪接点切割的过程中,N-蛋白外显子是直接被连接到C-蛋白外显子上的,在此过程中没有时间允许每个蛋白外显子片段从蛋白质剪接前体上分离出去。在天然体系中,蛋白质剪接的四个步骤具有高度的协同性。这种协同性可能是由于在剪接过程中的每一步反应速率的不同,也可能是由于前一步反应的完成所引起的局部或整体构象的改变而得以实现的。研究指出,当天冬酰胺(Asn)环化发生在分支中间体形成之前时,产生C末端切割。当(硫)酯键在线性或分支(硫)酯中间体被水解或受到外源亲核攻击试剂的攻击时(如加入巯基试剂),则产生N末端切割。

到目前为止,已有超过200个蛋白内含子序列被提交到蛋白内含子数据库(http://www.neb.com/neb/inteins.html)中。值得指出的是,不同的蛋白内含子具有不同的底物特异性,如某些蛋白内含子对于在-1位的氨基酸残基的种类要求得很严,如在 *Mycobacterium Xenopi* (Mxe) DNA促旋酶亚基A(GyrA)的蛋白内含子中,只有-1位存在特定氨基酸残基时才有剪接功能。而另一些蛋白内含子,如酵母 *Saccharomyces cerevisiae* (sce VMA)和结核菌 *M. tuberculosis* 的RecA等蛋白内含子,在-1位存在任何氨基酸残基时都可产生有效的剪接。具有非规范催化残基的蛋白内含子,所进行的蛋白质剪接过程与上述标准蛋白质剪接机制有所不同。

综上所述,蛋白质剪接为我们提供了一种新的在生物体中产生特定功能蛋白质的方式。对蛋白质剪接机制的深入研究,将为蛋白质结构与功能、蛋白质折叠的研究提供新的思路和技术手段。也应该看到,由于在前体蛋白水平上的蛋白质剪接现象的存在,想从DNA(包括cDNA)序列来推断蛋白质氨基酸序列时就要足够小心。

7.3 蛋白质剪接的应用

深入研究蛋白质剪接机制,即蛋白内含子蛋白水解切割和连接活性,使研究者开发了出很多用于生物工程、酶学、蛋白质结构和功能等研究的新技术。根据蛋白质剪接原理已设计出一系列的基因表达载体体系。如Twin-intein体系(Thomas C, et al, 1999)和SICLOPPS体系(Abel-Santos E, et al, 2003)。这些体系不仅用于蛋白质的表达和分离纯化,而且用于产生环化肽或蛋白质。

(1) 利用蛋白内含子介导的表达蛋白质连接(intein-mediated expressed protein ligation, EPL或IPL)的原理。通过内含子蛋白纯化载体系统在目标蛋白质的C端产生C末端α硫酯。这个具反应活性的末端可与任何数目的以半胱氨酸(Cys)开始的化学合成的或生物合成的多肽以标准肽键形式相连。EPL是一个in vitro蛋白质剪接技术,利用这种技术可以对蛋白质分子进行各种标记或修饰。图7-4给出蛋白内含子介导的表达蛋白质连接(EPL或IPL)的原理。

(2) 利用蛋白内含子介导的蛋白质前体切割技术(intein-mediated excision of protein precusors)获得具天然N末端的重组蛋白质。例如,由一个短的N末端肽-Mxe GyrA蛋白内含子-人生长激素组成的蛋白质剪接前体,在翻译过程中,甲酰甲硫氨酸修饰的N末端肽通过剪接被去除,不能参与同人生长激素序列的连接。通过蛋白内含子介导蛋白质外显子(人生长激素)的切割,产生具天然N末端的人生长激素蛋白质。

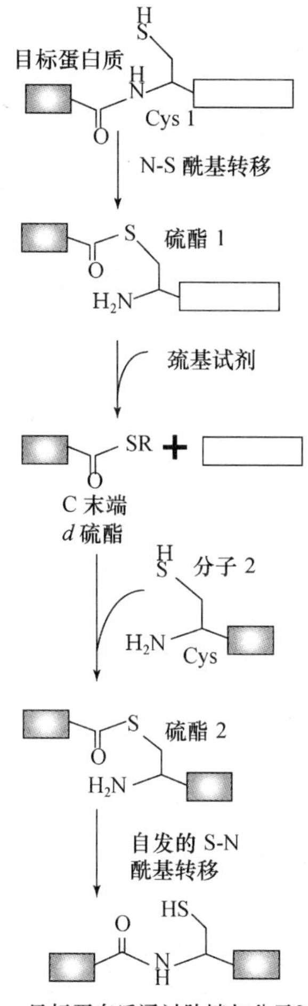

目标蛋白质通过肽键与分子2相连

图 7-4　蛋白内含子介导的表达蛋白质连接原理

在巯基试剂切割前体蛋白后，可用内含子蛋白纯化载体系统纯化具 C 末端 α 硫酯的生物合成的蛋白质。这个具反应活性的末端可与任何数目的以半胱氨酸(Cys)开始的化学合成的或生物合成的多肽以标准肽键形式相连。图中给出目标蛋白质如何与分子 2 之间产生硫酯 2 (Thioester 2)，然后通过自发的 S-N 酰基转移(S-N acyl-shift)在两者之间产生标准的肽键。□：蛋白内含子。(引自 Perler FB，2005)

(3) 利用蛋白内含子介导的蛋白质前体切割技术生产重组毒蛋白质。天然的重组毒蛋白质可能对宿主细胞造成伤害。为克服这一困难，将特定的蛋白内含子插入到毒蛋白质序列之间，在翻译过程中产生的无毒性的蛋白前体经体外(*in vitro*)蛋白质剪接，从而获得具天然序列的重组毒蛋白质。

(4) 利用蛋白内含子介导的蛋白质前体切割技术将不同结构域或基序组装在一起，或产生环化肽、蛋白质，用以对蛋白质的结构功能进行研究。近年来，人们也将蛋白质剪接技术应用于蛋白质芯片的开发和植物转基因的活化等研究中(Lovrinovic M, et al，2003；Chin HG, et al，2003；Yang JJ, et al，2003)。

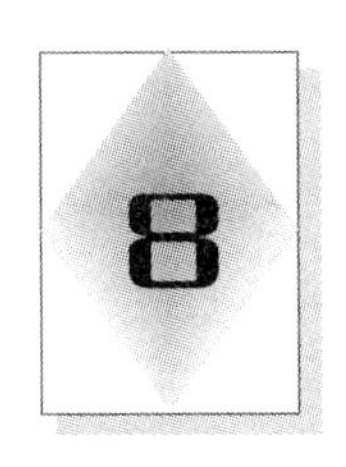

8　蛋白质的结构及其测定方法概述

这一部分的目的不是详细地介绍蛋白质的结构组成、各种氨基酸的特点等，因为这些内容在任何生物化学书中都有详细介绍。本节简要地介绍蛋白质的结构及测定方法，特别简要地介绍与蛋白质溶液构象研究有关的方法，这些方法对于分析重组蛋白质的正确折叠程度是有用的。

8.1　蛋白质分子的一、二、三、四级结构

蛋白质和肽的一级结构或称初级结构是指蛋白质和肽中存在的氨基酸残基的数目和排列次序。通常蛋白质分子具有以自由 α-氨基开始的 N 末端和以自由羧基结尾的 C 末端。

图 8-1　多肽链中 α 螺旋模型

多肽链骨架折叠成螺旋形，并以氢键所维系。每个螺旋含 3.6 个氨基酸残基。

蛋白质的二级结构：蛋白质分子中氨基酸残基的有序排列给予其有规律的构象形式。这些构象就构成蛋白质的二级结构。一般而言，蛋白质折叠成为两大类型的结构，称为球蛋白或纤维蛋白。α 螺旋是球蛋白中常见的二级结构。α 螺旋的形成是自发的，由肽键中的酰胺氮和羰基间的氢键所稳定。氢键的这个取向产生了肽骨架的 α 螺旋卷曲，使得氨基酸 R 基团处于螺旋的外面并同主轴垂直(图 8-1)。

由于侧链基团(R)的空间限制，不是所有的氨基酸都有利于形成 α 螺旋。像丙氨酸、天冬氨酸、谷氨酸、异亮氨酸、亮氨酸和甲硫氨酸有利于 α 螺旋的形成，而甘氨酸和脯氨酸倾向破坏 α 螺旋的形成。

β 折叠：与 α 螺旋是由一条以螺旋状排列的氨基酸组成的结构不同，β 折叠是由两个或多个至少由 5～10 个氨基酸组成的不同氨基酸序列区段组成的。这些伸展的、彼此相邻的肽段之间以一肽段中的酰胺氮和另一肽段中的羰基间的氢键所维系(图 8-2)。β 折叠分平行和反平行两类，这取决于一条多肽链中两个肽段的相对方向。如两相邻肽段所取的方向都是由 N→C 或 C→N，是平行的 β 折叠；而二个肽段间一条是从 N→C，而另一条是从 C→N，则称为反平行的

β折叠。

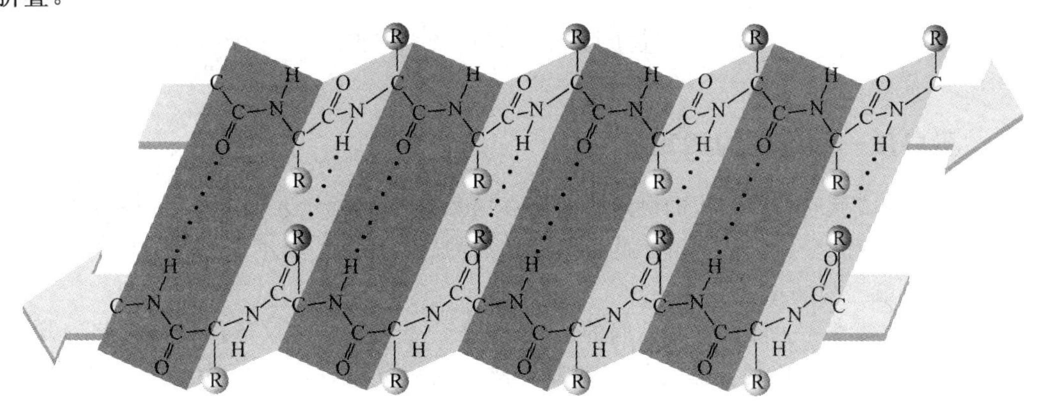

图 8-2　多肽链中的β折叠

示由两段反平行的肽段形成的β折叠，两条反平行的肽段间以氢键维系。(引自 Lodish H，et al，2000)

在蛋白质二级结构中有一类特殊的结构类型，叫做超二级结构（super-secondary structure）。某些蛋白质含有有序组织化的二级结构，这些结构形成不同功能的结构域或结构基序（motif）。例如，包括控制转录的细菌蛋白的螺旋-转角-螺旋结构域（helix-turn-helix）和真核转录调控蛋白的亮氨酸拉链（leucine zipper），螺旋-环-螺旋（helix-loop-helix）和锌指结构域（zinc finger）。这些结构域称为超二级结构，其参与同 DNA 基因序列的相互作用（图 8-3）。

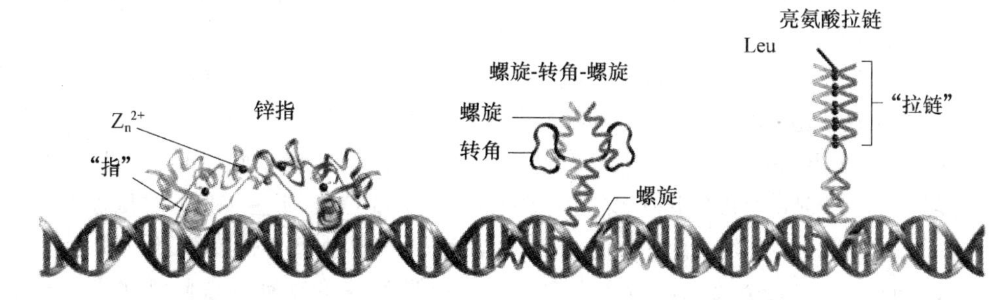

图 8-3　与 DNA 相互作用的锌指、螺旋-转角-螺旋、亮氨酸拉链结构基序

(http://biology.kenyon.edu/courses/biol114/chap10)

蛋白质的三极结构：三级结构是指一个给定蛋白质的多肽链的完整的三维结构，是描述多肽链中不同二级结构之间的空间关系和这些二级结构本身如何形成蛋白质的三维结构。蛋白质二级结构通常组成不同的结构域。因而，三级结构也描述不同结构域彼此之间的关系。不同结构域之间的相互作用是由氢键、疏水相互作用、静电相互作用和范德华力等所掌控。

蛋白质的四级结构：很多蛋白质含有两个以上的多肽链，它们之间通过稳定蛋白质三级结构的非共价力结合到一起。具有多个多肽链的蛋白质称为寡聚蛋白。在寡聚蛋白中通过单体一单体（monomer）相互作用所形成的结构叫做四级结构。这些单体又称为亚基（subunit）。

寡聚蛋白可以由同样的多肽链或不同的多肽链组成，分别称为同源寡聚体（homo-oligomer）或异源寡聚体（hetero-oligomer）。如血红蛋白是由两个α亚基和两个β亚基组成的异源寡聚蛋白。因此，四级结构又表明亚基间的相互作用。

8.2 蛋白质各级结构的测定

8.2.1 蛋白质一级结构的测定

关于蛋白质或肽段一级结构的测定目前已多用蛋白质序列分析仪自动进行,可参照仪器说明书对原理、操作、分析进行了解。此地只就相关的序列测定的基本技术作一提示。

1. 氨基末端序列测定

在测序之前要首先去除肽内和肽间的二硫键,几个不同的化学反应用于肽链的分开和防止二硫键的产生。最常用的方法是用β-巯基乙醇或二硫苏糖醇(dithiothreitol, DTT),二者都可使二硫键还原。为防止重新生成二硫键,肽要用碘乙酸(iodoacetic acid)处理,使巯基烷基化。有三种方法可从N末端对肽或蛋白质进行序列测定。

- Sanger's 法:此测序用2,4-二硝基氟苯(2,4-dinitrofluorobenzene, DNF),在碱性条件下同N末端残基发生反应。氨基酸衍生物可被水解并被二硝基苯基团标记,使修饰的氨基酸呈黄颜色。用电泳分离被修饰后的氨基酸衍生物并与标准的DNP-衍生物比较,来确定N末端的氨基酸。
- 丹磺酰氯(Dansyl chloride)法:如上述的DNF,在碱性条件下丹磺酰氯与N末端氨基酸反应,反应后进行电泳分离并与标准衍生物对比。与Sanger's法不同之处是检测不看衍生物的颜色,而是用荧光显示。因此,灵敏度高于Sanger's法。
- Edman降解法:用Edman降解法可以从N末端开始逐个对蛋白质N端氨基酸序列进行测定。苯异硫氰酸(phenylisothiocyanate)在碱性条件下与N末端残基反应,所得的苯氨基硫甲酰基(phenylthiocarbamyl-,PTC)氨基酸衍生物,在无水酸中被水解,产生乙内酰苯硫脲(Phenylthiohydantion,PTH)衍生物。如Sanger's法和Dansyl法一般,N末端残基被标上可识别记号。然而Edman降解法的优点是反应后肽段的剩余部分是完整的。化学反应可以不断地重复,从而得到整个被测肽段的序列。Edman降解法的这种特点使之成为自动蛋白序列分析仪设计的基本原理。

2. 蛋白水解酶酶解

由于Edman降解技术的限制,肽段长度长于50个残基以上的样品就难以完全测序。因此,需用内肽酶对多肽链预先水解,然后分离出合适长短的肽段用于序列测定。表8-1是几个常用的内肽酶的特异性切割位点:

表8-1 几个内肽酶的特异性

酶名称	来源	特异性	注解
胰蛋白酶(trypsin)	牛胰脏	肽键,R-X和K-X X=P时切割不发生	对带正电荷的残基特异性高
胰凝乳蛋白酶 (chymotrypsin)	牛胰脏	肽键,F-X,Y-X,W-X X=P切割不发生	优先切割具大疏水基团的残基。对N、H、M、L切割慢
弹性蛋白酶(elastase)	牛胰脏	肽键,A-X,G-X,S-X,V-X X=P切割不发生	
嗜热菌蛋白酶 (thermolysin)	枯草嗜热菌	肽键,X-I,X-M,X-F,X-W,X-Y,X-V X=P切割不发生	优先切割小的中性残基,也可在A、D、H、T切割

续表

酶名称	来源	特异性	注解
胃蛋白酶(pepsin)	牛胃黏膜	肽键,X-L,X-F,X-W,X-Y X=P 不切	特异性小,需低 pH
内肽酶 V8 (endopeptidase V8)	金黄色葡萄球菌	肽键,E-X	

注:X 代表任意氨基酸,其他如 R、K、W、Y 等是用单字母表示的氨基酸。

3. 羧基末端序列测定

从 C 末端对肽的序列进行测定的技术不像从 N 末端那样可靠。然而,现在发现几个肽链外切酶(exopeptidase)能在 C 末端残基对肽进行切割,然后可用色层分析对照标准样品进行分析。这类肽链外切酶称为羧肽酶(carboxypeptidase)(表 8-2)。

表 8-2 几个羧肽酶的特异性

酶名称	来源	特异性
羧肽酶 A	牛胰脏	当 C 末端残基为 R、K 或 P,或 P 紧接 C 末端残基时,不发生切割
羧肽酶 B	牛胰脏	当 C 末端残基为 R,或 K、P 不紧接 C 末端残基时,可进行切割
羧肽酶 C	柠檬叶	所有游离的 C 末端,最适 pH 为 3.5
羧肽酶 Y	酵母菌	所有游离的 C 末端,然而在 G 残基处切割慢

值得指出的是,用于序列分析的蛋白酶要求非常高的纯度,可尽可能地向有关公司购买小包装,包装内厂家会提供详细的酶解条件。

4. 蛋白质的化学裂解

最常用的蛋白质化学裂解试剂是溴化氰(CNBr)。这个试剂引起处于 C 末端侧的甲硫氨酸(M)产生特异切割。CNBr 裂解所产生肽段的数目比在蛋白质中的甲硫氨酸数多一个。

值得提示的是,当目标蛋白中缺少甲硫氨酸,特别是一些较短的多肽序列中缺少甲硫氨酸时,在基因工程操作中可将其与具有特定序列和特性的"蛋白质标签"一起进行融合表达。为了既便于目标蛋白质或多肽的有效表达,又便于后来的分离纯化,在目标蛋白质或多肽与融合蛋白标签之间插入甲硫氨酸(细节在后面有关章节介绍)。融合蛋白质表达后,"融合蛋白标签"可用 CNBr 裂解除去。

另一个非常可靠的化学裂解试剂是肼($NH_2—NH_2$)。肼在高温(90℃)下可将样品中的所有肽键切开。除 C 末端残基外,所有的其他氨基酸都生成氨酰肼,这样通过色层分析就可将目标蛋白中的 C 末端氨基酸鉴定出来。

8.2.2 蛋白质二级结构的测定

蛋白质二级结构的测定方法中经常用的是圆二色光谱和傅里叶转化红外光谱等。傅里叶转化红外光谱测试中,可以从酰胺Ⅰ带的去卷积光谱(deconvolved FTIR spectra in amide Ⅰ band)中得到蛋白质分子中二级结构(如 α 螺旋、β 折叠)的含量。图 8-4 给出利用去卷积红外光谱所测得的金葡菌核酸酶及其不同长度的 C 末端缺失突变体的二级结构变化。为了便于初学读者了解,请看图 8-4,在大约 1627 cm^{-1}(波数)处几个蛋白质的峰形(图中标以"1"),代表着这些蛋白质分子中β折叠成分,随肽链的延伸,β折叠的含量不断增加,从SNR102(即含1~102个残基,以下相同)、SNR110、SNR121、SNR135、SNR141和SNase R (1~149残基),β折叠含量分别是6.5%、17.7%、23.1%、20.9%、28.4%和35.7%。这种β折叠的趋势在SNR135(1~135残基)处反而有些减少,表明折叠过程中的构象调整。图8-4说明,去卷积FTIR光谱可以给出蛋白质的二级结构组成,而对β折叠的测定比较灵敏。然而由于红外光谱在样品制备时比较费时费事,一般实验室多采用圆二色谱。

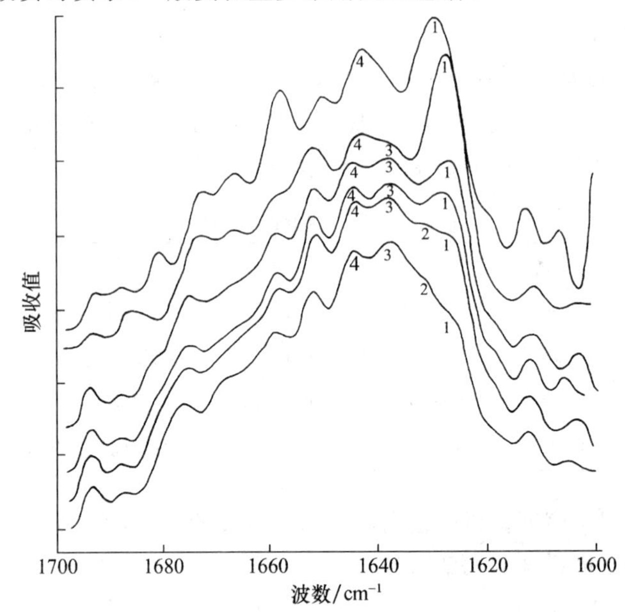

图8-4 金葡菌核酸酶(SNase R)及其C末端缺失突变体在酰胺Ⅰ带($1600\sim1700\ cm^{-1}$,波数)的去卷积傅里叶红外光谱。

图中"1"指出随多肽链延伸,从C末端缺失突变体SNR102(1~102)、SNR110(1~110)、SNR121(1~121)、SNR135(1~135)、SNR141(1~141)到SNase R(1~149,全序列)β折叠成分的变化。

此地重点介绍圆二色光谱。光学活性分子对左、右圆偏振光的吸收不同,使左、右圆偏振光透过后变成椭圆偏振光,这种现象称为圆二色(circular dichroism,CD)。圆二色谱仪测量由于蛋白质样品中结构的不对称性所引起的左、右偏振光的差异。当缺少有序结构时CD的强度为0;而有序结构时,则产生含正、负信号的CD光谱。

1. CD光谱可以解决哪些问题?

● 测定蛋白质是否折叠,如果折叠,则可给出二级结构、三级结构的特性,以及属于什么结构家族。

● 比较来源于不同表达体系得到的相同蛋白质的结构,或比较同一个蛋白质不同突变体的结构。

● 显示在改变生产流程后,所得蛋白质溶液构象的可比性。

● 研究蛋白质构象在温度、变性剂、pH、缓冲体系、添加稳定剂条件改变时的稳定性。

CD光谱对于发现增加熔解温度(melting temperature)溶剂条件和热变性可逆性,以及提高蛋白样品架上寿命(shelf life)是极好的测定方法。

● 测定是否由于蛋白质-蛋白质相互作用改变了蛋白质的构象。

如果有任何构象改变，那么所得到的光谱图就会与每一种成分谱图的总和不同。例如，当几个不同的受体-配体复合体形成时，就会检测出有小的构象变化。

2. CD光谱法测定蛋白质的二级结构

蛋白质二级结构可用CD谱仪进行测定，所选用的波长范围是190～250 nm，称为远紫外谱(far-UV spectral region)。在这一波长下，生色团是肽键，当肽键处在有序折叠的环境下就会产生与二级结构相对应的信号。α螺旋、β折叠、无规卷曲结构都具有其特定的远紫外光谱，即特征性峰形(图8-5)。

远紫外CD光谱用以检测蛋白质的二级结构，特别是蛋白质中的α螺旋成分的含量或变化。光谱中在208和222 nm出现的两个负峰通常作为蛋白质α螺旋结构的含量的标示。蛋白质α螺旋结构的含量可基于蛋白质在222 nm(波长)处的平均残基椭圆度$[\theta]$，按下式计算得到：

$$\alpha\text{螺旋}\ \% = -[\theta]_{222} \cdot n/40000 \cdot (n-4)$$

n是蛋白质中肽键的数目(即氨基酸数－1)。

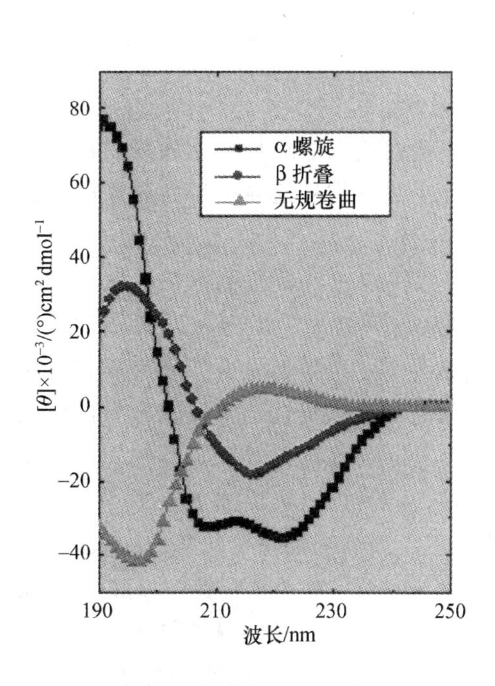

图8-5　多聚赖氨酸三种构象的远紫外CD光谱

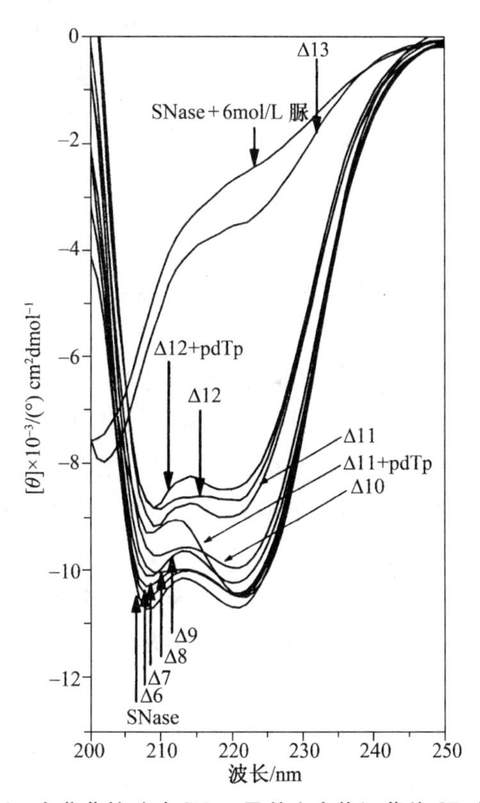

图8-6　金葡菌核酸酶SNase及其突变体远紫外CD光谱

SNase＋6 mol/L 脲示SNase变性态，Δ11，Δ12＋pdTp示ΔH，Δ12＋其抑制剂pdTp所引起的构象变化，Δ11＋pdTp的变化≫Δ12＋pdTp，表明Δ11突变体的构象具有较大的调整能力。

为了直观表示远紫外CD光谱在分析、比较蛋白质二级结构，特别是α螺旋成分中的应用，图8-6给出金葡菌核酸酶SNase及其8个N末端缺失突变体Δ6(从N端缺失6个残基)、Δ7、Δ8、Δ9、Δ10、Δ11、Δ12、Δ13的远紫外CD光谱。由图可见，与SNase完整酶蛋白相比，Δ6～Δ10的$[\theta]_{222}$值减少5%～7%，表明从N端缺失10个残基对SNase二级结构影响不大；

当去除11、12个残基(Δ11、Δ12)时,$[\theta]_{220}$值分别减少17%和19%,指出缺失11和12个残基对SNase的二级结构中α螺旋含量有中度影响;然而当缺失13个残基时,整个Δ13缺失突变体的远紫外CD谱图接近于变性的SNase,表明缺失13个残基几乎完全破坏SNase二级结构中的α螺旋。

值得指出的是,像所有光谱学技术一样,用CD谱仪得到的CD信号所反映的是溶液中整个分子群体(molecular population)的一个平均值。远紫外CD谱只能告诉我们,一个蛋白质分子中α螺旋或β折叠等二级结构的相对百分比含量,而不能告诉我们有哪些残基参与α螺旋或β折叠的形成。

此外,远紫外CD光谱测定所需的样品量相对少,通常是20～200 μL样品,浓度为1 mg/mL～50 μg/mL。在190～250 nm的波长范围内,所用的缓冲液不能有高吸收,故不能用高浓度的DTT、组氨酸或咪唑。如用Tris缓冲液浓度也不能>100 mmol/L,通常用20 mmol/L。样品在远紫外范围内的最大吸收要控制在0.6～1.2之间,以0.8为最佳。

具体实验操作请参照CD谱仪说明书,要熟悉使用仪器所带的软件程序。利用这些程序可以得到蛋白质样品的二级结构信息,要注意的是,这些信息有时并不十分准确。

8.2.3 蛋白质三级结构的测定

1. 近紫外CD (near-UV CD) 光谱

蛋白质的近紫外CD谱(波长范围250～350 nm)对于蛋白质三级结构变化敏感。在这个波长范围内生色团是芳香族氨基酸和二硫键,它们所产生的CD信号反映出蛋白质整体三级结构的变化。

从250～270 nm得到的信号来自于苯丙氨酸残基,从270～290 nm得到的信号来自于酪氨酸残基,从280～300 nm得到的信号来自于色氨酸残基的贡献。二硫键在近紫外(250～350 nm)范围内产生平缓的弱信号。实际上蛋白质的近紫外CD光谱反映出芳香族氨基酸残基环境的不对称性,近紫外CD光谱,特别是在277 nm附近的光谱变化通常反映出蛋白质三级结构的变化。为了直观起见,图8-7给出金葡菌核酸酶SNase及其8个N末端缺失突变体Δ6、Δ7、Δ8、Δ9、Δ10、Δ11、Δ12及Δ13的近紫外CD光谱。从图可见,突变体Δ6、Δ7和Δ8在$[\theta]_{277}$的值接近于SNase,表明缺失前8个氨基酸残基并不大影响金葡菌核酸酶的三级结构。突变体Δ9和Δ10,其$[\theta]_{277}$值与SNase相比分别减少56%和61%,表明从金葡菌核酸酶N端缺失9或10个残基极大地影响到此突变体的三级结构中芳香族残基的特异性排布。进一步缺失造成Δ11、Δ12和Δ13的$[\theta]_{277}$值与6 mmol/L脲变性的SNase相当,这意味着缺失11个残基严重地破坏了突变体的三级结构。当将SNase、Δ11、Δ12和Δ13与其配体pdTp结合后发现,Δ11+pdTp的近紫外CD光谱变得与SNase+pdTp近似,这表明Δ11+pdTp的近紫外CD光谱发生变化,而Δ12和Δ13+pdTp的近紫外CD的信号近于0,表明缺失12个残基后即使存在配体的条件下,Δ12和Δ13突变体也失去折叠成三级结构的能力。图8-7中的SNase+pdTp、Δ11+pdTp的近紫外CD谱也说明近紫外CD的信号可为(－)值,也可为(＋)值。

如果一个蛋白质保留着二级结构(如图8-6中的Δ11),但没有确定的三级结构(如图8-7中的Δ11),那么近紫外区的CD信号接近于0。另一方面,非常明确的近紫外CD信号的存在则是蛋白质折叠成为有序结构的标志(如SNase,Δ6等)。

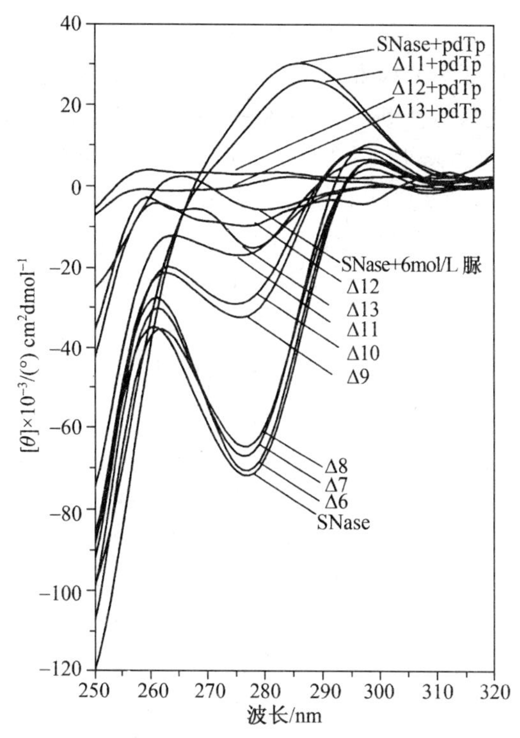

图 8-7 金葡菌核酸酶 SNase 及其突变体近紫外光谱

由于蛋白质之间相互作用以及溶剂条件的改变所引起蛋白质在三级结构上的一些小的变化，也可用近紫外 CD 光谱检测出。

由于近紫外 CD 的信号比远紫外 CD 信号弱很多，如果用同样光程的石英比色杯测量时，其蛋白浓度应是用远紫外 CD 测定时的 10 倍左右。因此，绝对不能将远、近紫外(190～350 nm)同时测！

2. 内源和 ANS—结合荧光光谱

蛋白质含有 3 个芳香族氨基酸残基(色氨酸、酪氨酸和苯丙氨酸)可能使蛋白质产生内源荧光。内源荧光的变化可用于监测蛋白质中结构的变化。特别是芳香氨基酸内环境的改变。

一个折叠好的蛋白质的荧光是其中每种芳香族氨基酸残基荧光的混合值，特别是当用 280 nm 的光激发时。绝大多数的发射荧光(emission)来自于色氨酸的贡献，其次是酪氨酸，再次为苯丙氨酸，表 8-3 给出上述三种氨基酸的荧光特性。

表 8-3 色、酪、苯丙氨酸的荧光特性

名称	寿命/ns	吸收		发射	
		波长/nm	吸收值	波长/nm	量子产率
色氨酸	2.6	280	5.600	348	0.20
酪氨酸	3.6	274	1.400	303	0.14
苯丙氨酸	6.4	257	200	282	0.04

注：吸收值为摩尔吸收值。

色氨酸(游离酸)的荧光强度和量子产率比酪氨酸、苯丙氨酸都要高。色氨酸的荧光强度、量子产率、最大发射波长与其所处的溶剂环境关系密切。当围绕色氨酸残基的溶剂极性减少时,其荧光谱向短波长移动(称为蓝移),而荧光强度增加,埋在蛋白质疏水核心中的色氨酸残基与处于蛋白分子表面的色氨酸残基相比,二者荧光发射光谱的峰值可相差10～20 nm。色氨酸荧光可被相邻的质子化的酸性基团,如天冬氨酸或谷氨酸所淬灭。

酪氨酸在280 nm也有强的吸收,当用280 nm激发时出现特征发射光谱,但酪氨酸发射强度比色氨酸弱,不过其对蛋白质荧光仍有很大的贡献。这是因为其存在于蛋白质分子中的数目多。由于能量传递作用,蛋白质中的酪氨酸荧光易被其附近的色氨酸所淬灭。酪氨酸也可以由于激发态的离子化,使芳香环上的羟基失去质子而发生荧光淬灭。

苯丙氨酸只有苯环和一个甲基可产生弱荧光。其量子产率及摩尔吸收都明显的低,故苯丙氨酸荧光只有当蛋白质分子中不存在色氨酸和酪氨酸残基时才可被观察到。酪氨酸和色氨酸荧光分别是苯丙氨酸的20和200倍。

值得指出的是,在存在有上述三种氨基酸残基的蛋白质,当用295 nm作为激发光检测蛋白质内源荧光时,所得到的是色氨酸内源荧光。此时在20 mmol/L Tris-HCl(pH7.4)的缓冲液中,色氨酸内源荧光的发射峰在325～335 nm之间,当用280 nm作为激发光时,此时荧光光谱通常出现两个发射峰,即酪氨酸荧光和色氨酸荧光发射峰,峰值分别在305 nm和340 nm左右(随条件可有变化)。

为了直观起见,我们还是给出金葡菌核酸酶及其8个N末端缺失突变体的色氨酸内源荧光图谱。金葡菌核酸酶全长149个残基,其140位是分子中唯一的色氨酸(W140),共处于一个小的疏水核心中。因此金葡菌核酸酶及其突变体色氨酸内源荧光的变化,反映了由于突变所引起的色氨酸残基局部环境的改变。如图8-8所示,与SNase的光谱相比,从N末端缺失Δ6～Δ10对其荧光强度没有造成明显的减少,说明缺失10个残基对W140附近的局部疏水环

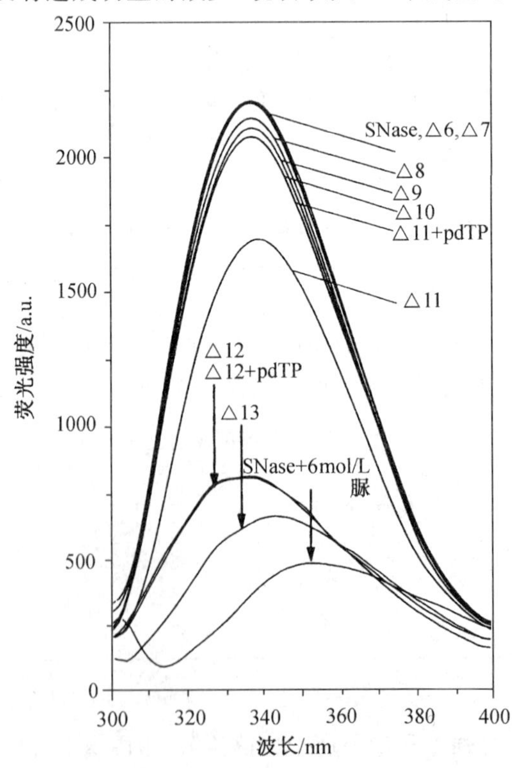

图8-8　金葡菌核酸酶SNase及其突变体的色氨酸荧光发射光谱

Δ11＋pdTp,Δ12＋pdTp表示存在配体pdTp时的荧光谱。

境影响不大。然而缺失 11 和 12 个残基使荧光强度分别减少 33%和 73%。这表明从 N 端缺失 11 或 12 个残基引起色氨酸局部环境发生很大变化,色氨酸在很大程度上暴露到溶剂中。然而当存在配体 pdTp 时,Δ11+pdTp 的荧光峰又重新接近 SNase 荧光峰,说明配体结合使 Δ11 从部分去折叠状态变成接近于天然态的构象,W140 又回复到一个疏水环境;而在存在配体 pdTp 条件下,Δ12 的荧光谱并不改变,表明缺失 12 个残基时,Δ12 突变体已失去构象调节的能力。当缺失 13 个残基时,荧光强度进一步减小并伴随荧光峰的红移(从 335→348 nm),说明 W140 不再埋于疏水环境,其构象接近 6 mol/L 脲变性的 SNase,说明 Δ13 突变体处于高度去折叠状态。这个例子说明,内源荧光光谱可以对蛋白质的构象变化进行分析,而这些变化反映出蛋白质三级结构的变化。

ANS(1-anilinonaphthalene-8-sulfonic acid)(图 8-9)作为做疏水荧光探针用于测量蛋白质分子表面疏水性(surface hydrophobicity)的改变。在表面疏水上的差别反映出蛋白质分子中氨基酸残基疏水侧链暴露程度的改变,转而反映了蛋白质分子去折叠的程度。ANS 并不是同单一氨基酸疏水侧链结合,而是结合到蛋白质分子上暴露的疏水核心。对很好折叠的天然蛋白质分子,疏水核心埋于分子内部,使 ANS 不可及,天然蛋白质的 ANS 结合荧光强度就低。对于完全或接近于完全去折叠的蛋白质,疏水核心不能形成,故其 ANS 结合荧光强度降低。因此,已经证明 ANS 是蛋白质折叠路径中"部分折叠的中间体"的一个高度敏感的探针,特别高的 ANS 荧光强度是折叠中间体——"熔球态中间体"(molten globule intermediates)出现的特征性指示。

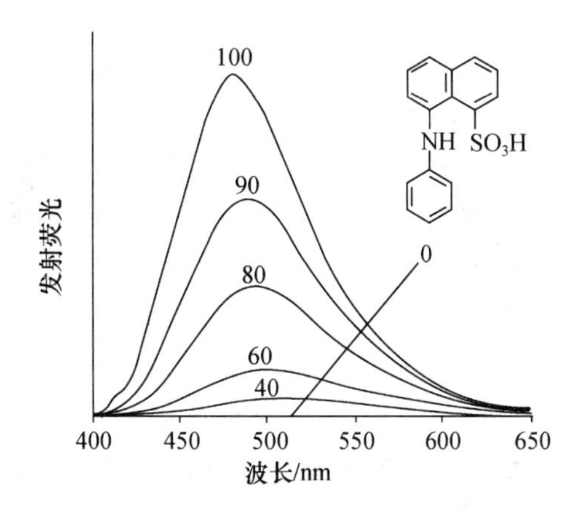

图 8-9 在乙醇与水混合溶液中,相等浓度的 ANS 的荧光发射光谱

曲线上方的数字标出乙醇含量的百分数。由此可见溶剂疏水性越高,ANS 荧光强度也越高。这就是用 ANS 作为蛋白质表面疏水性检测探针的基础。图右上角为 1.8-ANS 的结构式。

图 8-10 给出金葡菌核酸酶 SNase R 及其 C 末端缺失突变体(从上到下)SNR121(含 1~121 个残基,以下相同)、SNR135(1~135 残基)、SNR110(1~110 残基)、SNR141(1~141 残基)、SNR102(1~102 残基)、SNase R(1~149 残基)和 ANS 本身的 ANS 结合荧光光谱图。为比较起见,样品浓度均为 80 μmol/L,而 ANS 染料为 8 μmol/L。所用缓冲液为 20 μmol/L Tris(pH 7.4),激发波长为 345 nm。由图可以看出,SNR121 表现出最高的 ANS 结合荧光,与 SNase R 相比,其荧光最大峰发生蓝移(即移向短波长处)。这一 ANS 结合荧光特性表明,SNR121 处于熔球态,此时由于疏水坍塌(hydrophobic collapse)所形成的溶剂可及性的非极性核心在 SNR121 多肽链中形成,而正是这一疏水核心的形成导致 ANS 同 SNR121 结合力增

强,产生了最高的ANS结合荧光。由于SNR135和110分别处于后熔球态(post-molten globule state)和前熔球态(pre-molten globule state),所以与SNase R相比,仍有较强的ANS结合荧光,但低于SNR121;而SNR102的构象更接近去折叠状态,疏水核心尚未形成,故ANS结合荧光就相当低。SNR141和SNase R分别处于类天然态和天然态,疏水基团埋于分子内,使ANS不能与此结合,故ANS结合荧光也相当低(详细请见Zhou B, et al, 2000)。这个例子使我们清楚地看到,利用ANS结合荧光光谱可以探查多肽链延伸过程中所出现的构象变化,并可追踪何时出现折叠过程中的关键中间体——熔球态。熔球态的基本特征是具有较丰富的二级结构,由于多肽链疏水力所引发的疏水坍塌发生,从而使之形成溶剂可及的非极性疏水核心。熔球态的形成是肽链折叠的关键一步。

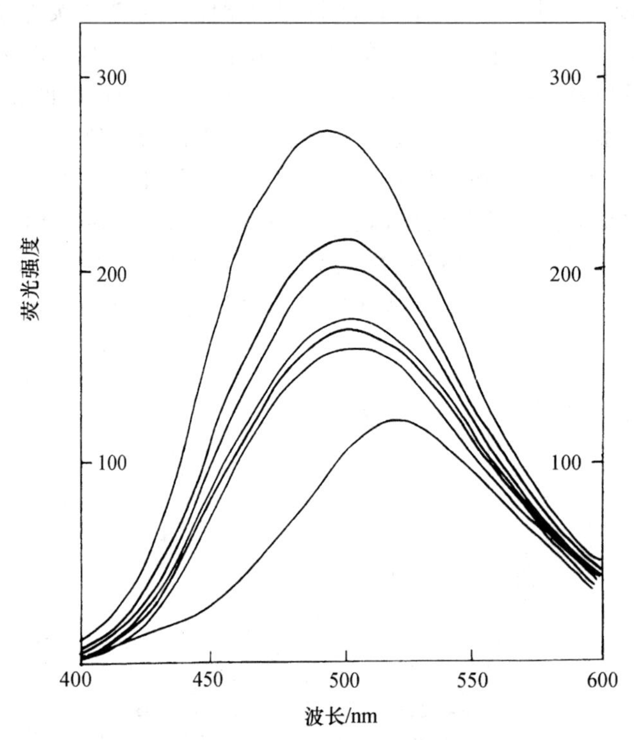

图8-10　金葡菌核酸酶SNase R及其C末端缺失突变体的ANS荧光发射光谱

从上到下是：SNR121,SNR135,SNR110,SNR141,SNR102,SNaseR和ANS本身。

激发光波长：345 nm

本部分我们介绍了圆二色谱仪、荧光分光光度计在测定蛋白质构象变化中的应用,并给出一些直观的例子来说明。之所以多用些笔墨介绍这些,是因为这些技术操作较简单,一般实验室也有条件置备,不像核磁共振和X射线衍射晶体分析那样需要昂贵的仪器和专门技术。有一点必须指出,所用的蛋白样品一定要做到电泳纯,否则结果就难以解释。

3. 核磁共振和晶体学分析

蛋白质三级结构的解析,各残基和结构域等的精确定位还得用核磁共振(NMR)和晶体学分析来解决,这两者都需昂贵的仪器和专门的技术,且完成解析所用的时间也较长。值得指出的是,核磁共振技术是在溶液中对蛋白质的三维结构进行分析,而晶体学分析需要对蛋白质进行结晶,再对晶体结构进行分析。二者所用的条件虽然不能说是蛋白质的生理条件,但所获得的结构信息，是其他方法所不能代替的。当然如果将这两种方法所得的结构信息与用生物化学和遗传学得到的功能信息结合起来进行研究将是锦上添花的事。

4. 分析离心法来分析蛋白质折叠程度

此方法需要用专门的分析离心机，最常用的溶液是从5%～20%的蔗糖线性梯度。目标蛋白质被铺在装有蔗糖线性梯度超离心管的顶部，然后在大于100 000 *g* 的离心场下离心，用以测定其沉降系数，未知蛋白质的大小可以通过与已知蛋白质比较在梯度中移动的距离来求得。由于折叠好的蛋白质和处于去折叠或部分折叠状态的同样蛋白质的沉降系数不同，故分析离心法可以提供一些关于蛋白质构象的信息。

最后需要指出的是，虽然光学的方法所提供的数据是溶液中整个分子群体的一个平均值，但这些数据却能方便地获得，并能提供如何评价一个蛋白质构象状态的有用信息。例如，在基因工程产品的生产中经常需要对不同批次的重组蛋白的构象进行比较，看其是否有同样的构象；或者当纯化规模扩大时，或来源于不同产地的样品需评价它们构象是否一致时，圆二色光谱就是一个好的测试工具。既可以测定远紫外CD全谱，也可测近紫外CD谱，后者比前者更灵敏。也可以在222或277 nm处测定蛋白质在热变性过程中构象变化曲线，或在溶液中变性的可逆性来检测蛋白质折叠状况，或找到蛋白质可逆变性的溶剂条件。蛋白质去折叠过程的协同性(co-operativity)可定性地用去折叠转变(unfolding transition)曲线的宽度和形状(shape)来描述。蛋白质高度协同的去折叠过程的存在，表明这个蛋白质一开始是以结构紧凑、完好折叠的状态存在的，而一个非常渐进的、不协同的熔解过程(melting reaction)表明蛋白质在一开始是以一个非常柔性的部分去折叠的，或作为一个折叠结构的不均一群体而存在的。这些也说明了我们可以用光学方法定性地提供蛋白质结构的有用信息。

9　基因表达调控的其他方面

以上部分对生命活动的基本过程，即 DNA 复制、转录、翻译等的过程及与其相关的调控机制做了介绍。我们看出，基因的表达及调控是生命活动的核心问题。基因表达调控是通过作为顺式作用元件的特定核苷酸序列和作为反式作用因子的蛋白质之间，以及蛋白质之间乃至特定核苷酸序列之间在特定的时间、空间有序地相互作用完成的。正是这种严密、精准的调控网络保证了生命活动的正常进行。本部分将对基因表达调控的其他方面做扼要介绍。

9.1　转录衰减作用与基因表达调控

转录衰减作用(transcription attenuation)参与基因表达调控研究得最清楚的例子是色氨酸操纵子转录的衰减机制。在存在色氨酸的条件下，色氨酸阻遏蛋白(try repressor)抑制色氨酸操纵子的转录起始(图 9-1)。然而，这种抑制作用并不完全，色氨酸操纵子通过转录衰减

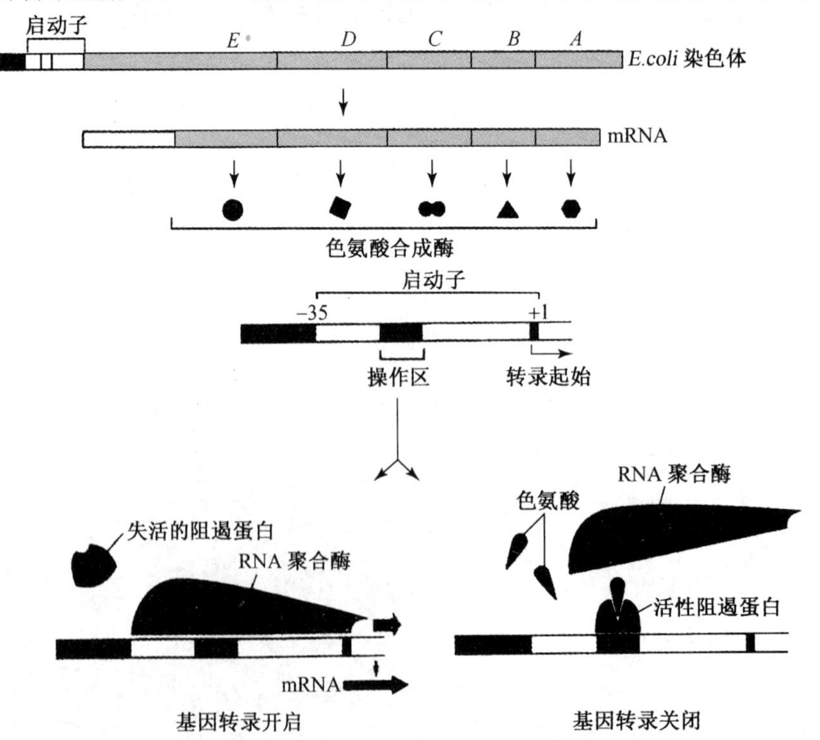

图 9-1　*E. coli* 色氨酸操纵子基因表达调控

(引自 Alberts B, et al, 1994)

作用对色氨酸的合成进行更有效的调控。如图 9-2 所示，正常的 try mRNA 分子含有一个由 161 个核苷酸组成的上游序列，其位于色氨酸合成酶 E(Try E)的起始密码子 AUG 的上游，称为先导序列 L(leader sequence)。由于色氨酸阻遏蛋白的作用，当色氨酸大量存在时，正常的 *E. coli* 细胞只产生少量的先导 RNA 转录物，而其下游大约有 7000 碱基组成的色氨酸操纵子序列并不被转录。当色氨酸缺乏时，包括先导序列和所有为色氨酸合成酶编码的序列都被转录。衰减子位点(attenuator)(图 9-2)实际上是一个 DNA 序列，通过识别此序列，RNA 聚合酶决定是继续转录还是终止转录。当色氨酸大量存在时，很少有转录发生，事实上所有起始的转录都在衰减子位点被终止。与此相反，当色氨酸缺乏时，色氨酸操纵子的转录起始以高速率进行，RNA 聚合酶穿过衰减子位点继续转录。这样，色氨酸操纵子的调控就不是一个仅由阻遏蛋白—操作子机制所调控的全和无(all or none)事件(图 9-1)，而是通过衰减作用，根据细胞的需要达到对色氨酸合成酶的合成进行精细调控的过程。

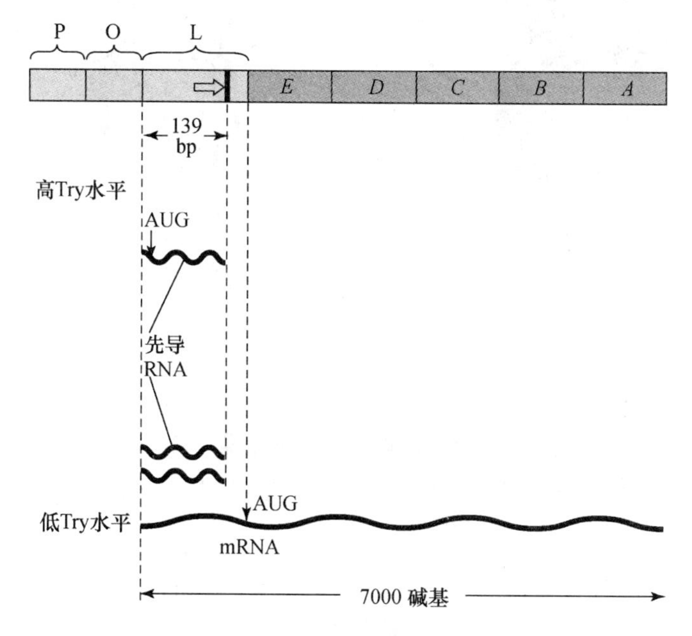

图 9-2　色氨酸操纵子结构示意图

先导序列 L 位于启动子—操作子(P-O)和第一个结构基因 *E* 之间，含有一个衰减子位点(⇨)。转录是否在此位点终止，受胞浆中色氨酸浓度水平控制。

(引自 Lodish H, et al, 2000)

衰减作用需要在 mRNA 的先导序列形成特殊的茎-环结构，而这个结构的形成又依赖于核糖体翻译先导序列的速率，转而，先导序列的翻译速率又依赖于是否能提供足够的荷载了色氨酸的氨酰 tRNA(Try-$tRNA^{Try}$)，最后，Try-$tRNA^{Try}$ 的产生又依赖于细胞浆中色氨酸的浓度。为了弄清色氨酸操纵子的衰减作用产生的机制，我们必须首先了解色氨酸操纵子 mRNA 先导序列的结构特点。如图 9-3(A)所示，色氨酸先导 RNA 有四个区段可产生碱基配对(分别标以1、2、3、4)。按其碱基序列，区段 2 可与区段 1 或 3 配对，而区段 3 可同区段 2 或 4 配对。

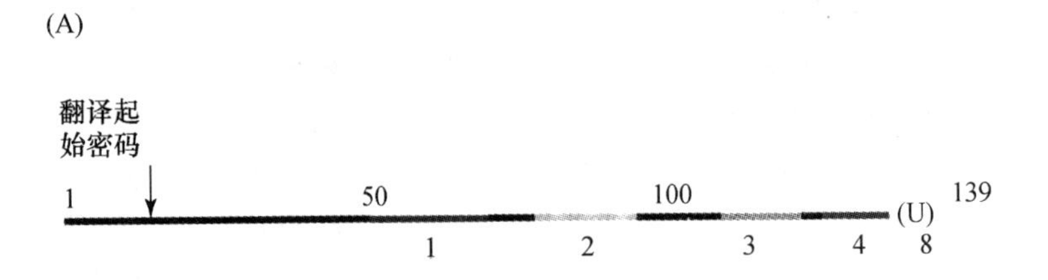

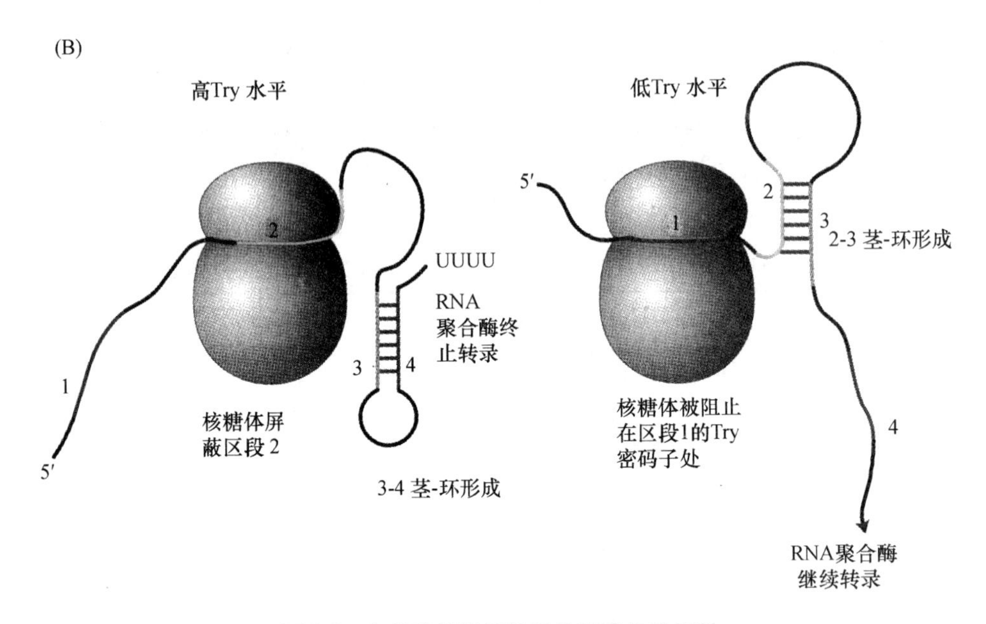

图 9-3　色氨酸操纵子转录的衰减作用机制

(A) 色氨酸操纵子先导 RNA 的结构简图(参见图 9-2);(B) 色氨酸操纵子先导序列的翻译

(引自 Lodish H, et al, 2000)

先导序列中的区段 1 含有两个连续的色氨酸密码子。当存在足够量的色氨酸时,核糖体很快地对先导序列进行翻译,使 1、2 间的碱基配对打开。随后,当区段 3 和 4 合成后,3、4 间通过碱基配对形成 3′端第一串 U 碱基的茎-环结构。此时 RNA 聚合酶通过不依赖 ρ 因子的机制终止转录(图 9-3(B)左)。当胞浆中色氨酸浓度低时,核糖体暂停在先导 RNA 序列 1 区段的每个色氨酸密码子处,从而使 1 区段被核糖体所屏蔽,其不能同 2 区段产生碱基配对。所以,一旦 3 区段被合成,则区段 2、3 间通过碱基配对生成茎-环结构。但因此茎-环结构不伴随有一串 U 序列,所以 2、3 之间所生成的茎-环结构不能诱导转录的终止。在此情况下,区段 3 由于同 2 形成茎-环结构而被屏蔽,所以,当区段 4 被合成,3、4 间也不能形成茎-环结构。这样,RNA 聚合酶就可连续转录其余的色氨酸操纵子。因此,当 Try-tRNA^{Try} 的浓度足够高时,使得色氨酸密码子得以快速翻译,使衰减作用机制达最大化;当色氨酸缺乏和 Try-tRNA^{Try} 浓度下降时,衰减作用变得最小。从先导 RNA 翻译出的短的先导肽本身没有任何功能,很快为细胞内蛋白酶降解。

相似的衰减作用机制也发生在苯丙氨酸、组氨酸、亮氨酸、异亮氨酸和缬氨酸等操纵子中。

上述色氨酸操纵子通过衰减作用对基因表达进行调控的例子表明,基因的表达调控可以不使用调控蛋白因子。

在真核细胞中，转录衰减作用的机制有多种。例如在腺病毒和艾滋病病毒中，组装在启动子处的蛋白因子似乎能决定 RNA 聚合酶是否可以通过处在下游区的特定的衰减子位点，使转录得以完成。

由此可见通过衰减作用对基因表达进行调控是原核和真核细胞共同存在的机制。

9.2 信号转导与基因表达调控

某一特定基因的表达与否通常取决于其环境中的各种信号。那么各种信号如何作用于转录因子，参与基因的表达调控呢？在此以 G-蛋白偶联受体的信号转导途径和配体激活的核受体途径为例加以介绍。

(1) G-蛋白偶联受体的信号转导途径。几乎所有跨膜受体超家族的成员都借助于同 G-蛋白偶联进行信号转导。G-蛋白是由异源三聚体 GTP-结合蛋白(GTP-binding proteins)组成的一个蛋白质家族，其由一个 α 亚基和 β/γ 亚基复合物组成，这些亚基分别以 G_{α}、$G_{\beta\gamma}$来表示；G_{α} 又可分为 $G_{\alpha s}$、$G_{\alpha i}$、$G_{\alpha q}$等。G-蛋白首先将跨膜受体与细胞内的效应酶，如腺苷酸环化酶(AC)、磷脂酶 C(PLC)、磷脂酶 A_2(PLA_2)或离子通道进行偶联，然后此信号转导系统参与蛋白激酶，如蛋白激酶 A(PKA)或蛋白激酶 C(PCK)的激活，最后导致转录因子的激活。

cAMP 效应元件结合因子(cAMP response element binding protein，CREB)是第一个研究得比较详细的通过 G-蛋白偶联受体的信号转导途径来调控的转录因子，其可以被一组G-蛋白偶联受体所激活。图 9-4 给出由 G-蛋白偶联受体的信号转导系统调控的、cAMP 效应元件结合因子控制下的荧光素酶基因表达的示意图。在没有被配体(ligand)刺激的细胞中，CREB 组成性地结合到 cAMP 效应元件(cAMP response element，CRE)上，不引起含 CRE 启动子的激活。然而，当配体结合到 G_s(即 $G_{\alpha s}$)蛋白偶联的受体上时，则激活了腺苷酸环化酶(AC)，被激活的 AC 将 ATP 转化为 cAMP(即第二信使 cAMP)，结果使细胞内 cAMP 的浓度增加。细胞内 cAMP 浓度的增加又使蛋白激酶 A(PKA)激活，PKA 的催化亚基转运到细胞核内使 CREB 转录因子磷酸化，CREB 被激活，而最终导致在含有 cAMP 效应元件(CRE_s)启动子控制下的报告基因——荧光素酶基因的转录激活。上述的过程是由 G-蛋白偶联受体信号转导途径所调控的正调控过程。当腺苷酸环化酶被 G_i(即 $G_{\alpha i}$)偶联受体抑制时，则使细胞内 cAMP 的水平变低，CREB 因子不被磷酸化，荧光素酶基因的转录则不能被激活。图 9-5 给出由 G_q(即 $G_{\alpha q}$)偶联受体所调控的转录激活途径。当作为激动剂(agonist)的配体结合到 G_q 偶联的受体上时，促进磷脂酶 C(PLC)水解磷脂酰肌醇二磷酸(PIP_2)产生肌醇-1，4，5 三磷酸(IP_3)和二酰甘油(DAG)。DAG 作为蛋白激酶 C(PKC)的激活剂将 PKC 激活。激活的 PKC 进而使转录因子 AP-1 激活，被激活的 AP-1 与 TPA-效应元件(TRE)相结合，最终导致了在含 TRE 的启动子控制下的报告基因——荧光素酶基因的转录激活。

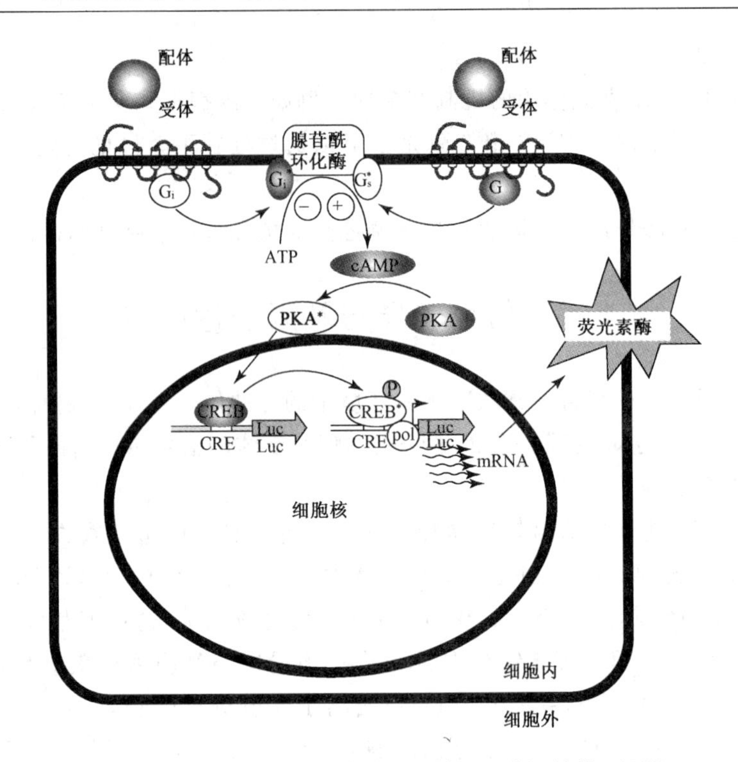

图 9-4 由 G-蛋白偶联受体的信号转导系统调控的 cAMP 效应元件结合因子控制下的荧光素酶基因表达的示意图

Luc：荧光素酶基因(引自 Stratowa C，et al，1995)

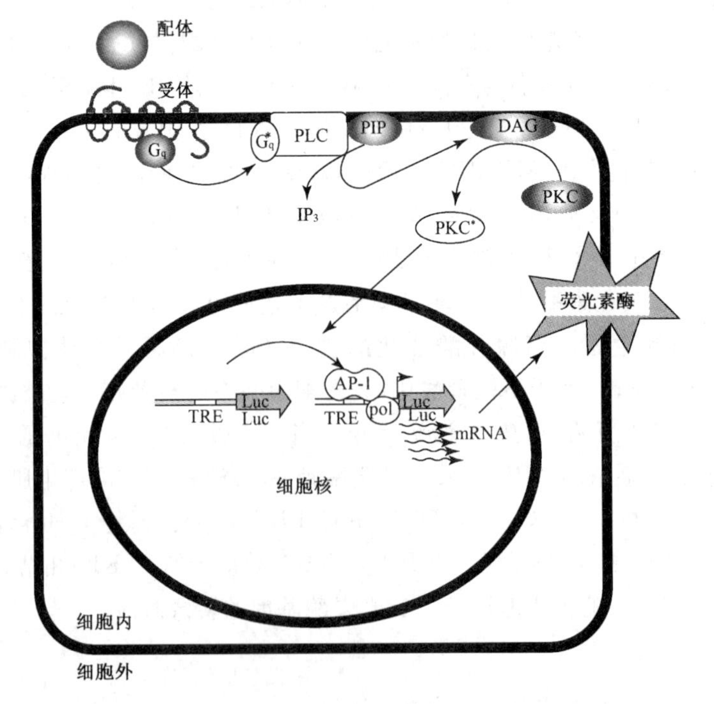

图 9-5 由 Gq(Gαq)偶联受体所调控的转录激活途径

Luc：荧光素酶基因(引自 Stratowa C，et al，1995)

(2) 配体激活的核受体产生的转录激活途径。与肽激素、生长因子和细胞因子的膜受体相反,类固醇、甲状腺素和类视黄酸激素的核受体位于细胞之内。如图 9-6 所示,核受体是一类转录因子,其可被与它们相关联的配体激活。当小分子的配体 L 穿过细胞膜结合到细胞内受体 RC 上时,使受体发生构象上的变化,这个配体激活的受体对在目标基因的启动子区的称为激素效应元件(hormone-response element,HRE)的增强子序列具有较高的亲和性,其可以作为一个同源二聚体、异源二聚体或单体结合到 HRE 上。这个被 DNA(HRE)结合的受体通过 TATA 结合蛋白相关因子(TAF)和转录中间因子(TIF)所介导的蛋白-蛋白相互作用实现对基础转录因子活性的调节,而这个相互作用的结果导致了目标基因转录速率的增加。

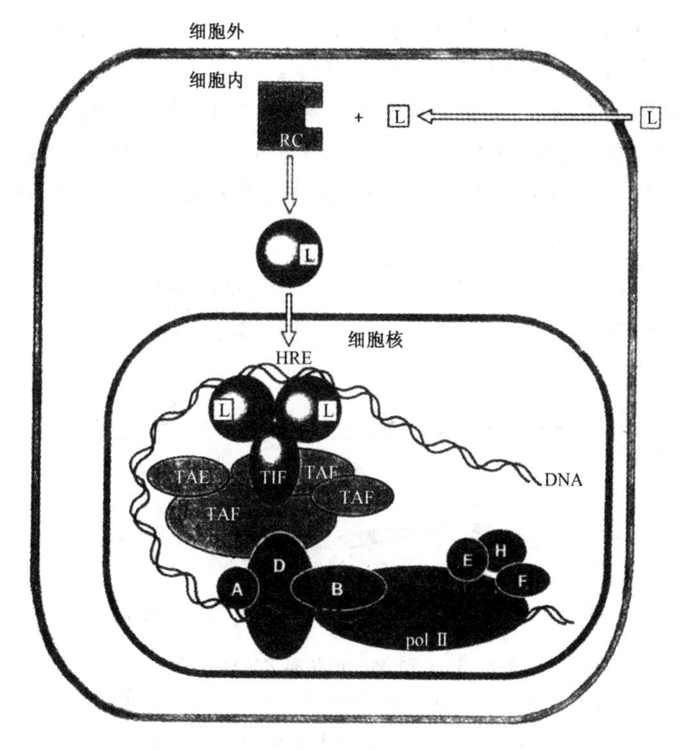

图 9-6 配体激活的核受体所产生的转录激活途径

RC: 细胞内受体;HRE: 激素效应元件;TAF: TATA 结合蛋白相关因子;TIF: 转录中间因子

(引自 Wen D X, et al, 1995)

9.3 RNA 干涉与基因沉默

RNA 干涉(RNA interference,RNAi)是指内源性或外源性双链 RNA 介导的细胞内 mRNA发生特异性降解,从而导致靶基因的表达沉默,产生相应的功能表型缺失的现象。由于其靶位是 mRNA,所以此过程属于转录后基因沉默(post-transcriptional gene siliencing,PTGS)。RNA 干涉现象遍布于生物界,其以一种非常明确的方式抑制了基因表达,对于基因表达的调控、病毒感染的防护以及控制跳跃基因等具有重要的意义。

9.3.1 RNA 干涉现象的发现

1990 年,R. Jorgensen 等为使矮牵牛花的紫色加深,将一能产生色素的基因置于一个强启动子后转入细胞中,结果发现,这一操作非但没有使花的颜色加深,反而产生杂色乃至白色的花朵。就此他们认为转入的基因和其同源的内源基因的表达都受到抑制。他们将这一现象称为共抑制(co-suppression)。后来,1995 年 S. Guo 等人用反义 RNA(antisense RNA)和正义 RNA(sense RNA)试图阻断线虫(*C. elegans*)中 *par*-1 基因表达,结果意外地发现,不管用正义链还是反义链 RNA 都可阻断 *par*-1 基因的表达。这与传统上的对反义 RNA 技术的解释正好相反,他们一直对这一意外的结果做不出合理的解释。直到 1998 年,这个谜才被 A. Fire 和 C. Mello 等所在实验室的工作所解开,这是因为在 S. Guo 等人的实验中所得到的结果是由于在正、反义链样品制备时,彼此间有微量污染所致。当将纯化后的正、反义链 RNA 重复上述实验时,其阻断基因表达的效果都非常微弱,然而,当用纯化过的含有正、反义链的双链 RNA 进行实验时,其阻断基因表达的效果则远远强于单独用反义链的实验。他们将这种转录后的基因沉默现象(PTGS)命名为 RNA 干涉,他们也因此获得 2006 年诺贝尔生理学或医学奖。图 9-7 给出了他们实验的示意图。

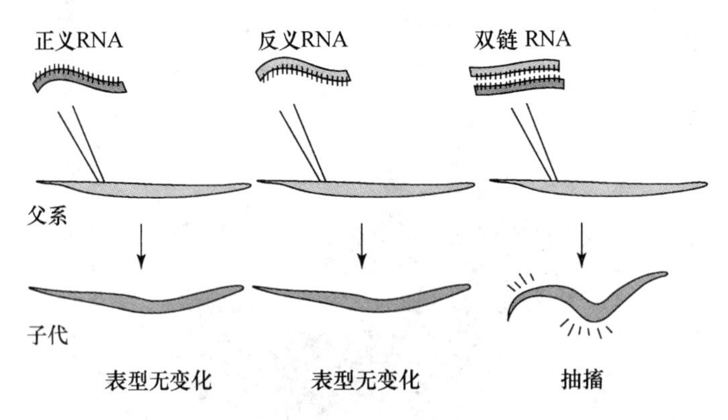

图 9-7 Fire 和 Mello 发现 RNAi 的实验

携带有肌肉蛋白编码序列的 RNA 被注射到线虫体内,单链 RNA 观察不到任何效果的产生。但当双链 RNA 注射后,可以观察到线虫开始抽搐。这是一种类似于携带有肌肉蛋白缺陷型基因的线虫所表现出的表型。(http://nobelprize.org/nobel_prizes/medicine/laureates/2006/adv.html)

9.3.2 RNA 干涉现象的分子机制

图 9-8 给出 RNA 干涉现象的分子机制。

当细胞质内有双链 RNA 存在时(外源或内源,dsRNA),通过 ATP 提供能量,Dicer 酶将长链的 dsRNA 切成小片段的干涉 RNA(small interfering RNA,siRNA)。Dicer 酶是一种 dsRNA,一种特异性的内切核酸酶,属 RNaseⅢ家族成员。Dicer 酶由 4 个具不同功能的结构域组成,分别是 N 端的 RNA 解旋酶/ATP 酶(RNA helicase/ATPase)结构域,双 RNaseⅢ结构域,C 端 dsRNA 结合结构域以及 PAZ(Piwi/Argonaute/Zwille)结构域。PAZ 结构域可同 RISC 复合体中相对应的 PAZ 结构域之间产生物理上的相互作用。双 RNaseⅢ结构域实际上负责对 dsRNA 的切割,将 dsRNA 切成长度为 19～25 个核苷酸的 siRNA。所产生的 siRNA

具 5′-磷酸基团和 3′-OH，但其 3′端有两个突向外的不配对核苷酸。用来源于人细胞的 Dicer 酶所做的实验表明，上述切割过程本身不需 ATP，然而，siRNA 从 Dicer 酶中释放确与 RNase Ⅲ结构域中 ATPase 的活性相关。而 Dicer 酶中的 RNA 解旋酶活性可能是通过调整 dsRNA 的构象，有利于上述的切割。

siRNA 产生后即和细胞中的一些蛋白质结合，形成 RNA 诱发的沉默复合体，即上面提到的 RISC (RNA-induced silencing complex)，因此，RISC 是由蛋白质和 RNA 组成。组成 RISC 的蛋白组分中有一个称为 Argonaute-2(AGO-2)，其 M_r 为 500 000，也具有 PAZ 结构域。AGO-2 是使 RISC 具有核酸酶活性，对 RNA 进行切割的关键蛋白。在 ATP 的作用下，RISC 发生构象变化且被激活（图 9-8，9-9），将 siRNA 双链解旋变成两个单链的 RNA。正义链 RNA 被 RISC 很快降解，只利用 siRNA 的反义链在靶 mRNA 上寻找与其互补的碱基序列。RISC 一旦在靶 mRNA 上成功定位，便通过其核酸内切酶活性在 siRNA 与 mRNA 互补区域的中心进行切割，最后由核酸外切酶进一步将 mRNA 降解，完成 siRNA 诱发的基因沉默过程。

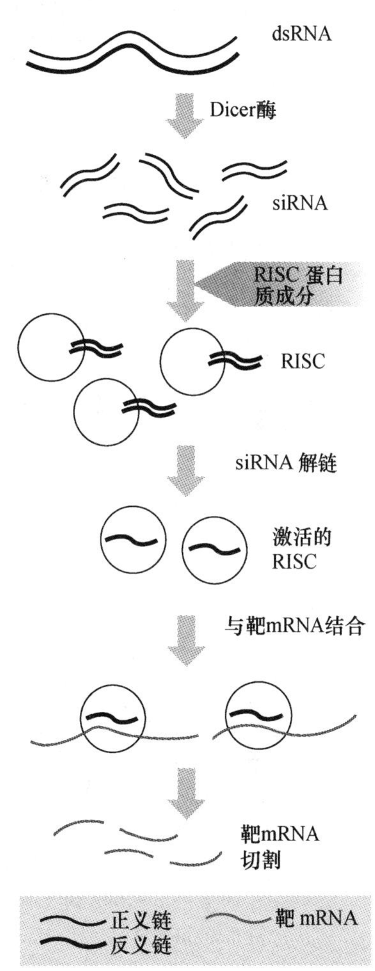

图 9-8　RNA 干涉现象的分子机制

简单图示 RNA 干涉的分子机制

(引自 Wikopedia the free encyclopedia)

应该指出的是，RNAi 引发基因沉默的一些细节仍在研究之中，人们尚不十分清楚 siRNA 如何进入 RISC 复合体，以及在复合体中如何起作用。一般认为，Dicer 酶和 RISC 之间通过 PAZ 结构域存在蛋白质-蛋白质的相互作用。这种相互作用使 siRNA 进入 RNA 干涉路径(RNAi pathway)。由此可见，RNA 干涉所引发的基因沉默是通过 RNA 与蛋白质、RNA 与 RNA 以及蛋白质与蛋白质之间有序的相互作用完成的。研究也指出，siRNA RISC 复合体可通过三种方法来抑制基因：攻击并降解与 siRNA 同源的 mRNA；干扰 mRNA 的翻译；或通过 RISC 复合体引导 siRNA 进入细胞核，在核内 RISC 中的 siRNA 与基因组中相互补的序列结合，通过对基因启动子周围染色质蛋白的修饰导致转录的沉默。因此，这第三种导致基因沉默的方式又是在转录水平上产生的基因沉默。至于 RNA 干涉是选择降解同源 mRNA，还是选择抑制 mRNA 的翻译路径则取决于或至少部分取决于 siRNA 与靶 mRNA 之间序列的互补程度；如果它们之间完全互补，则使 mRNA 降解，如果二者序列之间匹配得并不很好，则很大程度上采取抑制 mRNA 翻译以使基因沉默。

此外，siRNA 可以作为一种特殊的引物，在依赖于 RNA 的 RNA 聚合酶(RNA-dependent RNA polymerase，RdRp)作用下以靶 mRNA 为模板合成 dsRNA，然后通过 RNA 干涉路径被降解形成新的 siRNA 进入下一个 siRNA 诱导的基因沉默循环。这样，以靶 mRNA 为特异性模板,反复合成和降解dsRNA产生siRNA的机制使得RNA干涉引发的基因沉默效率非常高,非常少量的dsRNA就足以有效地引发目标基因的沉默。

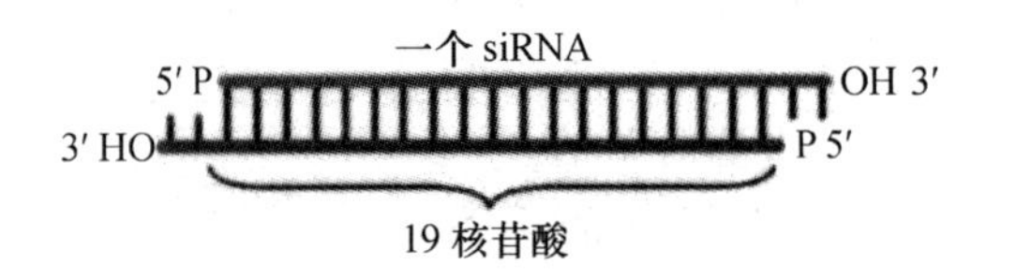

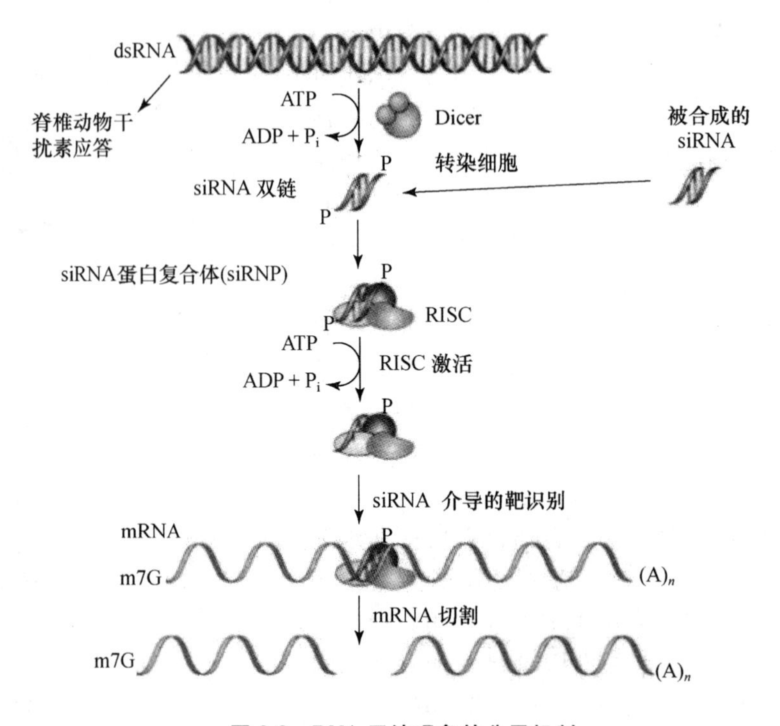

图 9-9 RNA干涉现象的分子机制

示一个siRNA的大小;内源、外源(合成的siRNA)产生RNA干涉的较详细机制(步骤)以及ATP的作用。(引自Wikipedia the free encyclopedia)

9.3.3 发卡RNA(hairpin RNA)和微小RNA(microRNA)与基因沉默现象

上面我们介绍了dsRNA如何通过RNAi路径使目标基因或靶基因沉默。在细胞中长的dsRNA的产生是由于转座子的转座或病毒诱导而引起的。随着dsRNA的产生,RNA干涉过程便起始了。除了dsRNA及其降解产物siRNA外,还有发卡RNA(hairpin RNA,hpRNA)和微小RNA(microRNA,miRNA)。hpRNA是由一长段含有反向重复序列和一个发卡环的单链RNA形成的(图9-10)。间隔环区的碱基序列只要不与反向重复序列互补,可以是由任何序列组成,从而产生一个环结构。研究表明,如果组建的间隔环区确实含有已经被证明是活性内含子序列,那么hpRNA会以高得多的速率引发基因沉默。用内含子作为间隔区的发卡RNA称为intron-hairpin RNA(ihp RNA)。

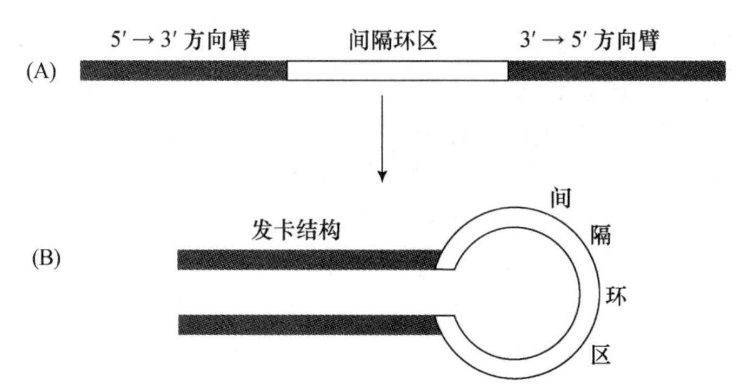

图 9-10　(A) 折叠成发卡结构前的 hpRNA，示反向重复序列和间隔环区；(B) 由去折叠序列(A)折叠成发卡结构。反向重复序列间碱基配对，间隔环区形成环结构。

miRNA 在很多方面与 siRNA 很相似：① 它们都来源于双链 RNA；② 它们的长度相当，大约由 20～30 个碱基对组成；③ 二者都是经 Dicer 酶或类 Dicer 酶(DCL)加工产生的；④ siRNA 和 miRNA 都被 RISC 用作瞄准靶 mRNA 的序列；⑤ 它们都在 RNA 干涉所引发的转录后基因沉默过程中起重要的作用。它们之间的不同之处在于其来源不同。miRNA 来源于基因组 DNA，而 siRNA 则通过切割长的 dsRNA 而产生。图 9-11 给出 miRNA 从基因组 DNA 产生的过程：

编码 miRNA 的基因是非编码蛋白质的基因(non-coding gene)，其长度要比加工后成熟的 miRNA 长得多。编码 miRNA 的基因首先转录成初级转录物(primary transcripts)或叫做 pri-miRNA。pri-miRNA 具有 5′帽子和 3′ poly(A)。pri-miRNA 通过加工变成短的、由 70 个核苷酸组成的茎-环结构称为 pre-miRNA。上述的加工过程都是在细胞核内进行的(图9-11)。在动物细胞中，上述从 pri-miRNA 到 pre-miRNA 的加工过程，是由称为微处理复合体(microprocessor complex)的蛋白复合体实施的。这个蛋白复合体由核酸酶 Drosha 和双链 RNA 结合蛋白 Pasha 组成。在细胞质中，pre-miRNA 通过同 Dicer 酶相互作用，加工为成熟的 miRNA。在植物中，由于缺少核酸酶 Drosha，miRNA 加工过程稍有不同，但植物 Dicer 酶却可参与多步的 miRNA 加工过程。从上述内含子茎-环结构(图 9-10)而来的 miRNA 的加工过程也与 pri-miRNA 的加工过程不同，它们是通过 Dicer 酶而不是 Drosha 最后形成 miRNA。这里值得指出的是，DNA 的正义链和反义链都可以作为模板产生 miRNA。

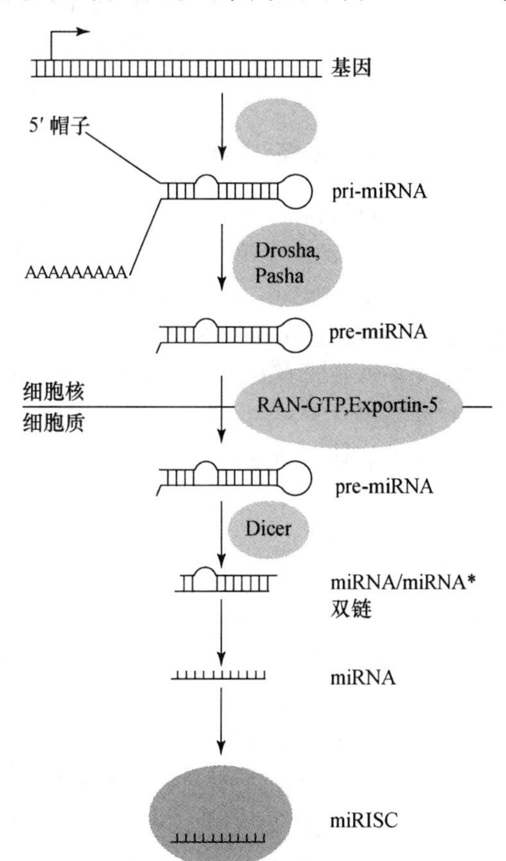

图 9-11　miRNA 从基因组 DNA 产生的过程

(引自 Wikipedia the free encyclopedia)

当Dicer酶切割pre-miRNA的茎-环结构后，产生两个互补的短RNA分子，但只有一条链整合到RISC复合体。这条链被称为引导链(guide strand)并被在RISC复合体中的Argonaute蛋白所选择。另一条链则被称为反引导(anti-guide)或同路(passenger)链，很快作为RISC复合体的底物被降解。在整合进活性的RISC复合体之后，miRNA与它们互补的mRNA分子产生碱基配对并引发mRNA被具有核酸酶活性的Argonaute蛋白所降解。

miRNA的功能是参与基因的调控。为此，miRNA与一个或多个mRNA的部分序列互补。动物miRNAs通常是与3′非翻译区(3′UTR)的一个位点互补，而植物miRNA通常与mRNA的编码区段互补。miRNA与mRNA序列退火(annealing)从而抑制蛋白质合成，而有时促使mRNA降解。

总之，siRNA与miRNA的区别简单地说有三个方面：① siRNA来源大多是外源性的，如通过病毒感染引入；而miRNA则是内源的DNA转录出的一段非编码序列。② 二者成熟过程有别，siRNA来源于双链RNA，经Dicer酶加工后形成RISC复合体，行使RNAi的抑制作用；而miRNA是内生性的单股RNA，必须经过在细胞核和细胞质中加工后，方能产生成熟的miRNA。③ 对于siRNA和miRNA的功能而言，从作用结果上看并不易区别二者的差异，但一般认为siRNA会通过降解mRNA的方式使靶基因沉默；而miRNA大多会通过抑制翻译的方式达到抑制基因的表达的目的。当然也不排除二者都可用上述两种方式行使其功能。值得指出的是，miRNA似乎代表着在发育过程中调控基因表达的一种新的方式。

9.3.4 RNA干涉技术的应用

RNA干涉普通存在于动、植物细胞中。随着对RNA干涉作用机制的深入了解，发现RNA干涉具有广泛的应用前景。这是因为RNA干涉是一种快速、高效、极便于操作的使靶基因失活的技术。将siRNA运送至细胞的技术日臻完善(如脂质体技术、磁力转染技术以及电穿孔技术等)，甚至可用浸泡虫体的方法将dsRNA转入线虫体内。这样，相对于基因敲除技术，RNA干涉技术有其独特的优势。随着各种模式生物基因组计划的完成，人们可以方便地从数据库获得有意义的靶基因序列，从而设计出相应的dsRNA使靶基因沉默。RNA干涉技术可用于抑制病毒的感染，如利用RNA干涉技术抑制人后天免疫缺陷病毒(HIV-1)的主要调控基因如*tat*、*rev*、*nef*和*vif*等的表达。也可利用RNA干涉技术抑制人丙肝病毒及乳头瘤病毒，从而控制这些病毒的复制。这些工作为利用RNA干涉技术开展疾病的治疗提出新的理念，开辟了新的途径。

总之，RNA干涉技术的应用相当广泛，从理论研究来说，RNA干涉作为一项快速、高效、准确的技术，用于研究基因的表达调控及特定基因的功能，如利用RNA干涉技术对模式生物线虫的17 000个基因进行了筛选和研究，鉴别出1722个基因突变所产生的表型改变，为研究特定基因的功能奠定了基础。从实际应用来说，随着人们对人类基因组计划的完成以及人们对疾病的分子生物学基础的深入了解，利用RNA干涉技术设计出更安全，更具特异性以及高效的基因药物，从而造福人类的健康指日可待。

然而，如何产生高效的siRNA依然是正在研究的问题。一个有效的siRNA必须具有高度专一性，且能将靶基因沉默90%以上。如何做到这一点也不是容易的事。目前尚没有一个准则可以精确地预测最有效的siRNA序列，可利用网络提供的计算机程序(algorith)来设计，也可参阅一些公开发表的文章(如Oligonucletides 17:237～250,2007;Nucleic Acids Res. 32:936～948,2004;RNA 11:837～846,2005)。设计好的siRNA可以通过siRNA的内源表达得以扩增(图 9-12)。

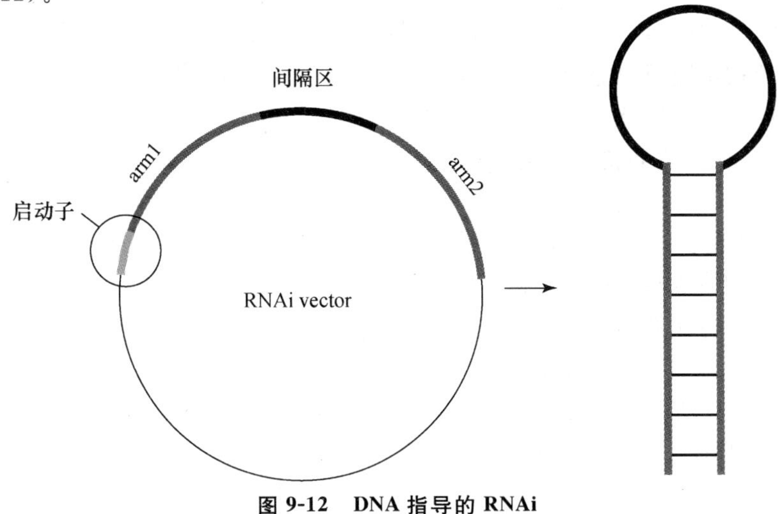

图 9-12　DNA 指导的 RNAi

示 RNAi 载体(RNAi vector)含有一个强的、组成性的病毒启动子、两个反向臂(arm1 和 arm2),两臂之间有间隔区。当 RNA 聚合酶转录 RNAi 基因,产生发卡结构 RNA,如前所述,ihpRNA 再通过加工后产生 siRNA。图中未显示参与 DNA 复制的元件,如 *ori* 及选择性标记。

图 9-13 给出 siRNA 内源表达的实验设计图:

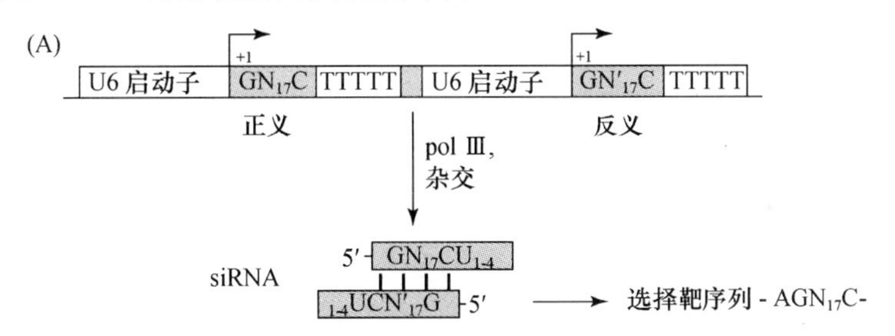

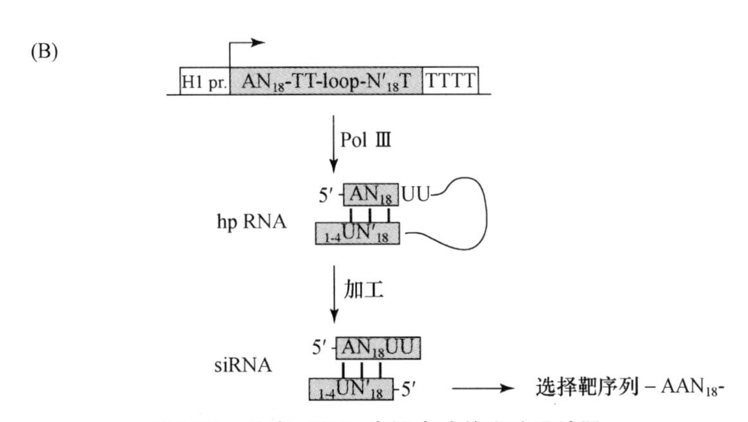

图 9-13　给出 siRNA 内源表达的实验设计图:

(A) 用 U6 snRNA 启动子构建的表达正义和反义 siRNA 的表达盒。从左→右:250 bp 的 U6 snRNA 启动子,正义链基因,pol Ⅲ(RNA polymerase Ⅲ),终止信号(以一串 T 表示),U6 snRNA 启动子,反义链基因,polⅢ终止信号。此表达盒示用两个启动子分别转录正义链和反义链,表达后形成 siRNA 双链。选择的靶序列为 $5'$-AGN_{17}C-$3'$。

(B) 用 H1 RNA polⅢ启动子表达发卡 RNA (hpRNA)。H1 RNA polⅢ启动子由 100bp 组成,其含有 U6 snRNA 启动子中关键序列基序。此表达盒是由一个启动子表达 hpRNA,再通过加工产生 siRNA 双链。选择的靶序列为 $5'$-AAN_{18}-$3'$。

(引自 Hannon GJ,2003)

最后值得指出的是,siRNA技术虽然取得了快速进展,但siRNA在体内的有效传送仍面临诸多障碍,如siRNA面临血液中核酸酶的降解,可能与血液中一些化合物之间的相互作用以及非特异性地被细胞摄取等因素都影响着siRNA在体内的生物分布(biodistribution)。因此,开发有效的siRNA转运体系对于siRNA的实际应用是极为重要的。此外,在体内(in vivo)治疗过程中siRNA可能产生的免疫应答反应也应给予足够的注意(Kawakami S,et al,2007)。

至此,我们用了9章的篇幅对基因工程的分子生物学基础、原核细胞和真核细胞基因的表达和基因表达的调控机制进行了介绍。核酸-核酸、蛋白质-蛋白质和蛋白质-核酸等生物大分子在特定的时间和空间准确、有序的相互作用是基因表达及其调控的分子基础。如何研究生物大分子间的相互作用也属于分子生物学的重要内容之一。由于这方面的内容,如酵母双杂交系统和细菌双杂交方法等,涉及应用基因工程方法的问题,因此,我们将在讲解完基因工程基本内容之后分别在“基因工程分册”的第7章、第15章和第16章中加以介绍。

参考文献

Alberts B,Dennis Bray, Julian Lewis, et al. 1994. Molecular biology of the cell. 3rd . New York: GarLand Science.

Alberts B,Johnson A, et al. 2002. Molecular biology of the cell. 4th . New York: GarLand Science.

Abel-Santos E, Scott CP, Benkovic SJ. 2003. Use of inteins for the in vivo production of stable cyclic peptide libraries in E. coli. Methods Mol Biol,205:281—294.

Aota S, Ikemura T. 1986. Diversity in G+C content at the third position of codons in vertebrate genes and its cause. Nucleic Acids Research,14(16):6345—6355.

Baker TA, Bell SP. 1998. Polymerases and the replisome: machines within machines. Cell, 92: 295—305.

Bauer WR, Crick FHC, White JH. 1980. Supercoiled DNA. Sci Amer,243:118—133.

Bendich AJ, Drlica K. 2000. Prokaryotic and eukaryotic chromosomes: What's the difference? Bioessays, 22: 481—486.

Benne R. 1996. RNA editing: how a message is changed. Curr Opin Ger Dev,6:221—231.

Berg JM, et al. 2002. Biochemistry. 5th. New York:W H Freeman.

Boeger H, Bushnell DA, et al. 2005. Structural basis of eukaryotic gene transcription. FEBS Letter 579:899—903.

Borukhov S, Nudler E. 2003. RNA polymerase holoenzyme: structure,function and biological implications. Curr Opin Microbiol,6:93—100.

Butler JE, Kadonaga JT. 2002. The RNA polymerase Ⅱ core promoter: a key component in the regulation of gene expression. Gene Dev,16:2583—2592.

Champoux JJ. 2001. DNA topoisomerases: structure, function and mechanism. Annu Rev Biochem, 70: 369—413.

Chin HG, Kim G Marin I,et al. 2003. Protein trans-splicing in transgenic plant chloroplast: Reconstruction of herbicide resistance from split genes. PNAS, 100:4510—4515.

Codlin S, Dalgaard JZ. 2003. Complex mechanism of site-specific DNA replication termination in fission yeast. EMBO J,22:3431—3440.

Cooper AA,Stevens TH. 1995. Protein splicing: self-splicing of genetically mobile elements at the protein level. Trends in Biochemical Sciences, 20:351—356.

Crick FHC. 1976. Linking numbers and nucleosomes. Proc Natl Acad Sci,73:2639—2643. Wang JC. 2002. Cellular roles of DNA topoisomerases: A molecular perspective. Nat Rev Mol Cell Biol, 3:430—440.

Crick F. 1979. Split gene and RNA splicing. Science, 204:264—271.

Cusack S. 1997. Aminoacyl-tRNA synthetases. Curr Opin Struct Biol,7:881—889.

Darst SA. 2001. Bacterial RNA polymerases. Curr Opin Struct Biol,11:155—162.

Dobson CM. 2003. Protein folding and misfolding. Nature, 426, 884 — 890

Garrett RH,Grisham CM. 2005. Biochemistry. 3rd. California:Thomson Brooks/Cole.

Gingras AC, Raught B, Sonenberg N. 2001. Regulation of translation initiation by FRAP/mTOR. Genes & development, 15:807—826.

Greider CW. 1996. Telomere length regulation. Annu Rev Biochem,65:337—365.

Hannon G. 2003. RNAi: a guide to gene silencing. New York: Cold Spring Harbor Laboratory Press. Watson

JD, et al. 2004. Molecular biology of the gene. 5th . San Franciso: Pearson Education. Malacinski GM , Freifelder D. 2003. Essentials of molecular biology. 4th. Boston: Jones and Bartlett Publisher.

Hartl FU. 2006. The cellular machinery of protein folding. Vermont: Vermont Academy.

Hayes JJ, Hansen JC. 2001. Nucleosomes and the chromatin fiber. Curr Opin Genet Dev, 11: 124—129 .

Huberman JA. 1995. Prokaryotic and eukaryotic replicons. Cell ,82: 535—542

Huebscher U, et al. 1992. DNA polymerase: in search of a function. TIBS, 17: 55—59.

Johnson A, O'Donnell M. 2005. Cellular DNA replicases: components and dynamics at the replication fork. Annu Rev Biochem, 74: 283—315.

Kawakami S, Hashida M. 2007. Targeted delivery systems of small interfering RNA by systemic administration. Drug Metab Pharmacokinet, 22(3): 142—151. Keller W. 1995. No end yet to messenger RNA 3′ processing! Cell, 81: 829—832.

Klimasauskas S, Kumar S, Roberts R J, et al. 1994. Hhal methyltransferase flips its target base out of the DNA helic. Cell, 76: 357—369.

Koleske AJ, Young RA. 1994. An RNA polymerase Ⅱ holoenzyme responsive to activators. Nature, 368: 466—469.

Kornberg A, Baker TA. 1992. DNA replication. New York: W H Freeman.

Kunkel TA, Bebenek K. 2000. DNA replication fidelity. Annu Rev Biochem, 69: 497—529.

Lewin B. 1990. Gene Ⅳ. New York: Oxford University Press.

Lindahl T, Wood RD. 1999. Quality control by DNA repair. Science, 286: 1897—1905.

Lodish H, Berk A, et al. 2000. Molecular Cell Biology. 4th . New York: W H Freeman.

Lovrinovic M, Seidel R, Wacker R, et al. 2003. Synthesis of protein - nucleic acid conjugates by expressed protein ligation. Chem Commun, (7): 822—823.

Machida YJ, Dutta A. 2005. Cellular checkpoint mechanisms monitoring proper initiation of DNA replication. J Biol Chem, 280: 6253—6256.

Mignone F, Gissi C, Liuni S , et al. 2002. Untranslated region of mRNAs. Genome Biol, 3(3): reviews.

Mignone F, Giss C, et al. 2002. Untranslated regions of mRNAs. Genome Biol. http: //genome biology. com/2002/3/3/reviews/0004.

Murakami KS, Darst SA. 2003. Bacterial RNA polymerases: the whole story. Curr Opin Struct Biol, 13: 31—39.

Myers LC, Kornberg RD. 2000. Mediator of transcriptional regulation. Annu. Rev Biochem, 69: 729—749.

Neidhardt FC. 1996. *Escherichia coli* and *Salmonella*: celluar and molecular biology. 2nd. Washington: ASM Press.

Neylon C, Kralicek A, et al. 2005. Replication termination in *E. coli*: structure and antiheli case activity of the Tus-Ter complex. Microbiology and Molecular Biology Review, 69: 501—525.

Perler FB, Davis EO, Dean GE, et al. 1994. Protein splicing elements: inteins and exteins' a definition of terms and recommended nomenclature. Nucleic Acids Res, 22, 1125—1127.

Perler FB. 2005. Protein splicing mechanisms and applications. IUBMB Life, 57(7): 469—476.

Ramakrishnan V. 2002. Ribosome structure and the mechanism of translation. Cell, 108: 557—572.

Richardson JP. 2003. Loading Rho to terminate transcription. Cell, 114: 157—159.

Roeder RG. 2005. Transcriptional regulation and the role of diverse coactivators in animal cells. FEBS Letter, 579: 909—915.

Rosbash M, Seraphin B. 1991. Who's on first? The U1 snRNP-5′ splice site interaction and splicing. Trends Biochem Sci, 16: 187—190.

Sambrook J, et al. 1989. Molecular cloning: a laboratory manual. New York: Cold Spring Harbor Laboratory Press.

Sharp PM, et al. 1988. Codon usage patterns in *Escherichia coli* ,*Bacillus subtilis*,*Saccharomyces cerevisiae*, *Schizosaccharomyces pombe*, *Drosophila melanogaster* and *Homo sapiens*: a review of the considerable within-species diversity. Nucleic Acids Res,16:8207—8211.

Staley JP, Guthrie C. 1998. Mechanical devices of the spliceosome: motors, clocks, springs, and things. Cell, 92:315—326.

Steitz TA. 1998. A mechanism for all polymerases. Nature, 391:231—232.

Stratowa C, Himmler A, Czemilofsky AP. 1995. Use of a luciferase reporter system for characterizing G-protein-linked receptors. Current Opinion in Biotechnology,6(5):574—581.

Thomas C. Evans Jr, Benner J, etal. 1999. The Cyclization and Polymerization of Bacterially Expressed Proteins Using Modified Self-splicing Inteins. J Biol Chem, 274: 18359—18363. Wall JG, Plueckthun A. 1995. Effects of overexpressing folding modulators on the in vivo folding of heterologous protein in *Escherichia coli*. Current opinion in Biotechnology,6(5):507—516.

Watson JD, Crick FHC. 1953. Molecular structure of nucleic acids: A structure for deoxy ribonucleic acids. Nature,171:737—738.

Watson JD, Crick FHC. 1953. Genetical implications of the structure of deoxy ribonucleic acids. Nature, 171: 964—967.

Wen DX, McDonnell DP. Advances in our understanding of ligand-activator nuclear receptors. Current Opinion in Biotechnology, 6(5):582—589.

Westover KD, Bushnell DA, Kornberg RD. 2004. Structural basis of transcription: separation of RNA from DNA by RNA polymerase Ⅱ. Science,303:1014—1016.

Williamson JR. Molecular biology, small subunit, big science. Nature ,407: 306—307.

Xu MQ, et al. 1994. Protein splicing: an analysis of the branched intermediate and its resolution by succinimide formation. EMBO J, 13: 5517—5522.

Yang JJ, Fox GC Jr, Henry-Smith TV. 2003. Intein-mediated assembly of a functional β-glucuronidase in transgenic plants. PNAS, 100:3513—3518.

Zyskind JW, Cleary JM, Brusilow WS, Harding NE, et al. 1983. Chromosomal replication origin from the marine bacterium *Vibrio harveyi* functions in *Escherichia coli*: oriC consensus sequence. Proc Natl Acad Sci USA, 80: 1164—1168.

Zhou B, Tian k, Jing G. 2000. An *in vitro* peptide folding model suggests the presence of the molten glotule state during nascent peptide folding. Protein Eng, 13:35—39.